Uni-Taschenbücher 1515

UTB
FÜR WISSEN
SCHAFT

Eine Arbeitsgemeinschaft der Verlage

Wilhelm Fink Verlag München
Gustav Fischer Verlag Stuttgart
Francke Verlag Tübingen
Paul Haupt Verlag Bern und Stuttgart
Dr. Alfred Hüthig Verlag Heidelberg
Leske Verlag + Budrich GmbH Opladen
J. C. B. Mohr (Paul Siebeck) Tübingen
R. v. Decker & C. F. Müller Verlagsgesellschaft m. b. H. Heidelberg
Quelle & Meyer Heidelberg · Wiesbaden
Ernst Reinhardt Verlag München und Basel
F. K. Schattauer Verlag Stuttgart · New York
Ferdinand Schöningh Verlag Paderborn · München · Wien · Zürich
Eugen Ulmer Verlag Stuttgart
Vandenhoeck & Ruprecht in Göttingen und Zürich

Georges Fülgraff (Herausgeber)

Lebensmittel-Toxikologie

Inhaltsstoffe, Zusatzstoffe, Rückstände, Verunreinigungen

Unter Mitarbeit von
Hartmut Dunkelberg, Peter S. Elias,
Hans-Jürgen Hapke, Dieter Hötzel,
Hermann Zucker

Verlag Eugen Ulmer Stuttgart

Prof. Dr. H. DUNKELBERG, Hygiene-Institut der Johannes-Gutenberg-Universität Mainz, Hochhaus am Augustusplatz, 6500 Mainz

Prof. Dr. P.S. ELIAS, Bundesforschungsanstalt für Ernährung, 7500 Karlsruhe 1

Prof. Dr. G. FÜLGRAFF, Zentrum der Pharmakologie, Klinikum der Johann-Wolfgang-Goethe-Universität, Theodor Stern Kai 7, 6000 Frankfurt am Main 70

Prof. Dr. H.-J. HAPKE, Institut für Pharmakologie, Toxikologie und Pharmazie der Tierärztlichen Hochschule Hannover, Bünteweg 17, 3000 Hannover 71

Prof. Dr. D. HÖTZEL, Institut für Ernährungswissenschaft, Rheinische Friedrich-Wilhelms-Universität Bonn, Endenicher Allee 11, 5300 Bonn 1

Prof. Dr. H. ZUCKER, Institut für Physiologie, Physiolgosiche Chemie und Ernährungsphysiologie, Tierärztliche Fakultät der Universität München, Veterinärstraße 13, 8000 München 22

CIP-Titelaufnahme der Deutschen Bibliothek

Lebensmittel-Toxikologie : Inhaltsstoffe, Zusatzstoffe, Rückstände, Verunreinigungen / Georges Fülgraff (Hrsg.). Unter Mitarb. von Hartmut Dunkelberg ... – Stuttgart : Ulmer, 1989

(UTB für Wissenschaft : Uni-Taschenbücher ; 1515)
ISBN 3-8001-2598-6

NE: Fülgraff, Georges [Hrsg.]; Dunkelberg, Hartmut [Mitarb.]; UTB für Wissenschaft / Uni-Taschenbücher

Wollgrasweg 41, 7000 Stuttgart 70 (Hohenheim)
Printed in Germany
Einbandgestaltung: Alfred Krugmann, Freiberg
Satz: Filmsatz Jovanović, Ruhstorf a.d. Rott
Druck: Karl Grammlich GmbH, Pliezhausen
Bindung: Philipp Reclam jun., Ditzingen

Vorwort des Herausgebers

Immer mehr Menschen in den Industrieländern machen sich Sorgen um ihre Nahrungsmittel. Einerseits essen die meisten Menschen zu viel und zu fett, und Übergewicht ist ein gesundheitlicher Risikofaktor geworden, andererseits geht die Angst um, die Lebensmittel enthielten Giftstoffe, und am besten esse man gar nichts mehr. Dort, wo jeder einzelne etwas für seine gesunde Lebensführung tun kann, geschieht oft zu wenig, während die individuell nicht beeinflußbaren Risiken als groß und bedrohlich empfunden werden.

Zugleich ist nicht zu leugnen, daß sich Zusammensetzung der Lebensmittel, Speiseplan, technologische Behandlung, Verpackung und Kontamination mit Fremdstoffen geändert haben und in weiterem Wandel sind und daß daraus gesundheitliche Gefahren erwachsen können. Dazu haben sowohl die Intensivierung von Landwirtschaft, Industrialisierung und Verkehr beigetragen als auch veränderte Lebensgewohnheiten, Abweichung von tradierten Kostformen, Wandlung der Nahrungszubereitung, die Suche nach immer neuen Formen, Farben, Geschmacksnuancen und Gerüchen und auch die Verwendung exotischer Lebensmittel.

In dieser Situation sind abgewogene Urteile schwierig und notwendig zugleich. Alle Menschen, die mit Nahrungsmitteln in Produktion, Handel, Untersuchung, Überwachung oder Gesetzgebung zu tun haben, brauchen dafür eine Orientierung, die andererseits das Publikum wieder von ihnen erwartet. Hierbei möchte dieses Buch helfen. Es wendet sich nicht an Toxikologen und will kein wissenschaftliches Handbuch sein; vielmehr werden die Grundsätze der Abschätzung gesundheitlicher Risiken von Stoffen sowohl allgemein als auch beispielhaft an den in Lebensmitteln vorkommenden Stoffen dargestellt. Auf diese Weise soll das Buch für Studenten und Praktiker der Lebensmittelchemie, der Lebensmitteltechnologie, der Ernährungswissenschaften und verwandter Disziplinen von Nutzen sein.

Die Autoren sind ausgewiesene Sachkenner der Themen dieses Bandes. Sie beraten in nationalen und internationalen Gremien wie u. a. der Deutschen Gesellschaft für Ernährung, dem Rat der Sachverständigen für Umweltfragen, den Kommissionen der FAO und WHO, den Senatskommissionen der Deutschen Forschungsgemeinschaft, Regierungen, Gesetzgeber und Behörden hinsichtlich der Abschätzung und Bewertung gesundheitlicher Risiken. Mit diesem Buch sollen ihre Erfahrungen überschaubar und verständlich weitergegeben werden.

Berlin und Frankfurt am Main, Januar 1989 Georges Fülgraff

Inhaltsverzeichnis

Vorwort 5

1 Grundsätze der toxikologischen Bewertung von Stoffen (G. FÜLGRAFF) 13

1.1 Was ist Toxikologie? 13

1.2 Was wird von der Toxikologie erwartet? 16

1.3 Aufgaben der Lebensmittel-Toxikologie 21

1.4 Voraussetzungen für Grenzwerte 23
1.4.1 Definition von Wirkung und Wirkungsschwelle 23
1.4.2 Die Untersuchung von Wirkungen und Wirkungsschwellen 27
1.4.2.1 Untersuchungsziel 27
1.4.2.2 Biometrische Grenzen 29
1.4.2.3 Tierversuche 30
1.4.2.4 In-vitro-Untersuchungen an biologischem Material . . . 32
1.4.2.5 Kombinationswirkungen 34
1.4.2.6 Beobachtungen und Untersuchungen an Menschen . . . 35

1.5 Ableitung von Grenzwerten 36
1.5.1 Duldbare tägliche Aufnahmemenge, Sicherheitsfaktor, Höchstmengen 36
1.5.2 Keine Grenzwerte für kanzerogene Stoffe 42
1.5.3 Allergene Stoffe 45

1.6 Was kann Toxikologie leisten? Das bestimmbare und das nicht bestimmbare Risiko 46

2 Zusatzstoffe (P.S. ELIAS) 49

2.1 Begriffsbestimmung 49

2.2 Die Rolle internationaler Gremien 51
2.2.1 Codex Alimentarius Kommission (CAC) 51
2.2.2 Gemeinsamer Sachverständigenausschuß für Lebensmittelzusatzstoffe der FAO/WHO (JECFA) 52

2.2.3 Der Europarat und seine Gremien 52
2.2.4 Wissenschaftlicher Lebensmittelausschuß der EG (SCF) 53

2.3 Zulassung und Bewertung von Zusatzstoffen 54

2.4 Klassifizierung der Zusatzstoffe 56

2.5 Antioxidantien 57
2.5.1 Chemische Wirkungen 57
2.5.2 Biologische Wirkungen der synthetischen Polyphenole 58
2.5.3 2- und 3-Tert.-butyl-4-hydroxianisol (BHA, E 320) ... 59
2.5.4 3,5-Di-tert.-butyl-4-hydroxitoluol (BHT, E 321) 60
2.5.5 Tert.-butylhydrochinon (TBHQ) 60
2.5.6 Propyl-, Octyl- und Dodecylgallat (PG E 310, OG E 311, DG E 312). 61
2.5.7 Tocopherole und Tocotrienole (E 306–E 309) 62
2.5.8 L-Ascorbinsäure und Ascorbate (E 300–E 302), Ascorbylpalmitat und -stearat 63

2.6 Antimikrobielle Substanzen und Konservierungsstoffe 65
2.6.1 Übersicht, Anwendungsgründe, Wirkungsweise 65
2.6.2 Mikrobizide Gase 67
2.6.2.1 Ethylenoxid 68
2.6.2.2 Propylenoxid 69
2.6.2.3 Methylbromid 69
2.6.2.4 Formaldehyd 70
2.6.3 Kaltentkeimungsmittel. 71
2.6.4 Trinkwasser-Aufbereitungsmittel 71
2.6.5 Sorbinsäure und ihre Salze (E 200–E 203) 73
2.6.6 Benzoesäure und ihre Salze (E 210–E 213) 73
2.6.7 4-Hydroxybenzoesäureester (E 214–E 219) 74
2.6.8 Ameisensäure und ihre Salze (E 236–E 238) 75
2.6.9 Propionsäure und ihre Salze (E 280–E 283). 75
2.6.10 Diphenyl (E 230) und Orthophenol (E 231–E 232) 76
2.6.11 Thiabendazol (E 233) 77
2.6.12 Schwefeldioxid (SO_2) und Sulfite (E 220–E 224, E 226–E 227) 78
2.6.13 Nitrat/Nitrit (E 249–E 252) 80
2.6.14 Antibiotika (Nisin, Natamycin). 82
2.6.15 Nicht mehr zugelassene Konservierungsstoffe 83

2.7 Lebensmittelfarbstoffe. 83
2.7.1 Übersicht, Anwendung 83

2.7.2 Azofarbstoffe 85
2.7.3 Andere synthetische organische Farbstoffe 87
2.7.4 Naturfarbstoffe 88
2.7.4.1 Carotinoide und Xanthophylle 88
2.7.4.2 Andere Naturfarbstoffe........................ 90

2.8 Emulgatoren, Stabilisatoren, Verdickungs- und Geliermittel 92
2.8.1 Übersicht 92
2.8.2 Hydrolisierbare Emulgatoren und Stabilisatoren 93
2.8.3 Nicht hydrolisierbare Emulgatoren und Stabilisatoren 94
2.8.4 Verdickungsmittel und Geliermittel................ 94

2.9 Antiklumpmittel, Schaumbekämpfungsmittel und Trennmittel 97
2.9.1 Antiklumpmittel........................ 98
2.9.2 Schaumbekämpfungsmittel........................ 98
2.9.3 Trennmittel 98

2.10 Süßstoffe 99
2.10.1 Saccharin 100
2.10.2 Cyclamat........................ 101
2.10.3 Aspartam 101
2.10.4 Acesulfam-K........................ 101
2.10.5 Zuckeraustauschstoffe........................ 102

2.11 Geruch und Geschmack verändernde Stoffe 102

2.12 Lösemittel........................ 104

2.13 Verschieden wirkende Stoffe........................ 104

3 Rückstände (H. DUNKELBERG) 106

3.1 Begriffsbestimmung........................ 106

3.2 Pflanzenschutzmittel 107
3.2.1 Übersicht und Anwendungsgebiete................ 107
3.2.2 Rechtliche Regelung zur Verwendung von Pflanzenschutzmitteln 109
3.2.3 Rechtliche Regelungen zum Vorkommen der Rückstände von Pflanzenschutzmitteln in und auf Lebensmitteln und im Trinkwasser 110
3.2.4 Abschätzung Duldbarer Täglicher Aufnahmemengen von Pflanzenschutzmitteln 111

3.2.5 Wirkstoffgruppen ... 113
3.2.5.1 Chlorierte Kohlenwasserstoffe ... 114
3.2.5.1.1 Persistenz; Anwendungsgebiete ... 114
3.2.5.1.2 γ-Hexachlorcyclohexan, Lindan ... 114
3.2.5.2 Organophosphor-Verbindungen ... 121
3.2.5.3 Carbamate ... 128
3.2.5.4 Chlorierte Phenoxycarbonsäuren ... 131
3.2.5.5 Harnstoffverbindungen ... 135
3.2.5.6 Triazine ... 137
3.2.5.7 1,3-Dichlorpropen ... 139
3.2.6 Beurteilung der Datenlage über Rückstände von Pflanzenschutzmitteln ... 140

3.3 Tierarzneimittel ... 141
3.3.1 Übersicht ... 141
3.3.2 Rechtliche Regelungen ... 142
3.3.3 Wirkstoffgruppen ... 145
3.3.3.1 Stoffe mit antimikrobieller Wirkung ... 145
3.3.3.2 Stoffe mit hormonaler oder antihormonaler Wirkung ... 149
3.3.3.3 Psychopharmaka und β-Rezeptorenblocker ... 151
3.3.4 Beurteilung der Rückstandssituation von Tierarzneimitteln in Lebensmitteln ... 152

4 Verunreinigungen (H.-J. Hapke) ... 155

4.1 Begriffsbestimmungen, Herkunft, Verteilung ... 155
4.1.1 Abgrenzung gegenüber anderen Fremdstoffen ... 155
4.1.2 Stoffe und Herkunft ... 157
4.1.3 Kinetik, Kumulation, Nahrungsnetze ... 160

4.2 Betroffene Lebensmittel einschließlich Frauenmilch ... 163

4.3 Industrielle Umweltkontaminanten ... 166
4.3.1 Schwermetalle ... 166
4.3.1.1 Blei ... 166
4.3.1.2 Cadmium ... 170
4.3.1.3 Quecksilber ... 173
4.3.1.4 Arsen ... 175
4.3.1.5 Chrom ... 176
4.3.1.6 Thallium ... 176
4.3.1.7 Zink, Nickel, Eisen, Kupfer ... 176
4.3.1.8 Sekundärkontamination ... 176
4.3.2 Organochlorverbindungen ... 177

4.3.2.1 Schädlingsbekämpfungsmittel (Pestizide) 177
4.3.2.2 Polychlorierte Biphenyle (PCB) 179
4.3.3 Andere Verbindungen 182
4.3.3.1 Nitrate, Nitrite, Nitrosamine 182
4.3.3.2 Fluorverbindungen 186

4.4 Kontaminanten bei Lagerung und Verarbeitung 186
4.4.1 Mykotoxine 186
4.4.2 Polyzyklische aromatische Kohlenwasserstoffe 187
4.4.3 Migrationsstoffe 189

4.5 Beurteilung der Verunreinigungen 189
4.5.1 Ermittlung der Aufnahmemengen 190
4.5.2 Abschätzung der gesundheitlichen Bedeutung 192

4.6 Maßnahmen für den Gesundheitsschutz 198

5 Biogene Inhaltsstoffe von Lebensmitteln mit potentiell toxischer Bedeutung (D. HÖTZEL und H. ZUCKER) 202

5.1 Definition und Abgrenzung 202

5.2 Toxische Stoffe in pflanzlichen Lebensmitteln 205
5.2.1 Solanin 205
5.2.2 Oxalat 207
5.2.3 Biogene Amine 208
5.2.4 Phenole 211
5.2.5 Blausäurehaltige Glucoside 212
5.2.6 Lectine 214
5.2.7 Toxische Stoffe in Wicken; Lathyrismus 215
5.2.8 Vicia faba und Enzymdefekt; Favismus 216
5.2.9 Proteaseninhibitoren 217
5.2.10 Glucosinolate 219
5.2.11 Phytinsäure 220
5.2.12 Weitere potentiell toxische Stoffe 221

5.3 Toxische Stoffe in Meerestieren 223
5.3.1 Saxitonine 223
5.3.2 Tetrodotoxin 225
5.3.3 Biogene Amine 226
5.3.4 Weitere Toxine in Fischen 228

Sachregister 231

1 Grundsätze der toxikologischen Bewertung von Stoffen

Von G. FÜLGRAFF, Frankfurt am Main

1.1 Was ist Toxikologie?

Toxikologie als Lehre von den Vergiftungen und ihrer Behandlung untersucht und beschreibt qualitativ und quantitativ die Wechselwirkungen von Fremdstoffen mit biologischen Systemen. Biologische Systeme sind sowohl die komplexen Organismen von Mensch und Tier als auch Subsysteme dieser Organismen, einzelne Organe, Funktionen, Zellverbände oder Zellfragmente in vivo oder in vitro oder einzelne Reaktionen auf zellulärer oder molekularer Ebene. *In vivo* heißt, daß die Funktionen oder Prozesse im lebenden Organismus, in Versuchen an Tieren oder bei Vergiftungen an Menschen, beobachtet oder Stoffkonzentrationen bzw. Funktionsänderungen an Körperflüssigkeiten oder anderem dem Organismus entnommenem Material wie z. B. Gewebeproben untersucht werden. *In-vitro*-Untersuchungen werden an isolierten Organen, Zellkulturen, Kulturen von Bakterien, Pilzen oder Pflanzenzellen oder an Teilen davon durchgeführt. In-vitro-Testsysteme sind in den letzten Jahren für viele Zwecke entwickelt worden. Sie haben ihren festen Platz in der Toxikologie (vgl. 1.4.2.4). Ihre Bedeutung wird in den nächsten Jahren in dem Maß weiter zunehmen, in dem es gelingen wird, solche Methoden und ihre Aussagefähigkeit im Vergleich zu In-vivo-Untersuchungen zu verbessern und zu standardisieren.

Nach heutiger Kenntnis und Erfahrung ist allerdings nicht damit zu rechnen, daß Tierversuche vollständig durch Untersuchungen in vitro ersetzt werden könnten. Komplexe Funktionen eines lebenden Organismus können in vitro nicht nachgeahmt oder nachgestellt werden (vgl. 1.4.2.3). Die Toxikologie braucht, will sie ihre Aufgabe der vorbeugenden Risikoabschätzung erfüllen (vgl. 1.2), auch in Zukunft Tierversuche, aber es sei mit gleicher Deutlichkeit hinzugefügt: Tierversuche sind nur dann angezeigt, wenn eine Alternativmethode mit vergleichbarer Aussagekraft nicht zur Verfügung steht und die Bedeutung der zu beantwortenden Frage den Tierversuch ethisch rechtfertigt. In den letzten Jahren wurden und gegenwärtig werden Forschungsprogramme durchgeführt, um die Aussagefähigkeit des einzelnen Tierversuchs so zu verbessern, daß mit weniger Versuchen die gleiche Information gewonnen werden kann wie bisher mit vielen. Als Beispiel eines erfolgreichen Programms sei der Ersatz der LD_{50} zur Charakterisierung der akuten Toxizität eines Stoffes angeführt (vgl. 1.4.2.3).

Toxikologie hat sich als Disziplin der experimentellen medizinischen Wissenschaft zusammen mit der Pharmakologie entwickelt. Nach ihrem sprachlichen Ursprung ist Pharmakologie die Lehre von den Mitteln, den heilenden wie den schädlichen, den Zaubermitteln wie den Mitteln zum Färben. Das griechische Wort *Toxon* bedeutet Bogen; das *toxikon pharmakon* ist das zum Bogen gehörende Mittel, das Pfeilgift. Bei gleichem methodischem Beginn ist eine Spezialisierung dahingehend erfolgt, daß man sich in der Pharmakologie mit den erwünschten Wirkungen von Arzneimitteln beschäftigt, während in der Toxikologie gesundheitsschädliche Wirkungen aller Stoffe, mit denen der Mensch oder andere Lebewesen in Kontakt kommen, untersucht werden. Die Fragestellungen, die Art, diese aufzunehmen und zu beantworten, die jeweils unterschiedlichen Überlegungen bei der Nutzen/Risiko-Abschätzung, Untersuchungsmethoden, Beziehungen zu Nachbarwissenschaften, die Rolle bei der Entwicklung von Produkten und Techniken und die Art und Menge des verfügbaren Wissens haben dazu geführt, daß Pharmakologie und Toxikologie sich heute als selbständige wissenschaftliche Disziplinen etabliert haben.

Mit der Pharmakologie hat die Toxikologie den Begriff der Wirkung (vgl. 1.4.1) und die Suche nach dem Ort einer spezifischen Stoffwirkung im Organismus ebenso gemeinsam wie die Analyse der einzelnen Schritte, durch die eine Wirkung zustande kommt. Ähnlich wie in der Pharmakologie unterscheiden wir in der Toxikologie die *Toxikokinetik*, d. h. die quantitative Beschreibung der Aufnahme eines Stoffes in den Organismus, seiner Verteilung, seiner spezifischen oder unspezifischen Bindung oder Speicherung in bestimmten Geweben, seines Um- oder Abbaus durch Enzyme des Organismus und schließlich seiner Ausscheidung, von der *Toxikodynamik*, d. h. der Analyse der Wirkungen, die ein Stoff hervorruft. In grober Näherung kann man sagen, daß Toxikodynamik die Wirkungen eines Stoffes auf den Organismus und Toxikokinetik die Wirkungen des Organismus auf den Stoff untersucht. Wie alle griffigen Verkürzungen stimmt auch diese nicht ganz, und Kinetik und Dynamik lassen sich nicht scharf voneinander trennen. Man kann sie im Experiment getrennt voneinander untersuchen, aber die Vorgänge bedingen einander, so daß die Ergebnisse zusammengeführt und zusammen betrachtet werden müssen.

Ein *Gift* zu sein, ist keine Eigenschaft, die einem Stoff anhaftet wie seine Farbe oder sein Geruch. Der Begriff des Giftes ist schwer zu definieren. Das Wort hat in der deutschen Sprache einen Bedeutungswandel hinter sich; die ursprüngliche Bedeutung ist in »Mitgift« noch erhalten: Gabe, Geschenk.Im heutigen Sprachgebrauch werden unter Giften Stoffe verstanden, die, seien sie synthetischen oder natürlichen Ursprungs, absichtlich oder unbeabsichtigt zugeführt, die Gesundheit schädigen können. Wenn sie absichtlich jemandem *gegeben* werden, um ihn/sie zu vergiften, ist der ursprüngliche Wortsinn von Gift = Gabe noch erkennbar. Vergiftungen wären demzufolge Erkrankungen, die durch Gifte hervorgerufen werden.

Leider sind diese Definitionsversuche zwar einleuchtend, aber wenig hilfreich, weil zirkulär. Die uns umgebenden Stoffe lassen sich nicht so einfach in die Menge der Gifte und die Menge der Nicht-Gifte einteilen, von denen wir, um gesund zu bleiben, erstere zu meiden und letztere zu suchen hätten. Auch sonst nützliche Stoffe können im Übermaß oder falsch zugeführt die Gesundheit schädigen. Für die meisten Stoffe gilt, daß es eine Menge oder Konzentration gibt, unterhalb derer sie unschädlich sind und oberhalb derer sie Gift sein können. Giftigkeit hängt von der Menge eines einwirkenden Stoffes ab und davon, wo und wie lange dieser Stoff einwirkt (vgl. 1.4.2). Allerdings gibt es Stoffe, die in jeder, auch der kleinsten aufgenommenen Menge irreversible Veränderungen im Organismus auslösen können (vgl. 1.5.2). Solche Stoffe können wir immer als Gifte bezeichnen, doch wäre es andererseits abwegig, den Begriff des Gifts auf diese Stoffe zu beschränken, da dann die Mehrzahl der potentiell gesundheitsschädlichen Stoffe nicht erfaßt würde.

Toxikologie gehört zu den medizinischen Wissenschaften und steht in Zusammenarbeit und Informationsaustausch mit anderen medizinischen Disziplinen wie z.B.:

- Der Notfallmedizin, der inneren Medizin, der Pädiatrie, der Anästhesiologie und der Reanimation, kurz, den Teilgebieten der klinischen Medizin, in denen Patienten/Patientinnen mit akuten Vergiftungen behandelt werden. Kenntnisse aus der experimentellen Toxikologie fließen in diese Behandlung ein; die Erfahrungen, die anläßlich der Beobachtung und Behandlung von Vergiftungen gesammelt werden können, ergänzen die in der experimentellen Toxikologie gewonnenen Daten.
- Der Allgemeinmedizin, die für viele fragliche, mögliche oder tatsächliche akute Vergiftungen erste Anlaufstelle ist. Informationszentren für Vergiftungen sind in allen Bundesländern rund um die Uhr in Bereitschaft, um behandelnde Ärzte zu beraten. In diesen Zentren kann – jedenfalls in der Theorie – z.B. auch nachgesehen werden, welche gesundheitlich relevanten Stoffe in Haushaltsprodukten enthalten sind, nach denen sich die Behandlung bei einer Vergiftung zu richten hat. Zwar besteht keine Verpflichtung für Herstellerfirmen, die Rezeptur ihrer Mittel bekannt zu geben, doch arbeiten die meisten Firmen mit den Informationszentren zusammen. Diese Zusammenarbeit wird durch das Bundesgesundheitsamt koordiniert. Allerdings werden die Rezepturen so oft geändert, daß nicht sicher ist, ob das Informationsmaterial der Zentren jeweils auf dem aktuellen Stand ist.
- Der Hygiene, mit der sie den Anspruch teilt, Gefahren für die Gesundheit im Vorfeld einer Schädigung zu erkennen und zu vermeiden.

- Der Rechtsmedizin, wenn es z.B. um die Frage geht, ob eine bestimmte Erkrankung oder ein plötzlicher Tod durch eine Vergiftung verursacht ist; dies zu beurteilen, müssen sowohl die Symptomatik der Vergiftungen als auch die Methoden des Nachweises von Giften bekannt sein. Auch dabei hat die Toxikologie Dienstleistungen zu erbringen.

Von praktisch allen experimentellen medizinischen und naturwissenschaftlichen Fächern hat die Toxikologie Methoden entlehnt: Von Physiologie und Biochemie die Techniken zur Untersuchung isolierter Organe, Funktionen oder Reaktionen und das Studium der Wirkungsmechanismen auf zellulärer und molekularer Ebene; von der Pathologie und Embryologie die Beobachtung morphologischer und feingeweblicher Veränderungen; von der Physik Meßtechniken; von den Ingenieurwissenschaften apparative Einrichtungen; von der Mathematik die Biometrie und Statistik für Versuchsplanung und Auswertung, und von der Chemie die analytischen Methoden für die Bestimmung der Konzentration von Stoffen und ihrer Umwandlungsprodukte.

Aus der Chemie bekommt die Toxikologie andererseits viele ihrer Aufträge. Neue synthetische oder Naturstoffe müssen je nach Anfall, vorgesehener Verwendung und voraussichtlicher Bedeutung toxikologisch untersucht und charakterisiert sowie ihrer Gefährlichkeit entsprechend gekennzeichnet und behandelt werden. Die verschiedenen Fragen, die zur Vermeidung gesundheitlicher Gefahren in unterschiedlichen Anwendungsbereichen gestellt werden, und die jeweils unterschiedlichen Arten von Stoffen, die beurteilt werden müssen, haben inzwischen auch schon zur Spezialisierung innerhalb der Toxikologie geführt (vgl. 1.3).

1.2 Was wird von der Toxikologie erwartet?

Toxikologie ist eine Wissenschaft mit praktischen Aufgaben: Das Risiko, das von natürlichen oder synthetischen Stoffen für die Gesundheit von Mensch und Tier – und in dem neuen Fach der Ökotoxikologie für Ökosysteme – ausgeht, soll ermittelt und möglichst quantitativ abgeschätzt werden. Damit soll die Voraussetzung geschaffen werden, Gefahren für die Gesundheit oder für Natur und Umwelt von vornherein nicht entstehen zu lassen. Dieses Ziel konnte bisher nur teilweise erreicht werden, was nicht nur am begrenzten methodischen Instrumentarium der Toxikologie liegt; es ist im Gegenteil erstaunlich, wie gut die toxikologische Risikoermittlung trotz dieses begrenzten Instrumentariums gelingt, und wie wenig grobe Fehleinschätzungen dabei vorkommen. Wenn das genannte Ziel dennoch oft verfehlt wurde und wird, so liegt es daran, daß die *Bewertung* ermittelter Risiken im Hinblick auf ihre *Vertretbarkeit* angesichts eines erwarteten Nutzens in einem Netz von Interessen stattfindet, die miteinander konkurrieren.

Gesundheitliche Risiken ermitteln, Schäden verhüten: Damit gehört Toxikologie zum weiten Gebiet der *Hygiene*, des Zweigs der Medizin, dessen Gegenstand der Schutz der Gesundheit durch Schaffung oder Erhaltung gesunder Lebens-, Arbeits- und Umweltbedingungen ist.

Was ist ein *gesundheitliches Risiko?* In der Technik ist Risiko definiert als das Produkt von Schadenshöhe und Eintrittswahrscheinlichkeit des Schadens. Diese technische Risikodefinition ist für die Beschreibung gesundheitlicher Risiken unbrauchbar. Ihr Gebrauch würde Erwartungen erzeugen, die nicht zu erfüllen sind. Bei gesundheitlichen Schäden an Leib und Leben läßt sich die Schadenshöhe nicht quantifizieren. Beeinträchtigungen an Gesundheit und Befinden können nur qualitativ gewichtet werden. Wenn wir unter Gesundheitsschaden jede Art bleibender (irreversibler) oder vorübergehender (reversibler) Veränderungen verstehen, die durch einen Stoff verursacht sein können, muß eine qualitative Gewichtung die Art des Schadens, die Beeinträchtigung der Lebensqualität, die Schwere der objektivierbaren Veränderungen und der subjektiven Befindensstörungen, ihre Reversibilität und Dauer und die Möglichkeiten zur Wiederherstellung der Gesundheit oder jedenfalls zur Minderung des Schadens berücksichtigen. Eine derartige Gewichtung ist kein Meßvorgang, der unabhängig von Ort und Zeit überall zum gleichen Ergebnis führt. Vielmehr ist die Bewertung einzelner Faktoren einer gesundheitlichen Beeinträchtigung ebenso wie die Abgrenzung der Übergänge, wann eine Belästigung beginnt, wann eine Belästigung erheblich wird, und ab wann wir von einer Schädigung zu sprechen haben, fließend und unterliegt subjektiver Bewertung. Man denke beispielsweise an die unterschiedliche Wahrnehmung gleicher Lärmpegel, die einmal durch Baumaschinen oder ein anderes Mal in einer Diskothek entstehen, oder des gleichen Flugzeuglärms einmal für Anwohner und einmal für den Privatpiloten in seinem kleinen Flugzeug, oder an die unterschiedliche Wahrnehmung von Tabakrauch durch Raucher und nichtrauchende Passivraucher. Die *Beschreibung* von Belästigungen und Schädigungen kann intersubjektiv vergleichbar erfolgen, während die *Bewertung* vom jeweiligen historischen, sozialen oder kulturellen Hintergrund einer Gesellschaft abhängt und von dem Wertesystem, dem sich der bewertende Wissenschaftler seinerseits verpflichtet fühlt.

Gesundheitliche Schäden können beschrieben, aber nicht quantifiziert werden. Wie steht es mit dem zweiten Begriff der technischen Risikodefinition, der Eintrittswahrscheinlichkeit eines Schadens? Auch dieser kann für gesundheitliche Risiken nicht übernommen werden. An seine Stelle tritt die Häufigkeit (Inzidenz), mit der ein Schaden in einer Population auftritt oder zu erwarten ist, die einer bestimmten Konzentration oder Menge eines Stoffes ausgesetzt (exponiert) ist. Soweit direkte Erfahrungen aus Expositionen größerer Bevölkerungsgruppen durch Unfälle oder andere Katastrophen nicht vorliegen, handelt es sich bei Inzidenz-Abschätzungen um Erwartungswerte, deren wahrscheinliche Richtigkeit innerhalb bestimmter angegebener Grenzen von den Randbedingungen abhängt, aus denen sie ermittelt wurden (vgl. 1.4.2.2). Aussagen über die Inzidenz von Wirkungen sind Wahrscheinlichkeitsaussagen. Einzelne Menschen reagieren unterschiedlich auf Fremdstoffe. Einige Einflußfaktoren sind bekannt, wie Alter, Geschlecht, Körpergewicht, Fettanteil am Körpergewicht, vorbestehende Krankheiten oder genetisch bedingte Unterschiede der Aktivität einzelner Enzyme; andere Einflußfaktoren sind unbekannt, so daß nicht alle Personen, die möglicherweise durch einen Stoff mehr als andere gefährdet sein könnten, im vorhinein erkannt und gewarnt werden können.

Die Häufigkeit, mit der eine bestimmte Wirkung bei einer gegebenen Exposition gegenüber einem Stoff auftritt, ist normalverteilt, wenn sie nur durch die «normale» biologische Variabilität bestimmt ist. Die im Idealfall symmetrische, glockenförmige Verteilungskurve ist umso breiter und flacher, je größer die Variabilität ist. Die Kurve kann zwei- oder mehrgipfelig werden, wenn sich die untersuchte Population aus zwei oder mehreren Untergruppen zusammensetzt, die sich in Faktoren unterscheiden, von denen Auftreten und Ausprägung der Wirkung abhängt. Ein solcher Faktor könnte die Aktivität eines Enzyms sein, durch das ein Fremdstoff in einer Untergruppe schnell und in der anderen langsam inaktiviert würde. Im Ergebnis wäre die Wirkung des Fremdstoffs in der langsam inaktivierenden Gruppe stärker und träte bei geringeren Dosen auf als in der schnell inaktivierenden Gruppe.

Zwei- oder mehrgipfelige Verteilungen sind allerdings nur zu erwarten, wenn die Untergruppen und die Unterschiede im Vergleich zur Größe des Kollektivs groß genug sind. Andernfalls verschmieren die Einzelgipfel zu einer breiten flachen Verteilungskurve und täuschen eine kontinuierliche breite Variabilität vor. Es ist bisher nur in wenigen Fällen gelungen, den diskontinuierlichen Charakter einer solchen scheinbar kontinuierlichen Variabilität aufzudecken. So kennt man beispielsweise in der Pharmakologie zwei in der praktischen Therapie wichtige enzymatische Polymorphismen, d. h. genetisch angelegte Unterschiede der Aktivität fremdstoffabbauender Enzyme, den sogenannten Acetylierungs- und den Oxydationspolymorphismus. Langsam- und Schnellacetylierer unterscheiden sich in ihrer Fähigkeit, bestimmte Fremdstoffe/Arzneimittel zu acetylieren und damit zu inaktivieren. Die Arzneimitteldosis muß dem Acetylierungstyp angepaßt werden, d. h. bei Langsamacetylierern niedriger sein als bei Schnellacetylierern. Beide Typen kommen in der europäischen Bevölkerung ungefähr gleich häufig vor. Anders verhält es sich beim Oxydationspolymorphismus; etwa 10% der europäischen Bevölkerung oxydieren bestimmte Fremdstoffe langsamer als die übrigen 90%. Enzymatische Polymorphismen sind möglicherweise eine der Ursachen dafür, daß einzelne Menschen auf bestimmte Fremdstoffe empfindlicher reagieren als die Mehrzahl der Bevölkerung, die denselben Fremdstoffen ausgesetzt ist. In der Aufklärung dieser Unterschiede, durch die es möglich werden kann, einzelne Personen mit besonderer Gefährdung zu erkennen und zu schützen, liegt einer der Schwerpunkte künftiger toxikologischer Forschung.

Wollte man mit Sicherheit jedes gesundheitliche Risiko von chemischen Stoffen ausschließen, müßte man jede Exposition verhindern. Wie unrealistisch eine derartige Forderung wäre, wird daran deutlich, daß ihre Erfüllung uns mit einem Schlage sämtlicher Arzneimittel beraubte. Arzneimittel können bekanntlich neben den therapeutisch erwünschten Wirkungen auch unerwünschte Wirkungen haben, deren Häufigkeit allenfalls statistisch, aber nicht für den Einzelfall prognostiziert werden kann. Arzneimittel werden dennoch verwendet, weil und wenn die möglichen unerwünschten Wirkungen angesichts eines erwarteten Nutzens für *vertretbar* gehalten werden. Um die Vertretbarkeit der Anwendung von Arzneimitteln beurteilen zu können, müssen Nutzen und Risiko möglichst gut bekannt sein.

Wenn Stoffe in der Umwelt des Menschen auftreten oder bei der Herstellung von Nahrungsmitteln verwendet werden oder auf andere Weise als Rückstände oder Verunreinigungen in Nahrungsmittel gelangen können, muß das Risiko einer gesundheitlichen Schädigung erkannt, abgeschätzt und bewertet werden mit dem Ziel, es gegebenenfalls zu vermindern oder zu begrenzen. Art und Schwere möglicher Schädigungen und die Wahrscheinlichkeit ihres Auftretens müssen in Beziehung zu der möglicherweise aufgenommenen Menge ermittelt werden. Diese *wissenschaftliche Risikoermittlung* ist Aufgabe der Toxikologie.

Risiken von Stoffen können nicht isoliert bewertet werden, sondern stets nur im Verhältnis zu einem Nutzen, der mit der Anwesenheit bzw. dem Vorkommen des Stoffs in dem in Frage stehenden Medium, z. B. in Lebensmitteln, verbunden ist. Der Nutzen kann von der aktuellen Anwesenheit des Stoffs ausgehen, ein Fall, der z. B. bei Konservierungsmitteln gegeben ist, oder er kann von der früheren Anwendung des Stoffs in der Produktion eines Lebensmittels ausgehen, was z. B. für Rückstände von Lösemitteln in Pulverkaffee oder für Rückstände von Pflanzenbehandlungsmitteln gelten würde, oder davon, daß die Kosten vermieden werden, die auftreten würden, wollte man eine Verunreinigung verhindern oder beseitigen. Die Inkaufnahme von Risiken ist – allgemein gesprochen – dadurch gerechtfertigt, daß ihnen ein als solcher anerkannter Nutzen gegenübersteht. Das Risiko wird angesichts des Nutzens und durch den Nutzen vertretbar. Im Prozeß der *Nutzen-Risiko-Bewertung*, die auch im Vergleich zum Nutzen/Risiko-Verhältnis alternativ einsetzbarer Stoffe erfolgt, wird ein Risiko gegebenenfalls als akzeptabel angesehen.

Die *Bewertung* von Risiken im Verhältnis zu dem mit ihrer Inkaufnahme verbundenen Nutzen ist nach Methode, Ziel und Ergebnis kein der *Risikoabschätzung* vergleichbarer wissenschaftlicher Prozeß, für den wissenschaftliche Experten eine besondere Prärogative hätten. Vielmehr gehen in diesen zu Recht Bewertung genannten Prozeß unterschiedliche Werturteile ein, die auch vom jeweiligen gesellschaftlichen Umfeld mit seinen Interessen geprägt sind und sich entsprechend ändern können. In diesem Prozeß müssen die Grenzen des auch in Hinblick auf Nutzen oder Kosten vertretbaren, und das heißt gesellschaftlich akzeptablen Risikos abgesteckt werden. Grenzwerte sind für Stoffe und Medien so zu definieren, daß diese Grenzen des Vertretbaren und Akzeptierten nicht überschritten werden und daß die Einhaltung mit den verfügbaren Methoden überwacht werden kann. Grenzwerte oder Höchstmengen sind keine Naturkonstanten, sondern Ergebnis von Konventionen (vgl. 1.5), über deren Charakter man sich gerade als Wissenschaftler immer wieder Rechenschaft ablegen sollte. Grenzwerte oder Höchstmengen markieren im Lebensmittelrecht die Konzentration, bei deren Überschreiten ein Lebensmittel nicht mehr verkehrsfähig ist, ohne daß der Bereich bis dahin bedenkenlos ausgeschöpft werden dürfte, aber auch ohne daß eine einmalige oder vorübergehende Überschreitung der Höchstmengen Gefahren für die Gesundheit beinhaltet. Die Zulassung von Pflanzenschutzmitteln erfolgt beispielsweise unter der Voraussetzung, daß sie bei Anwendung nach den Regeln guter landwirtschaftlicher Praxis keine nachweisbaren Rückstände in Lebensmitteln hinterlassen. Höchstmengen sind demnach nur der zweite Zaun einer Gefahrenabwehr.

Grenzwerte haben auch die Funktion, der Risikominimierung und dem Gesundheitsschutz eine gewisse Stetigkeit und Berechenbarkeit zu verleihen. Wenn für einen Stoff keine Grenzwerte angegeben werden, sondern nur die Forderung erhoben wird, daß er in einem bestimmten Medium nicht vorkommen darf, wird jeder Fortschritt der chemischen Analytik jeweils Turbulenzen erzeugen, wenn Stoffspuren in Konzentrationen entdeckt werden können, bis zu denen analytisch vorzudringen jeweils kurz zuvor noch für unmöglich gehalten wurde. Grenzwerte oder Höchstmengen sind in der Praxis gut anwendbare Instrumente; sie schaffen Rechtssicherheit, und ihre Einhaltung kann durch chemisch-analytische Methoden überwacht werden. Sie können jeweils rasch den Erkenntnisfortschritten, neuen technischen Möglichkeiten oder einem veränderten Bewußtsein über die Vertretbarkeit von Risiken angepaßt werden.

Ein Gebot, daß ein bestimmter Stoff nicht vorkommen dürfe, wäre nur sinnvoll und vertretbar in der Form, daß der Stoff bei Anwendung einer definierten analytischen Methode und unter standardisierten Bedingungen nicht nachweisbar sein soll. Bei einem derartigen Gebot handelt es sich aber genau genommen um einen Grenzwert, der nur nicht in Mengen- oder Konzentrationseinheiten, sondern in Form der Nachweisgrenzen eines Analyseverfahrens angegeben ist.

1.3 Aufgaben der Lebensmittel-Toxikologie

Gesunde Ernährung setzt eine angepaßte Menge, Auswahl und Mischung von unverdorbenen Lebensmitteln in geeigneter Zubereitung voraus. Darauf kann jeder Verbraucher selbst Einfluß nehmen; er kann sich durch Essen und Trinken gesund erhalten und ernährungsbedingte Krankheiten durch Zuviel oder durch Einseitigkeit vermeiden. Lebensmittel können neben ihren natürlichen Bestandteilen, unter denen es auch solche mit möglichen Schadwirkungen gibt (vgl. Kap. 5), weitere Stoffe enthalten, die natürlicher oder synthetischer Herkunft sein können, und die beabsichtigt oder unbeabsichtigt in das Lebensmittel gelangt sein können; im letzteren Fall können sie anthropogenen oder natürlichen Ursprungs sein. In der Lebensmittel-Toxikologie werden die möglichen gesundheitsschädlichen Wirkungen aller Stoffe, die in Lebensmitteln vorkommen können, untersucht, die Risiken ermittelt und gegebenenfalls Grenzwerte vorgeschlagen für das Vorkommen der Stoffe in einzelnen Lebensmitteln oder für die Menge, die bei lebenslanger täglicher Aufnahme duldbar ist (vgl. 1.5.1). Zu den Lebensmitteln gehört auch das Trinkwasser. Man kann nach ihrer Herkunft im Lebensmittel vier Arten toxikologisch relevanter Stoffe unterscheiden, die auch lebensmittelrechtlich unterschiedlich behandelt werden. Die Besprechung der Stoffe in den folgenden Kapiteln folgt dieser Einteilung.

Zusatzstoffe (Kap. 2) sind nach § 2 des Lebensmittel- und Bedarfsgegenständegesetzes »Stoffe, die dazu bestimmt sind, Lebensmitteln zur Beeinflussung ihrer Beschaffenheit und zur Erzielung bestimmter Eigenschaften oder Wirkungen zugesetzt zu werden«. Zusatzstoffe müssen, von bestimmten Ausnahmen abgesehen, durch Rechtsverordnung zugelassen sein. Die Liste der zugelassenen Zusatzstoffe wird von der Bundesregierung regelmäßig veröffentlicht. Die für Wein und andere dem Weingesetz unterliegenden Lebensmittel erlaubten Zusatzstoffe werden gesondert aufgelistet. Zusatzstoffe müssen – außer bei Wein – nach der Kennzeichnungsverordnung bei allen fertig verpackten Lebensmitteln auf der Packung angegeben werden.

Zu den Zusatzstoffen gehören u. a. Farbstoffe, Konservierungsstoffe, Verdickungsmittel, Emulgatoren, Geliermittel, Säuremittel, Backtreibemittel, Geschmacksverstärker, Süßstoffe, Zuckeraustauschstoffe, Treibgase, bestimmte Vitamine, Stoffe, die zur Herstellung von Überzügen verwendet werden oder z. B. Lösemittel, die bei der Herstellung eines Lebensmittels zwar eingesetzt, bei der weiteren Verarbeitung aber möglichst vollständig wieder entfernt werden sollen. Auch bei der Trinkwasseraufbereitung verwendete oder entstehende Stoffe sind im weitesten Sinne den Zusatzstoffen zuzurechnen.

Als *Rückstände* (Kap. 3) bezeichnet man solche Stoffe, die während der landwirtschaftlichen Produktion oder der Lagerung angewendet wurden und im Lebensmittel noch vorhanden sind. Es handelt sich bei Lebensmitteln pflanzlicher Herkunft um alle Arten von Pflanzenschutzmitteln, Pestizide und Herbizide, Wachstumsregler, Vorratsschutz- und Schädlingsbekämpfungsmittel, Mittel zur Bodenbehandlung oder Düngemittel sowie deren Umwandlungsprodukte.

Lebensmittel tierischer Herkunft können ebenfalls Rückstände dieser Mittel enthalten, die aus dem Pflanzenfutter stammen, darüber hinaus aber auch Stoffe, die als Tierarzneimittel, Masthilfsmittel oder Futtermittel eingesetzt wurden. Zwar gilt für Tierarzneimittel und Masthilfsmittel die Vorschrift, daß zwischen der letzten Verabreichung und der Schlachtung eine für jeden Stoff festgesetzte Mindestwartezeit einzuhalten ist, doch ist die Befolgung dieser Vorschrift in der Praxis schwer zu überwachen. Grundsätzlich sind für alle genannten Stoffe, die als Rückstände in oder auf Lebensmitteln vorkommen können, Höchstmengen in Rechtsverordnungen vorgeschrieben. Das System ist jedoch lückenhaft, da nicht alle zugelassenen und tatsächlich verwendeten Stoffe in den Regelungen der Höchstmengen erfaßt sind und da auch nicht alle dort erfaßten Stoffe in der Praxis der Lebensmittelüberwachung untersucht werden können.

Von *Verunreinigungen* (Kap. 4) spricht man, wenn Stoffe ungewollt und unbeabsichtigt und ohne Verschulden des Herstellers in oder auf Lebensmittel gelangt sind. Neben Verpackungsmaterialien als Quelle geht es vor allem um Stoffe, die aus der Umwelt auf und in die Lebensmittel gelangen. Sie sind zu einem vernachlässigbar kleinen Teil natürlicher, überwiegend jedoch anthropogener Herkunft. Zu den Verunreinigungen zählen Arsen und Thallium ebenso wie die Schwermetalle Blei, Cadmium oder Quecksilber und viele langlebige Kohlenwasserstoffe.

Für einige Stoffe, die aus Verpackungsmaterialien in Lebensmittel übergehen können, gibt es Vorschriften mit Grenzwerten; Grenzwerte für Umweltchemikalien gibt es bisher nicht, sieht man von einigen eher peripheren Regelungen, wie z. B. die für Quecksilber in Fischen, einmal ab. Eine Schwierigkeit bei der Festsetzung von Grenzwerten für Umweltchemikalien besteht darin, daß keiner der am Prozeß der Lebensmittelherstellung Beteiligten für die Verunreinigung mit Umweltchemikalien verantwortlich gemacht werden kann und es deshalb schwierig werden könnte, Entschädigungsansprüche zu regeln, wenn Lebensmittel wegen Überschreitung von Höchstmengen aus dem Verkehr gezogen werden müßten.

Für Schwermetalle gibt es vom Bundesgesundheitsamt veröffentlichte Richtwerte, die allerdings weder verbindlich sind noch auf einer toxikologischen Risikoabschätzung basieren. Vielmehr wurde der Ist-Zustand der Belastung mit Schwermetallen ermittelt und ein bestimmtes Perzentil als »Richtwert« angegeben.

Eine letzte Gruppe von Stoffen, deren gesundheitliches Risiko zu untersuchen ist (Kap. 5), umfaßt *toxische natürliche Inhaltsstoffe* von Lebensmitteln, darunter etliche, die bei der üblichen *Zubereitung* der Lebensmittel zerstört werden.

Der Lebensmitteltoxikologe findet ein breites Arbeitsgebiet vor; wie dieses Buch beschäftigt er sich jedoch nicht mit allen Gebieten, die im Lebensmittel- und Bedarfsgegenständegesetz (LMBG) angesprochen sind. Das LMBG behandelt außer Lebensmitteln auch Kosmetika und Bedarfsgegenstände, also Bereiche, in denen Hunderte von toxikologisch relevanten Stoffen im Einsatz und zu beurteilen sind.

Ähnliche toxikologische Subdisziplinen haben sich parallel zur Lebensmittel-Toxikologie für andere Aufgabenbereiche entwickelt, wie z. B. die Arzneimittel-Toxikologie, die Gewerbe-Toxikologie oder die Umwelt-Toxikologie. In der Praxis sind diese vier Gebiete weniger voneinander getrennt, als die Bezeichnungen vermuten lassen. Wie die zu beurteilenden Stoffe sind auch die Methoden häufig dieselben. Erfahrungen, die mit einem Stoff in einem der Gebiete gemacht wurden, fließen in die Beurteilung desselben Stoffes in den anderen Anwendungsgebieten ein.

1.4 Voraussetzungen für Grenzwerte

1.4.1 Definition von Wirkung und Wirkungsschwelle

Bei der Ermittlung von Grenzwerten zum Schutz der Gesundheit geht man von der Vorstellung aus, daß es für einzelne Stoffe jeweils eine Dosis oder Expositionskonzentration gibt, unterhalb derer der Stoff keine Wirkung ausübt oder, genauer gesagt, unterhalb derer keine Wirkung beobachtet wird, und unterhalb derer die Zufuhr des Stoffes daher definitionsgemäß unbedenklich ist.

Wirkung ist die Antwort eines biologischen Systems auf einen Reiz. Im Zusammenhang mit der toxikologischen Untersuchung von Stoffen ist Wirkung jede Veränderung, die durch einen Stoff nach kurz- oder langdauernder Zufuhr, vorübergehend oder bleibend, meßbar, fühlbar oder auf andere Weise erkennbar bei Mensch oder Tier, in vivo oder in vitro, hervorgerufen wird. Eine Wirkung ist dann gegeben, wenn in einem Organismus oder in Teilen davon vorübergehend oder dauerhaft Änderungen der normalen Funktionsabläufe auftreten. Diese können als Veränderungen physiologischer Prozesse oder biochemischer Reaktionen in Erscheinung treten. Meist wird durch einen Stoff, auch wenn dieser nur an einer definierten Stelle angreift, ein ganzes Muster miteinander verbundener Aktivitäten verändert. Von einer Wirkung kann man allerdings erst dann sprechen, wenn die Veränderungen auch beobachtet oder erkannt werden können.

Ein Stoff wirkt nicht auf einen Organismus wie ein Stoß auf eine Kugel. Vielmehr muß es zunächst zu einer Interaktion der Fremdstoffmoleküle mit Molekülen des Organismus kommen; letztere sind häufig Teil biologischer Membranen oder Enzyme oder die materielle Grundlage der genetischen Information, die DNS. Wenn diese Interaktionen zu Funktionsänderungen eines biologischen Moleküls führen, kann, oft über mehrere Zwischenstufen, eine Antwort erkennbar werden. Diese biologische Reaktion auf ein Signal des Stoffes findet zunächst in der direkten Umgebung, d.h. in der betroffenen Zelle statt; sie kann sich jedoch mittels der im Organismus existierenden interzellulären Kommunikationswege auf benachbarte Zellen, ganze Zellverbände und Gewebe und auf andere Organe auswirken. Der Wirkungsbegriff schließt alle diese Reaktionen ein.

Die bloße Anwesenheit eines Fremdstoffes in einem biologischen System darf nicht als Wirkung oder gar als Schadwirkung aufgefaßt oder mit einer Wirkung gleichgesetzt werden, wie dies in der öffentlichen Diskussion mißverständlicherweise häufig geschieht. Ein solcher Begriff von Wirkung, verstanden als Anwesenheit eines Stoffs im Organismus, wäre sinnlos; die Ermittlung von Wirkungen erschöpfte sich in chemischer Analytik.

Auch die Interaktion eines Fremdstoffes mit Molekülen des Organismus darf nicht als Wirkung mißverstanden werden. Bei Anwesenheit eines Stoffes in einem Organismus laufen ständig meist folgenlose oder der Elimination des Stoffes dienende Interaktionen der Stoffmoleküle mit Biomolekülen ab, auch wenn die Stoffmengen noch so klein sind. Bei einer Gleichsetzung von Interaktionen mit Wirkungen gäbe es wiederum keine abgrenzenden Kriterien, und wir sähen uns erneut der abgelehnten, uferlosen und wenig praktikablen Definition von Wirkung als Anwesenheit eines Stoffes gegenüber. Interaktionen können zwar meßbar sein und stellen wichtige biochemische Parameter dar, die als frühe Indikatoren einer Belastung mit Schadstoffen dienen können, dürfen aber nicht mit einer Wirkung gleichgesetzt werden.

Wirkungen können reversibel oder irreversibel sein. *Reversible Wirkungen* enden; das biologische System kehrt in seinen Ausgangszustand zurück. Die Wirkung endet in der Regel, wenn der auslösende Stoff nicht mehr oder nicht mehr in ausreichender Menge/Konzentration vorhanden ist. *Irreversibel* sind Wirkungen, wenn eine durch einen Stoff herbeigeführte Veränderung struktureller Art nach Entfernung des Stoffes bestehen bleibt. Erneute gleichartige Wirkungen führen zu erneuten gleichartigen irreversiblen Veränderungen; die Wirkungen summieren sich; man spricht von *Wirkungskumulation*.

Auch Stoffe können im Organismus kumulieren, wenn bei wiederholter Aufnahme die vorher aufgenommene Menge noch nicht quantitativ inaktiviert oder ausgeschieden war. *Stoffkumulation* spielt bei Arzneimitteln eine Rolle, wenn der Abstand zwischen den Einzeldosen zu kurz oder die Einzeldosis zu hoch ist in Beziehung zu der Geschwindigkeit, mit der das Arzneimittel aus dem Körper eliminiert wird. Auch Stoffkumulation führt zu verstärkter Wirkung.

Wirkungen können auch teilweise oder erst nach einer gewissen Zeit reversibel sein. Dazu kommt es dann, wenn durch einen Stoff bestimmte Strukturen, z. B. spezifische Rezeptoren, zerstört oder verändert wurden, diese jedoch nach Entfernung des Stoffs vom Organismus wieder aufgebaut werden können. Solange diese Reparaturphase nicht abgeschlossen ist, kommt es bei erneutem Stoffkontakt ebenfalls zu einer Wirkungskumulation.

Wirkungen können *lokal* am Ort der Einwirkung, z. B. an der Haut, in der Mundhöhle, den Atemwegen, oder *systemisch* nach Aufnahme und Verteilung im Organismus auftreten.

Interaktionen von Molekülen des Organismus mit Fremdstoffmolekülen, als deren Ergebnis eine Wirkung ausgelöst werden kann, treten um so häufiger auf, je größer die aufgenommene Menge des Stoffs und damit die Konzentration in der Umgebung der Zellen bzw. Moleküle des Organismus ist, die mit dem Fremdstoff in spezifische Interaktion treten. Als *spezifisch* bezeichnen wir die Moleküle oder Strukturen des Organismus, durch deren Interaktion mit einem bestimmten Stoff die Wirkung ausgelöst wird. Mit der Stoffkonzentration, die eine Funktion der aufgenommenen Menge oder Dosis ist, steigt die Wahrscheinlichkeit von Interaktionen und damit auch die Entrittswahrscheinlichkeit und die Intensität der Wirkung. Dieser Zusammenhang wird quantitativ in der *Dosis-Wirkung-Beziehung* beschrieben, und zwar jeweils entweder für Einzeldosen oder für einzelne Konzentrationen bei definierter Einwirkungszeit.

Die Art der Wirkungen, ihre organ- und funktionsspezifische Phänomenologie wird als *Wirkungsqualität* und in Bezug auf den auslösenden Stoff als dessen *Wirkprofil* bezeichnet. Wirkungsstärke und Wirkungsdauer machen zusammen quantitativ die Wirkungsgröße aus, jeweils bezogen auf eine bestimmte Stoffdosis. Wirkungen können verzögert auftreten, je nach Art der Elementarvorgänge, die durch die Interaktion von Fremdstoff- und biologischen Molekülen ausgelöst werden. Die Zeit zwischen der Aufnahme eines Stoffs und dem Auftreten der Wirkung ist die *Latenz*. Die biochemischen und biophysikalischen Elementarvorgänge, die durch die Interaktion angestoßen werden und zu der Wirkung führen, werden als *Wirkungsmechanismus* zusammengefaßt.

Die Wirkung eines Fremdstoffs und damit seine »Giftigkeit« hängt nicht nur von seiner Menge oder Konzentration ab, sondern auch von der Dauer der Einwirkung. Hohe Konzentrationen über kurze Zeit können die gleiche Wirkung haben wie kleine Konzentrationen, die über lange Zeit einwirken. Das Produkt aus Konzentration und Einwirkungszeit bestimmt die Wirkungsstärke. Bei langer Einwirkungszeit kleiner Dosen/Konzentrationen entsteht die Schadwirkung durch Kumulation des Stoffes oder der Wirkung.

Grenzwerte sind dann sinnvoll und zum Schutz der Gesundheit oder eines biologischen Systems geeignet, wenn es für einen Stoff eine Dosis oder Konzentration gibt, die auch bei langfristiger, und das heißt bei Lebensmitteln in der Regel lebenslanger, Aufnahme keine Wirkung oder jedenfalls keine die Gesundheit oder das Befinden beeinträchtigende Wirkung auslöst. Man spricht von einer Schwellenkonzentration und von Wirkungsschwellen.

Derartige *Wirkungsschwellen* sind für viele Stoffe experimentell beobachtet und theoretisch begründet worden. Sie können nicht von vornherein für einen Stoff vorausgesetzt werden, sondern müssen im Einzelfall begründet, plausibel gemacht und tatsächlich nachgewiesen werden. Wenn Wirkungsschwellen mit ausreichender Wahrscheinlichkeit angenommen werden können, dann können Grenzwerte vorgeschlagen werden. Wann eine Wahrscheinlichkeit als ausreichend gilt, ist wie bei allen Wissenschaften, die mit Wahrscheinlichkeitsaussagen arbeiten und darauf Risikoabschätzungen stützen, eine Frage von Konvention und Praktikabilität. Für Stoffe mit irreversibler Wirkung, die keine Wirkungsschwelle haben oder für die eine Wirkungsschwelle nicht mit ausreichender Wahrscheinlichkeit angenommen werden kann, können keine gesundheitlich unbedenklichen Mengen angegeben werden. Für solche Stoffe, z. B. krebserzeugende oder erbgutverändernde Stoffe (vgl. 1.5.2), gilt der Grundsatz, sie soweit wie irgend möglich zu vermeiden. Soweit für derartige Stoffe dennoch Grenzwerte festgelegt werden, dienen diese operational der Risikominderung, markieren jedoch nicht den Bereich des gesundheitlich Unbedenklichen.

Wirkungsschwellen können *toxikokinetische Ursachen* haben. Auftreten und Ausmaß einer Wirkung hängen davon ab, ob und in welcher Konzentration ein Stoff an den Ort seiner spezifischen Interaktion gelangt. Eine Wirkung wird dann nicht auftreten, wenn der Stoff zwar in den Organismus aufgenommen wird, den Ort der spezifischen Interaktion aber nicht oder nicht in ausreichender Konzentration erreicht. Diese Konzentration hängt ihrerseits von den Geschwindigkeiten ab, mit denen ein Stoff in die Blutbahn aufgenommen (resorbiert), im Körper verteilt, chemisch umgewandelt (metabolisiert) und schließlich ausgeschieden (eliminiert) wird. Auch durch unspezifische Speicherungen in bestimmten Geweben, z. B. polychlorierte Biphenyle im Fettgewebe (vgl. 4.3.2.2), kann ein Stoff dem Milieu entzogen werden, in dem er durch spezifische Interaktionen eine Schadwirkung auslösen könnte. Nach Speicherung bleibt der Stoff zwar im Organismus vorhanden, und die Konzentration im Speichergewebe steht im Gleichgewicht mit der freien Konzentration, doch reicht diese für eine Wirkung nicht aus. Die kinetischen Prozesse wie Aufnahme, Verteilung, Speicherung, Umwandlung, Ausscheidung werden in erster Linie durch Stoffeigenschaften wie Molekülgröße oder Lipophilie bestimmt und dadurch, ob der Stoff ein gutes Substrat für körpereigene Inaktivierungs- und Ausscheidungsmechanismen ist. Wenn die Geschwindigkeit, mit der ein Stoff eliminiert werden kann, größer ist als die Geschwindigkeit der tatsächlichen Aufnahme, wird der Stoff den Körper zwar durchlaufen, jedoch ohne eine spezifische Schadwirkung hervorzurufen. Allenfalls werden körpereigene Inaktivierungs- und Ausscheidungssysteme belastet.

Eine *toxikodynamische Schwelle* ist sowohl durch die Wahrscheinlichkeit gegeben, mit der die Interaktionspartner zusammentreffen, die wiederum von deren Konzentration und Affinität füreinander abhängt, als auch dadurch, daß nicht jede Interaktion von Stoff und biologischem Molekül automatisch die Ereigniskette auslöst, die zu einer Wirkung führt. Vielmehr muß durch eine genügend häufige oder ausreichend langanhaltende Interaktion der Stoffmoleküle mit einer ausreichenden Zahl der meist redundant vorhandenen biologischen Moleküle das von der Interaktion ausgehende Signal stark genug werden, um andere auf die Zelle einwirkende Signale oder interne zelluläre Steuerungsmechanismen zu übertönen.

Eine dritte Ursache für Wirkungsschwellen besteht darin, daß die biologischen Veränderungen, die durch einen Fremdstoff ausgelöst werden, durch *Regenerations- oder Reparaturvorgänge* zurückgebildet werden können. Wenn die Geschwindigkeit, mit der die Rückbildung erfolgen kann, größer ist als die Geschwindigkeit, mit der die Schadereignisse auftreten, wird keine Schadwirkung ausgelöst. Erst wenn die Kapazität einzelner zellulärer Programme oder des Organismus im ganzen zur Regeneration oder Reparatur ausgeschöpft und überschritten ist, summieren sich die einzelnen schädigenden Ereignisse und es kommt zur Wirkung und zu einer erkennbaren Schädigung. Ein komplexes, regenerationsfähiges System wird belastet, ohne daß dank kompensatorischer Prozesse die Belastung als Schädigung erkennbar wird. Die auftretende Schadwirkung ist dann Ausdruck einer Überforderung des Systems.

1.4.2 Die Untersuchung von Wirkungen und Wirkungsschwellen

1.4.2.1 Untersuchungsziele

In der Öffentlichkeit wird zunehmend verlangt, nur noch solche Stoffe in Lebensmitteln zuzulassen, deren Unschädlichkeit bewiesen sei. Diese Forderung ist nicht leicht zu erfüllen, auch wenn es natürlich Ziel und Aufgabe toxikologischer Untersuchungen ist, Stoffe und Bedingungen zu ermitteln, unter denen an biologischen Systemen und vor allem im menschlichen Organismus keine schädlichen Wirkungen auftreten. Der *Beweis* der Unschädlichkeit eines Stoffes ist jedoch im strengen Sinne nicht möglich. Das Nichtauftreten von Wirkungen zu beweisen, stößt an erkenntnistheoretische Grenzen. Der Wunsch nach bewiesener Unschädlichkeit eines Stoffes ist zwar verständlich, aber zu radikal, gemessen an den wissenschaftlichen Möglichkeiten. Diese bestehen vielmehr darin, Wirkungen zu analysieren, ihr Zustandekommen aufzuklären, die quantitative Beziehung von Dosis und Wirkung bei gegebenen Einwirkungszeiten zu ermitteln, um zu Wahrscheinlichkeitsaussagen zu kommen auch über Dosisbereiche und Bedingungen, unter denen keine Wirkungen zu erwarten sind, auf deren Grundlage sich Risiken abschätzen lassen.

Art und Anzahl von Wirkungen sind in einem komplexen biologischen System theoretisch unendlich, praktisch jedoch begrenzt. Allerdings werden in der Regel nur solche Wirkungen beobachtet, nach denen gesucht wird, während andere, insbesondere bisher unbekannte, der Beobachtung entgehen. Auch in der Toxikologie findet man im allgemeinen nur, wonach man sucht. Die Suche nach einer bestimmten Wirkung wird natürlich auch durch die Empfindlichkeit und die Eignung der verfügbaren Untersuchungsmethoden bestimmt.

Aussagen über Wirkungen von Stoffen auf komplexe biologische Systeme, über Dosis-Wirkung-Beziehungen oder Wirkungsschwellen sind ihrer Natur nach *Wahrscheinlichkeitsaussagen*. Biometrische, d.h. statistische Verfahren, stellen eine wesentliche methodische Grundlage zur Ermittlung und Quantifizierung des Zusammenhangs von Stoff und Wirkung dar. Dieses methodische Rüstzeug ist insbesondere notwendig und hilfreich zum Vergleich von Versuchsreihen oder Populationen, oder zum Ausschluß anderer als der vermuteten Einflußgrößen als Ursache für auftretende Wirkungen. Hypothesen, vermutete Ursachen oder Zusammenhänge können mittels statistischer Methoden im besten Fall, d.h. wenn die Versuche oder Beobachtungen in geeigneter Weise geplant und durchgeführt wurden, als mehr oder weniger wahrscheinlich beschrieben werden; statistische Methoden können jedoch keine Beweise liefern. Wesentliches Element einer Wahrscheinlichkeitsaussage ist, daß sie auch den Grad der Unsicherheit angibt, der der Aussage anhaftet.

Die Irrtumswahrscheinlichkeit kann definiert und angegeben werden für die Aussage, daß ein Stoff eine bestimmte Wirkung habe. Lautet das Resultat der statistischen Aufarbeitung eines Versuchsergebnisses jedoch, daß eine derartige Aussage nicht gemacht werden könne, so darf daraus nicht der Schluß gezogen werden, daß der Stoff die Wirkung *nicht* habe. Wenn eine Nullhypothese nicht verworfen werden kann, bedeutet es nicht, daß sie angenommen ist. So banal dieser Satz ist, so oft wird er mißachtet.

Eine toxische Wirkung ist oft das Ergebnis einer Kette von ineinandergreifenden Ereignissen oder biologischen Prozessen, die auch zeitversetzt ablaufen können. Die Erkennung eines Schadens als Wirkung eines Stoffes, d.h. die Wahrnehmung eines Zusammenhangs von Stoffaufnahme oder Exposition und Schaden, setzt im Einzelfall voraus, daß ein solcher Zusammenhang zumindest in groben Zügen bekannt und plausibel ist. Je weniger die einzelnen Schritte der Ereigniskette bekannt sind, desto unsicherer sind Aussagen sowohl über Zusammenhänge von Schadwirkungen und Stoffaufnahme bei exponierten Personen als auch über die Relevanz von Untersuchungen und Ergebnissen an biologischen Modellen oder einfachen Testsystemen für eine mögliche Schadwirkung.

1.4.2.2 Biometrische Grenzen

Wenn die Wahrscheinlichkeit untersucht werden soll, mit der – bei einer bestimmten Stoffdosis – keine Wirkungen auftreten, kommt es darauf an, gerade besonders selten auftretende Ereignisse als mögliche Wirkungen zu erfassen. Je seltener das Ereignis auftritt, desto größer muß naturgemäß die Zahl der Beobachtungen sein, um es wahrzunehmen. Tritt ein Ereignis mit 1 % Wahrscheinlichkeit auf, kann es bei hundert Versuchen im Mittel einmal beobachtet werden, bei einer Wahrscheinlichkeit von 0,1 % einmal bei tausend Versuchen. Will man jedoch ein Ereignis – eine Wirkung – die mit einer Eintrittswahrscheinlichkeit von 1 %, also einmal bei 100 Beobachtungen auftritt, mit 95 % Wahrscheinlichkeit tatsächlich erfassen, braucht man schon eine Stichprobe von ca. 300 Individuen; bei einer Eintrittswahrscheinlichkeit von 1 : 1000 sind es etwa 3000 Individuen. Die Grenze des praktisch Möglichen ist schnell erreicht. Noch größere Kollektive sind dann erforderlich, wenn ein Ereignis nicht nur als Wirkung eines zu untersuchenden Stoffes, sondern auch spontan auftreten kann und die Wirkung von diesem Hintergrund unterschieden werden muß. In der Praxis liegt die Grenze, bis zu der Wirkungen erkannt werden können, bestenfalls bei einer Eintrittswahrscheinlichkeit von 1 %. Die Bedeutung dieser Grenze wird deutlich, wenn man bedenkt, daß ein Ereignis, das mit 0,1 % Wahrscheinlichkeit bei den 60 Mio. Einwohner der Bundesrepublik Deutschland aufträte, immerhin 60000 Menschen beträfe.

Es liegt nahe zu versuchen, die Erfassung von Wirkungen dadurch zu verbessern, daß wesentlich mehr Versuchstiere eingesetzt werden. Damit nehmen jedoch auch die technischen und organisatorischen Schwierigkeiten zu. Für die Ermittlung der chronischen Toxizität oder der Kanzerogenität eines Stoffes muß man die Wirkung kleiner Stoffdosen, die über lange Zeit gegeben werden, untersuchen. Die Versuche werden über Monate bis Jahre, oft während der ganzen Lebenszeit der jeweiligen Versuchstierart durchgeführt. Während dieser Zeit sollen die

Bedingungen für alle eingesetzten Tiere unverändert gleich gehalten werden, was um so schwieriger wird, je mehr Personen an Pflege, Wartung und Versuchsdurchführung beteiligt sind. Vor Jahren scheiterte daran das sogenannte Mega-Maus-Experiment, der größte jemals geplante Tierversuch. Es zeigte sich, daß bei riesigen Versuchstierkollektiven von 1 Mio. Mäusen die experimentellen Versuchsbedingungen nicht hinreichend konstant gehalten werden können, der kontrollierte Ablauf des Versuchs deshalb nicht gewährleistet ist und die mögliche bessere statistische Ausbeute durch andere Unabwägbarkeiten wieder verloren geht. Die Erkennung seltener Wirkungen im Tierversuch stößt somit an eine unüberwindliche Grenze.

1.4.2.3 Tierversuche

Tierversuche sind unverzichtbar zur Ermittlung der akuten und chronischen Toxizität, der Kanzerogenität und Teratogenität und der Kinetik eines Stoffes. Das komplexe Zusammenspiel physiologischer Funktionen, ihre Veränderungen oder Beeinträchtigungen kann bisher jedenfalls nur im lebenden Organismus untersucht werden. In dem Maße, in dem In-vitro-Systeme, oder allgemeiner gesagt, Versuche an biologischem Material, sich als zur Ermittlung und Abschätzung stofflicher Risiken, d.h. zur Extrapolation von Wirkungen und Schadwirkungen für den Menschen als geeignet und herkömmlichen Methoden des Tierversuchs als gleichwertig erweisen, sollen und werden sie an die Stelle von Tierversuchen treten.

Zur Bestimmung der *akuten Toxizität* werden die Wirkungen nach einmaliger Gabe eines Stoffes analysiert. Durch sorgfältige Beobachtung und Analyse von Verhalten und Organfunktionen können an wenigen Tieren ausreichende Informationen über die Art der Vergiftung, die Todesursache, die Dosis-Wirkung-Beziehung, den Ort der Wirkung und die Wirkungsmechanismen gewonnen werden. Bis vor kurzem war es üblich, als eine Art Indexzahl für akute Toxizität die LD_{50} zu verwenden. LD_{50} ist die Dosis, bei der die Hälfte der Tiere eines behandelten Kollektivs stirbt (LD = letale Dosis). Die LD_{50} kann in einem relativ gut standardisierbaren Routineverfahren ermittelt werden, indem lediglich gut definierte Endpunkte, d.h. tote Tiere pro Dosisgruppe, gezählt werden müssen. Das Verfahren »verbraucht« allerdings eine große Zahl von Versuchstieren und die Information wird auf eine Dosis als Index verkürzt. Die heutige, moderne Art und Weise, die akute Toxizität eines Stoffes zu bestimmen, ist anspruchsvoller und schwieriger als der formalisierte LD_{50}-Test, liefert jedoch mit wesentlich weniger Tierversuchen mehr und bedeutungsvollere Informationen. Sie entspricht besser dem geschärften ethischen Bewußtsein, Tierversuche nur dann und nur in dem Maß einzusetzen, wenn und insoweit sie unvermeidlich sind.

Die *subakute Toxizität* nach wiederholter Gabe eines Stoffes kann durch qualitativ andere Wirkungen, eine andere Wirkungsstärke und Dosis-Wirkungs- und Dosis-Häufigkeits-Beziehung gekennzeichnet sein. Die Unterschiede zur akuten Toxizität treten um so mehr hervor und werden um so wichtiger, je länger der Versuchszeitraum ist, der bei der Untersuchung der *chronischen Toxizität* je nach Stoff und vorgesehener Verwendungsart Monate oder Jahre bis zur ganzen Lebenszeit der jeweiligen Versuchtiere umfassen kann. Versuche zur chronischen Toxizität werden so geplant und durchgeführt, daß sowohl die Wirkungen eines Stoffes bei langdauernder wiederholter Einwirkung qualitativ und quantitativ beschrieben und analysiert werden können als auch eine Dosis ohne beobachtbare Wirkung angegeben werden kann. Diese Dosis ohne beobachtbare Wirkung dient zur Abschätzung der Wirkungsschwelle (vgl. 1.5.1). In der Bezeichnung ohne *beobachtbare* Wirkung kommt die gebotene Vorsicht zum Ausdruck, die deshalb notwendig ist, weil man zwar angeben kann, mit den besten und empfindlichsten verfügbaren Untersuchungsmethoden keine Wirkung beobachtet zu haben, aber naturgemäß nicht *sicher* sein kann, daß es nicht doch eine Wirkung gibt, die der Beobachtung entgeht. Eine wissenschaftliche Risikoabschätzung kann sich aber nur an Phänomenen orientieren, die wahrnehmbar sind (vgl. 1.6).

In Versuchen zur *Kanzerogenität* soll abgeschätzt werden, ob ein Stoff Krebs auslösen kann. Zwischen Krebsauslösung und dem Auftreten von Tumoren können lange Latenzzeiten liegen, die beim Menschen Jahrzehnte betragen können. Den kürzeren Lebenszeiten der Versuchstiere entsprechend betragen die Latenzzeiten bei diesen ein bis mehrere Jahre, weshalb Versuche zur Prüfung kanzerogener Wirkungen besonders langwierig und aufwendig sind. Die verfügbaren Instrumente zur Abschätzung eines kanzerogenen Risikos, die tierexperimentellen Modelle, sind noch nicht ausreichend entwickelt. Auch über die ganze Lebenszeit von Versuchstieren geführte Versuche haben nur begrenzte Aussagekraft. Hinsichtlich der kanzerogenen Wirkung von Stoffen gibt es große Speziesunterschiede, für die bisher ausreichende Erklärungen fehlen. Tumoren treten bei einzelnen Versuchstierarten mit unterschiedlicher Häufigkeit auch spontan auf, wodurch es erschwert wird, anhand einer begrenzten Zahl von Versuchstieren in behandelten und Kontrollgruppen eine kanzerogene Wirkung mit ausreichender Wahrscheinlichkeit zu beurteilen. Daher können in Kanzerogenitätsversuchen nur grobe kanzerogene Wirkungen erfaßt werden, und auch diese werden meist nur bei großen Stoffdosen erkannt. Dadurch entsteht eine weitere Quelle möglicher Irrtümer, da die mit sehr hohen Dosen erzielten Ergebnisse nur mit vielen Vorbehalten auf die relevanteren Verhältnisse der niedrigeren Dosierung übertragen werden können.

Unter *Teratogenität* versteht man das Vermögen eines Stoffes, die Leibesfrucht im embryonalen oder foetalen Stadium zu schädigen.

Versuche zur Ermittlung teratogener Wirkungen werden an trächtigen Tieren durchgeführt. Eine teratogene Wirkung ist dann gegeben, wenn Dosen eines Stoffes, die keine Schadwirkung auf das Muttertier ausüben, die Frucht schädigen, zu Abort oder Resorption der Frucht führen, Mißbildungen hervorrufen oder auf andere Weise die Entwicklung der Frucht stören. Ähnlich wie bei der Untersuchung der Kanzerogenität fehlt es auch bei der Untersuchung der Teratogenität an Modellen, die angesichts der großen Speziesunterschiede zuverlässige Aussagen erlauben.

Eine wichtige Rolle spielen Untersuchungen zur *Toxikokinetik*, d.h. zum Übergang eines Stoffes aus den Eintrittspforten des Organismus in den Blutkreislauf, zur Verteilung und zur Umwandlung des Stoffes und zur Ausscheidung des Stoffes und seiner Umwandlungsprodukte. Toxikokinetische Untersuchungen sollen insbesondere Informationen liefern über

- den Anteil einer mit dem Futter in den Magen-Darm-Trakt aufgenommenen Stoffdosis, der tatsächlich resorbiert wird und damit von der Blutbahn aus für systemische Wirkungen zur Verfügung steht;
- die Geschwindigkeit, mit der der Stoff resorbiert wird;
- die Verweildauer des Stoffes im Organismus;
- die Anreicherung des Stoffes in Organen oder Geweben;
- Umwandlungen des Stoffes, die seine Wirkungsqualität oder seine Wirkungsstärke verändern, ihn giftiger machen oder inaktivieren;
- die Wege und Geschwindigkeit der Ausscheidung und darüber, wie die Ausscheidung gegebenenfalls beschleunigt werden kann.

Unterschiedliche Reaktionen verschiedener Tierarten auf einen Stoff, d.h. Unterschiede der Wirkungsstärke und damit der Toxizität eines Stoffes, sind häufiger auf toxikokinetische Faktoren zurückzuführen als auf eine unterschiedliche Empfindlichkeit der betroffenen Strukturen oder Organe bei verschiedenen Spezies. Untersuchungen zur Toxikokinetik sind zwar aufwendig, liefern aber häufig Erkenntnisse, die zur Erklärung von unterschiedlichen Wirkungen bei verschiedenen Spezies beitragen. Damit wird auch der Analogieschluß von Ergebnissen aus Tierversuchen auf den Menschen erleichtert und die Datenbasis verbessert, aufgrund derer Voraussagen über das Auftreten oder das Ausbleiben von Wirkungen am Menschen gemacht werden können.

1.4.2.4 In-vitro-Untersuchungen an biologischem Material

In-vitro-Testsysteme gewinnen in der Toxikologie zunehmend an Bedeutung. Zum Teil haben sie Tierversuche ersetzt und überflüssig gemacht; zum Teil sind sie Such- oder Vortests, um Tierversuche gezielter planen und mit weniger Versuchstieren durchführen zu können; zum Teil ergänzen sie die Tierversuche. Einzelne biologische Prozesse können in vitro isoliert untersucht werden unter Ausschaltung der Komplexität der in vivo gegebenen Verhältnisse. Andererseits ist die Extrapolation der Ergebnisse aus In-vitro-Versuchen auf Vorgänge im lebenden Tier oder Menschen mit großen Unsicherheiten behaftet, aber je mehr Erfahrungen mit In-vitro-Methoden vorliegen werden, desto besser wird man die Sensitivität und Spezifität dieser Testsysteme im Vergleich zum Versuch in vivo in den Griff bekommen und verbessern können. Unter Sensitivität versteht man, daß ein Test z. B. kanzerogene Stoffe richtig erkennt und falsch-negative Ergebnisse vermeidet. Falsch-negativ nennt man ein Ergebnis, wenn der Test ein tatsächliches Kanzerogen als nicht kanzerogen einstuft. Spezifisch ist ein Test dann, wenn er keine falsch-positiven Ergebnisse produziert, d.h. nicht zur Annahme einer Schadwirkung führt, die in Wirklichkeit gar nicht gegeben ist. Der künftige Forschungsbedarf besteht darin, genauer verstehen zu lernen, für welche In-vivo-Vorgänge einzelne In-vitro-Tests oder geeignete Kombinationen von solchen Tests mit hoher Sensitivität und Spezifität als Modelle dienen können.

Als Substrat für In-vitro-Tests werden sowohl niedere Organismen wie Bakterien oder Pilze verwendet als auch Organe, Gewebe- oder Zellkulturen von Säugetieren oder Menschen. In-vitro-Tests haben vor allem als Schnell- und Suchtests für mutagene und damit indirekt für kanzerogene Wirkung verbreitete Anwendung gefunden. Unter Mutation versteht man strukturelle Veränderungen der genetischen Information einer Zelle, die einzelne Gene, einzelne oder mehrere Chromosomen oder deren Zahl im Genom betreffen können. *Mutagen* wirkt ein Stoff dann, wenn er bleibende Veränderungen der genetischen Information in einer Zelle auslösen kann. Mutationen in Körperzellen bleiben auf die betroffenen Zellen, ihre Auswirkungen auf den betroffenen Organismus begrenzt, während Mutationen in Keimzellen sich auch auf die Nachkommen auswirken.

Initiierend kanzerogen wirkende Stoffe (vgl. 1.5.2) wirken in der Regel auch mutagen. Daher können In-vitro-Testverfahren, mit denen mutagene Wirkungen schnell erkannt werden können, dazu eingesetzt werden, kanzerogene Wirkungen von Stoffen zu erfassen. Prototypen solcher In-vitro-Mutagenitätstests sind Systeme, in denen die Rückmutation selektiv gezüchteter bakterieller Mangelmutanten oder Veränderungen von Chromosomen, von Zellstoffwechsel oder Wachstum von Zellen in Zellkulturen untersucht werden. Die bakteriellen Testsysteme sind gegenüber mutagenen Wirkungen besonders empfindlich, d. h. sie haben eine hohe Sensitivität, während Tests mit Säugetierzellen zwar weniger empfindlich sind, dafür aber, wenn eine kanzerogene Wirkung auftritt, eine höhere Aussagekraft haben; ihre Spezifität ist größer. Die verwendeten Bakterien, deren DNS wie bei allen Bakterien nackt in der Zelle vorliegt und die nicht über Enzyme verfügen, um Fremdstoffe zu metabolisieren, sind als speziell gezüchtete Mutationsdetektoren anzusehen. Die einzelnen Tests erbringen zu 10 bis 30%

falsch-positive Ergebnisse, d.h., im Test wird eine mutagene Wirkung beobachtet, aber der Stoff ist nicht kanzerogen, oder falsch-negative Ergenisse, d.h., der Stoff ist kanzerogen, der Test zeigt jedoch keine mutagene Wirkung. Durch geeignete Kombination mehrerer Mutagenitätstests kann der Anteil der falsch-positiven und vor allem der im Interesse eines präventiven Gesundheitsschutzes gefährlicheren falsch-negativen Ergebnisse vermindert werden. Der Vorteil von In-vitro-Schnelltests oder Kurzzeittests besteht darin, daß in relativ kurzer Zeit eine große Zahl von Stoffen untersucht werden kann. Stoffe mit möglicherweise kanzerogenem Potential können identifiziert und dann gegebenenfalls weiter und eingehender untersucht werden. Es wäre unmöglich, alle Stoffe in zwei bis drei Jahre dauernden Tierversuchen auf kanzerogene Wirkungen zu prüfen.

1.4.2.5 Kombinationswirkungen

Die Abschätzung des gesundheitlichen Risikos, das mit der Exposition gegenüber einem Stoff verbunden sein kann, ist dadurch kompliziert, daß die Menschen, für die die Abschätzung vorgenommen wird, nicht nur diesen einen, sondern gleichzeitig vielen anderen Stoffen ausgesetzt sind. Nur für wenige Kombinationen von Fremdstoffen liegen Experimente oder andere Erfahrungen vor, die eine Aussage darüber erlauben, ob und wie die Stoffe im Organismus zusammen wirken. Es wird andererseits wohl immer unmöglich sein, alle Kombinationen, die auftreten können, und diese in allen möglicherweise vorkommenden Mengenverhältnissen experimentell abzuklären. Die Kombinationsmöglichkeiten sind zu zahlreich, als daß sie auch bei größtem Aufwand jemals vollständig untersucht werden könnten.

Zwei oder mehrere Fremdstoffe können den Organismus unabhängig voneinander durchlaufen und gegebenenfalls ihre Wirkungen unabhängig voneinander ausüben. In diesem Fall spielt die Anwesenheit eines Stoffes für die Risikoabschätzung des anderen keine Rolle. Sie können sich aber auch auf vielfältige Weise gegenseitig beeinflussen. Die Anwesenheit des einen kann zum Beispiel die Inaktivierung oder Ausschaltung des anderen verzögern, wodurch dieser länger im Organismus und vielleicht auch am Ort seiner spezifischen Interaktion verfügbar ist. Zwei Stoffe können additiv wirken, d.h. ihre Wirkungen treten als Summe der Einzelwirkungen auf. Die gemeinsame Wirkung kann stärker oder schwächer sein als es der Summe beider Einzelwirkungen entspräche, in welchem Falle man von überadditiver oder unteradditiver Wirkung spricht.

Für unbekannte Stoffkombinationen kann nicht vorhergesagt werden, ob und wie sich die Stoffe selbst, ihre Interaktion mit biologischen Molekülen oder die resultierende Wirkung gegenseitig beeinflussen werden. Auch für viele bekannte und häufig vorkommende Stoffe ist nicht bekannt, ob und wie sie zusammenwirken. Allerdings sind Wechselwirkungen zweier oder mehrerer Stoffe selten angesichts der Zahl der vorkommenden Kombinationen. Das Auftreten von Wechselwirkungen hängt davon ab, ob die Stoffe eine gemeinsame Endstrecke im Organismus haben, was nicht regelmäßig und nicht bei allen Kombinationen der Fall ist. Man muß jedoch mit Überraschungen rechnen, weshalb bei der Abschätzung des gesundheitlichen Risikos von Stoffen mögliche Kombinationswirkungen zu bedenken sind.

1.4.2.6 Beobachtungen und Untersuchungen an Menschen

Experimente zur Ermittlung der Toxizität von Stoffen können an Menschen nicht systematisch durchgeführt werden; das wäre ethisch untragbar und rechtswidrig. Um so wichtiger ist es, alle Erfahrungen aus akzidentellen oder suizidalen Vergiftungen sorgfältig auszuwerten, zu dokumentieren und für die Stoffbeurteilung heranzuziehen. Auch wenn *kasuistische Erfahrungen* nur zufällig und unsystematisch anfallen, liefern sie doch wertvolle Informationen über Symptome und Angriffsorte von Schadstoffen im menschlichen Organismus, über Toxikokinetik, Vergiftungsverlauf und Heilungschancen. Darüber hinaus ermöglichen die gewonnenen Kenntnisse qualitative Vergleiche der Wirkungen beim Tier und beim Menschen; damit vermehrt und verbessert man die Erfahrungen für die Extrapolation von Ergebnissen aus dem Tierversuch auf den Menschen.

Eine systematischere Quelle für Kenntnisse über Wirkungen am Menschen stellen *epidemiologische Untersuchungen* dar. Ihre Ergebnisse haben für eine gesundheitliche Risikoabschätzung selbstverständlich größte Bedeutung, weil sie direkt am Menschen erhoben wurden, und zwar unter den Bedingungen der tatsächlichen Exposition oder Belastung. Andererseits sind diese Untersuchungen, gerade wenn es um mögliche Langzeitwirkungen kleiner Dosen oder um Spätwirkungen von Stoffen geht, wie sie bei kanzerogenen Wirkungen typisch sind, zeit- und kostenaufwendig und nicht einfach zu organisieren. Je geringer mögliche Effekte sind, beziehungsweise je geringer die spezifische Eintrittswahrscheinlichkeit eines Ereignisses wie Krebs ist, das nicht nur als mögliche Wirkung eines Stoffes, sondern auch spontan auftreten kann, um so umfangreicher muß eine epidemiologische Studie sein und um so schwieriger kann die Interpretation der Ergebnisse werden.

In epidemiologischen Studien kann die Wahrscheinlichkeit für einen Zusammenhang zwischen der Aufnahme eines Stoffes und dem Eintreten eines Ereignisses abgeschätzt werden; solche Studien sind nicht geeignet, die Rolle eines Stoffes als Ursache einer Wirkung zu beweisen. Epidemiologische Untersuchungen liefern Wahrscheinlichkeiten für das Vorliegen eines Zusammenhangs, keine Beweise für Kausalität. Erst wenn weitere Anzeichen eine solche Vermutung plausibel machen, kann sich der epidemiologisch ermittelte Zusammenhang zur Annahme von Kausalität verdichten. Besonders schwierig kann es sein, den Einfluß von Drittvariablen zu erkennen und auszuschließen, die das Ergebnis verfälschen und einen Zusammenhang vortäuschen können, der gar nicht besteht. Wenn beispielsweise im Wohnbezirk A eine bestimmte Erkrankung häufiger auftritt als im Wohnbezirk B, kann das an dem in A emittierenden Industriebetrieb liegen, aber auch daran, daß in A eine sozial schwache Bevölkerung in engen, sanierungsbedürftigen Wohnungen mit Einzelkohlefeuerung und großem Anteil von Arbeitslosen lebt, während B ein Villenvorort ist.

Die beiden Haupttypen epidemiologischer Untersuchungen sind Kohorten-Studien und Fall-Kontroll-Studien. Bei *Kohorten-Studien* wird eine Gruppe von Menschen, die einem bestimmten Stoff ausgesetzt sind oder waren oder ihn aufnehmen oder aufnahmen, mit einer Kontrollgruppe verglichen. Beide Gruppen, Kohorten, sollen sich idealerweise nur in diesem einen Parameter, der Aufnahme des zu untersuchenden Stoffes, unterscheiden. Beide Gruppen werden bis zu definierten Endpunkten im Hinblick auf die relative Häufigkeit, mit der bestimmte Krankheiten auftreten, beobachtet. Kohorten-Studien können aus verfügbarem Datenmaterial und Befragungen ex post durchgeführt oder in die Zukunft geplant werden; im letzteren Fall werden die Kohorten über die Versuchszeit verfolgt.

Bei *Fall-Kontroll-Studien* wird von Trägern eines bestimmten Merkmals ausgegangen, beispielsweise von Patienten, die an einem bestimmten Krebs erkrankt oder gestorben sind. Im Vergleich mit einer gleichartigen Kontrollgruppe die sich nur in dem Merkmal, d. h. der spezifischen Krankheit, um deren mögliche Ursache es geht, von der ersten Gruppe unterscheidet, wird geprüft, ob ein Zusammenhang zwischen der Erkrankung und der Aufnahme bestimmter Stoffe besteht. Der Verdacht eines solchen Zusammenhangs verdichtet sich um so mehr, je häufiger Patienten mit der in Frage stehenden Krankheit den Stoff aufgenommen haben im Vergleich zur gesunden Kontrollgruppe.

Trotz aller Schwierigkeiten sind epidemiologische Untersuchungen unverzichtbar; wir verdanken ihnen zum Beispiel wichtige Erkenntnisse über kanzerogene Stoffe, nicht zuletzt auch über die kanzerogene Wirkung von Tabakrauch.

1.5 Ableitung von Grenzwerten

1.5.1 Duldbare Tägliche Aufnahmemenge, Sicherheitsfaktor, Höchstmengen

Stoffe, die in Lebensmitteln vorkommen und die der Mensch mit Lebensmitteln aufnimmt, können aus unterschiedlichen Quellen stammen (vgl. 1.3). Sie können wie Konservierungsmittel absichtlich zugesetzt sein, um Lebensmittel haltbarer zu machen, oder sie können wie Blei oder Cadmium auf die Felder niedergeregnet sein, auf denen Nahrungspflanzen angebaut werden. Der Verbraucher möchte sicher sein, daß er die Lebensmittel, die er erwirbt, ohne gesundheitliche Bedenken verzehren kann. Dazu muß für die einzelnen Stoffe ermittelt werden, welche Mengen unbedenklich auch lebenslang aufgenommen werden können. Unbedenklich heißt definitionsgemäß, daß die aufgenommenen Mengen unterhalb jener Schwelle liegen, ab der eine Wirkung auftreten würde. Aus diesen Mengen eines Stoffes, die unbedenklich aufgenommen werden können, werden für die einzelnen Lebensmittel entsprechend ihrem Anteil am Gesamtverzehr Höchstmengen abgeleitet, deren Einhaltung von den Lebensmittel-Untersuchungsämtern überwacht wird.

Die Menge eines Stoffes, die beim Menschen bei täglicher lebenslanger Zufuhr keine erkennbaren Wirkungen auslöst und die daher als unbedenklich angesehen wird, nennt man die Duldbare Tägliche Aufnahmemenge (DTA, englisch: Acceptable Daily Intake, ADI).

Voraussetzung für die Festlegung einer Duldbaren Täglichen Aufnahmemenge ist, daß für den betreffenden Stoff eine Wirkungsschwelle besteht (vgl. 1.4.1). Die bei täglicher lebenslanger Aufnahme duldbare Menge muß unterhalb dieser Wirkungsschwelle liegen.

Die Wirkungsschwelle kann im allgemeinen nur in Tierversuchen abgeschätzt werden. Sie genau zu bestimmen, erforderte einen unvertretbaren Aufwand und den Einsatz sehr vieler Versuchstiere. Diese Genauigkeit ist jedoch entbehrlich; wichtig ist nur, eine Dosis oder Konzentration zu ermitteln, die *unter* der Wirkungsschwelle liegt. Es kommt nicht darauf an, daß sie möglichst genau an der tatsächlichen Wirkungsschwelle liegt, so lange sie jedenfalls darunter liegt. Man sucht also in der Praxis eine Dosis oder Konzentration, bei der keine Wirkungen auftreten, bzw. um genauer zu sein, bei der keine Wirkungen beobachtet werden können.

Nach Nichtwirkungen zu suchen ist eine kaum lösbare Aufgabe. Sie beginnt lösbar zu werden, wenn man weiß, welche Wirkungen die Substanz hervorrufen kann. Vor der Suche nach einer Wirkungsschwelle muß das Wirkprofil der Substanz, ebenso wie ihr Verhalten im Organismus, d.h. ihre Kinetik, bekannt sein. Zur Beschreibung des Wirkprofils, d.h. der Art der Wirkungen bei unterschiedlichen Zufuhrwegen, der ihnen zugrunde liegenden Elementarereignisse, die als Wirkungsmechanismus zusammengefaßt werden, der Dosis-Wirkung-Beziehung, werden alle Kenntnisquellen herangezogen; Tierversuche ebenso wie In-vitro-Untersuchungen und die vorliegenden Erfahrungen am Menschen. Auch der Vergleich mit den Wirkprofilen chemisch ähnlicher Stoffe, mit Stoffen, die einer ähnlichen Kinetik im Organismus unterliegen oder mit Stoffen, die ähnliche Wirkungen auslösen können, kann nützlich sein. So systematisch die dafür erforderlichen Versuche einerseits durchgeführt werden, so wenig sind sie andererseits routinemäßig schematisierbar. Ansätze zur Schematisierung wurden häufig unternommen, sind jedoch alles in allem gescheitert. Sie vergrößern den Aufwand und die Zahl der Tierversuche und verschlechtern die Qualität der Information, die aus den Experimenten gewonnen werden kann. Intuition und Erfahrung der Toxikologen bei Anlage und Durchführung der Experimente, bei der Beobachtung der Wirkungen und bei deren Interpretation sind nicht zu unterschätzen und nicht zu ersetzen.

Um eine Dosis zu finden, die unterhalb der Wirkungsschwelle liegt, aber zugleich nicht zu weit von dieser entfernt ist, müssen in Tierversuchen mehrere Dosen eingesetzt werden. Um die chronische Toxizität eines Stoffes zu erfassen, müssen die Versuche über sehr lange Zeiträume geführt werden (vgl. 1.4.2.3). Mindestens eine Dosis soll so gewählt werden, daß eindeutige Wirkungen beobachtet und nach Art und Stärke beschrieben werden können. Besser ist es, wenn zwei Dosen im Wirkungsbereich liegen, damit auch Aussagen über die Dosisabhängigkeit der Wirkungen gemacht werden können. Natürlich sind die Abstände zwischen den Dosen nicht regellos, sondern folgen im allgemeinen einer geometrischen Reihe. Wenn bei zwei Dosen auch mit empfindlichsten Methoden keine Wirkungen festgestellt werden können und sich die Tierkollektive, die mit diesen Dosen behandelt wurden, in keinem Parameter von einem mitgeführten Kontrollkollektiv unterscheiden, kann eine Wirkungsschwelle angenommen werden. Die Tiere des Kontrollkollektivs werden allen Prozeduren in gleicher Weise wie die Tiere in den einzelnen Dosisgruppen unterworfen mit dem einzigen Unterschied, daß sie die zu prüfende Substanz nicht erhalten. Die höchste Dosis ohne erkennbare Wirkungen (englisch: **n**o **o**bservable **e**ffect **l**evel, NOEL) wird den weiteren Abschätzungen eines Dosisbereichs, der für den Menschen unbedenklich ist, und der Menge, die duldbar ist, zugrunde gelegt. Diese höchste Dosis ohne erkennbare Wirkung, in der Fachsprache oft einfach NOEL genannt, kann mehr oder weniger weit unterhalb der tatsächlichen Wirkungsschwelle liegen; dies hat für praktische Belange keine Bedeutung. Es sei allerdings noch einmal an die unabdingbare Voraussetzung erinnert, daß die Art der Wirkung und die der Wirkung zugrunde liegenden Elementarereignisse mit der Annahme einer Wirkungsschwelle vereinbar sein müssen (vgl. 1.5.2 und 1.5.3). Andernfalls verbietet sich die Suche nach Dosen ohne Wirkung. Wenn in einem Tierkollektiv bei einer bestimmten Dosis dennoch keine Wirkung beobachtet wurde, wiese dies nur darauf hin, daß das Beobachtungsraster zu grob oder die Tierzahl zu klein war.

Die so gefundene Dosis ohne beobachtbare Wirkung kann nicht einfach auf den Menschen umgerechnet und übertragen werden. Wie gut ein Analogieschluß von einer oder mehreren Labortierspezies auf Art und Stärke zu erwartender Wirkungen und auf Dosis-Wirkung-

Beziehungen beim Menschen den tatsächlichen Gegebenheiten entspricht, hängt davon ab,

- ob die Interaktionspartner für das Fremdstoffmolekül beim Menschen vergleichbar vorhanden sind wie bei den untersuchten Labortieren,
- ob beim Menschen qualitativ und quantitativ die gleichen Elementarvorgänge ablaufen wie die, mit denen der Fremdstoff beim Tier nach der Interaktion interferiert und
- ob die Toxikokinetik des Fremdstoffes im menschlichen Organismus qualitativ und quantitativ der in dem tierischen Organismus entspricht, in dem die Versuche durchgeführt wurden.

Erst ausreichende Kenntnisse in diesen drei Bereichen schaffen eine Basis für eine Extrapolation von der Dosis ohne erkennbare Wirkung im Tierversuch auf eine duldbare tägliche Aufnahme beim Menschen. Die Basis für diese Extrapolation wird um so tragfähiger, je mehr Daten aus Beobachtungen oder Untersuchungen am Menschen selbst vorliegen.

Sowohl die Ermittlung der Dosis ohne erkennbare Wirkung im Tierversuch als auch der Analogieschluß, wonach diese Dosis auch für den Menschen unbedenklich sei, ist mit *Unsicherheiten* behaftet. Die Dosis ohne erkennbare Wirkung muß notwendigerweise an einer überschaubaren, im Tierversuch auch über lange Zeit handhabbaren, und das bedeutet im Vergleich zur Zahl der möglicherweise exponierten Menschen sehr kleinen Zahl von Tieren erhoben werden. Um ausreichend trennscharfe Ergebnisse zu erhalten, ist man bestrebt, die Variabilität innerhalb einer Gruppe von Versuchstieren zu minimieren. Daher wird in den Laboratorien bei toxikologischen Untersuchungen mit genetisch einheitlichen Versuchstierstämmen gearbeitet, was natürlich der Wirklichkeit der Menschen, für die eine vorbeugende Risikoabschätzung gemacht werden soll, nicht entspricht. Die Streubreite menschlicher Reaktionen auf einen Fremdstoff kann um Größenordnungen über der eines Versuchstierkollektivs liegen. Davon abgesehen gibt es in der menschlichen Bevölkerung Personengruppen, die auf Fremdstoffe anders und empfindlicher reagieren können als der statistische Durchschnitt. Bei der Beurteilung von Fremdstoffen in Lebensmitteln muß man ebenso wie bei der von Stoffen in der Umwelt die Exposition von Kindern, Alten oder chronisch Kranken bedenken. Darüber hinaus besteht die Möglichkeit, daß einzelne Personen aufgrund enzymatischer Polymorphismen oder allergischer Sensibilisierung anders reagieren, als die Abschätzung für die »normalen« Individuen erwarten läßt. Da es das Ziel ist, alle Menschen zu schützen, muß man sich für die Abschätzung von Risiken bzw. für die Festlegung unbedenklicher Aufnahmemengen eher an chronisch kranken alten Menschen orientieren als an dreißigjährigen Athleten.

Wegen dieser Unsicherheiten muß beim Übergang von der Dosis ohne erkennbare Wirkung auf die beim Menschen Duldbare Tägliche

Aufnahmemenge (DTA) ein *Sicherheitsfaktor* eingeführt werden. Die Bezeichnung ist irreführend; suggeriert sie doch, daß dies ein Faktor sei, der Sicherheit schaffe. Das ist natürlich nicht der Fall. Vielmehr wird wegen des großen Maßes an Unsicherheit bei der Abschätzung der Dosis ohne erkennbare Wirkung und bei der Extrapolation auf die Duldbare Tägliche Aufnahmemenge zwischen beide ein gewisser Abstand gelegt. Der Sachverhalt wäre besser getroffen, hätte man von Anfang an von einem *Unsicherheitsfaktor* gesprochen.

Sicherheitsfaktoren sind weder Naturkonstanten noch auf eine andere wissenschaftliche oder sonstige Weise deduktiv oder induktiv hergeleitete oder herleitbare Größen. Sie sind vielmehr mehr oder weniger arbiträr festgelegte Konventionen oder gesellschaftliche Kompromisse zwischen dem Wunsch oder Bedürfnis nach größtmöglicher »Sicherheit« vor gesundheitlichen Schäden und dem Wunsch nach Vermarktung eines Produktes wegen bestimmter erwünschter Eigenschaften oder dem Wunsch, Kosten zu vermeiden, die entstünden, wenn man einen Stoff, der als Rückstand oder Verunreinigung in einem Lebensmittel auftritt, von diesem fernhalten müßte. Sicherheitsfaktoren können deshalb von Land zu Land und von Zeit zu Zeit unterschiedlich sein, da die in einer Gesellschaft vorherrschenden Erwartungen und Einstellungen von vielen Randbedingungen beeinflußt werden und sich ändern können. In der Bundesrepublik Deutschland werden Sicherheitsfaktoren in der Regel von Sachverständigengremien definiert. Sie liegen zwischen 10 und 1000, selten darunter oder darüber; meist betragen sie 100. Sie müssen umso größer sein, je weniger man von einem Stoff bisher weiß und je schwerwiegender die möglichen Wirkungen sind; sie können kleiner sein oder im Laufe der Zeit gesenkt werden in dem Maße, in dem Erfahrungen mit dem Stoff, insbesondere auch Erfahrungen beim Menschen vorliegen.

Die Dosis ohne erkennbare Wirkungen aus den Tierversuchen wird durch den Sicherheitsfaktor geteilt. Diese um den Faktor 10 bis 1000 niedrigere Menge wird dann auf das in der jeweiligen Population gegebene mittlere Körpergewicht bezogen und ergibt so die DTA für den betreffenden Stoff. Durch die notwendige Benutzung des mittleren Körpergewichts von bei uns 50 kg für Frauen und 70 kg für Männer entsteht eine weitere Quelle von Unwägbarkeiten; zwar gibt es Frauen und Männer, die diesen Standardgewichten entsprechen, doch kommen Abweichungen nach oben und unten häufiger vor.

Die DTA bezeichnet die höchste Gesamtmenge eines Stoffes, die aus allen Quellen im Laufe eines Tages unbedenklich aufgenommen werden kann. Die Verbraucher möchten aber sicher sein, daß diese DTA auch bei ihren jeweiligen Ernährungsgewohnheiten nicht überschritten werden. Für den präventiven Gesundheitsschutz ist es erforderlich, für die einzelnen Stoffe und die einzelnen Lebensmittel Konzentrationen als gesetzlich zulässige Höchstmengen anzugeben. Diese müssen so gewählt sein, daß die mit den Lebensmitteln aufgenommene Fremdstoffmenge auch bei großen Verzehrsmengen die DTA nicht überschreitet. Die Höchstmengen für einzelne Lebensmittel können einerseits umso genauer errechnet werden, je mehr über den Warenkorb und die Verzehrsgewohnheiten der Menschen bekannt ist. Andererseits würde eine genaue Berechnung nach mittleren Verzehrsgewohnheiten wenig hilfreich sein, da die individuellen Verzehrsgewohnheiten sehr unterschiedlich sein können. Der Gesundheitsschutz muß sich aber grundsätzlich auf alle Bürger erstrecken und kann nicht mit bestimmten Ernährungsvorschriften verbunden werden. Darum muß bei der Umrechnung von DTA auf zulässige Höchstmengen in einzelnen Lebensmitteln anhand der statistisch ermittelten Verzehrsgewohnheiten eine Sicherheitsmarge einbezogen werden, um auch abweichende Ernährungsgewohnheiten in den Schutz einzubeziehen. Natürlich kann auch dadurch nicht jedes extreme Verhalten abgedeckt werden. Darum muß das System der Höchstmengen durch Aufklärung und Information ergänzt werden, damit die einzelnen Verbraucher wissen, mit welchen Vorlieben sie, jedenfalls wenn sie diese auf Dauer und regelmäßig pflegen, sich außerhalb des staatlich garantierten Gesundheitsschutzes begeben.

Höchstmengen sind eine gesetzliche Grenze für die Verkehrsfähigkeit eines Lebensmittels. Wenn die Grenze überschritten ist, wird das Lebensmittel eingezogen und vernichtet. Höchstmengen sind keine Grenze, die es auszuschöpfen gilt. Gerade bei Rückständen (vgl. Kap. 3) und Verunreinigungen (vgl. Kap. 4) kommen die weitaus meisten von den Behörden der Lebensmittel-Überwachung gemessenen Werte nicht in die Nähe der Grenzwerte, sondern liegen weit darunter. Die ungünstige Möglichkeit, daß Verbraucher gleichzeitig Lebensmittel kaufen, die zufällig alle bis zur zulässigen Höchstmenge belastet sind, dürfte extrem selten vorkommen. Nur dann aber würde die Duldbare Tägliche Aufnahmemenge überhaupt erreicht. Eine Ausnahme stellt die Verunreinigung von Lebensmitteln mit Schwermetallen dar. Hier können heute Mengen erreicht werden, die gesundheitlich bedenklich sein können, doch gibt es gerade für Schwermetalle bisher keine gesetzlichen Höchstmengen (vgl. 4.6).

Höchstmengen müssen in regelmäßigen Abständen überprüft und gegebenenfalls neuen Entwicklungen angepaßt werden. Solche Änderungen können nach oben oder nach unten erfolgen. Gründe für eine Revision einzelner Höchstmengen können sein:

- Neue Experimente haben bessere Kenntnis über die Dosis ohne erkennbare Wirkung erbracht, wodurch diese nach oben oder unten verändert wird.
- Der Sicherheitsfaktor kann herabgesetzt werden, wenn der Stoff besser bekannt ist, sein Gefährdungspotential geringer ist, als zu Beginn angenommen wurde, oder wenn aus Erfahrungen am Menschen Daten über die Verträglichkeit abgeleitet werden können.

- Der Sicherheitsfaktor kann unabhängig von wissenschaftlichen Erkenntnissen herauf- oder herabgesetzt werden, wenn sich der allgemeine Konsens in einer Gesellschaft über die Höhe eines als vertretbar geltenden Risikos grundlegend geändert hat.
- Verhalten und Gewohnheiten der Bevölkerung können sich geändert haben, so daß die Höchstmengen in einzelnen Lebensmitteln umgeschichtet und angepaßt werden müssen, auch wenn die DTA unverändert bleibt.

Die Dosis ohne erkennbare Wirkung wird in toxikologischen Laboratorien ermittelt. Sicherheitsfaktoren und Duldbare Tägliche Aufnahmemenge werden von Sachverständigengremien vorgeschlagen, die international von der Weltgesundheitsorganisation oder der Landwirtschafts- und Ernährungsorganisation berufen werden, oder die als Beratungsgremien der EG-Kommission in Brüssel die fachlichen Voraussetzungen für eine Rechtsangleichung innerhalb der Europäischen Gemeinschaft schaffen sollen. Innerhalb der Bundesrepublik Deutschland werden solche Werte z. B. von Senatskommissionen der Deutschen Forschungsgemeinschaft vorgeschlagen. Grenzwerte und Höchstmengen werden von den Wissenschaftlern des Bundesgesundheitsamtes in Berlin erarbeitet und vom Gesetzgeber in Bonn erlassen.

1.5.2 Keine Grenzwerte für kanzerogene Stoffe

Ein Stoff wirkt kanzerogen, wenn er bei Mensch oder Tier Krebs auslösen kann. Die Elementarereignisse der chemischen Kanzerogenese werden durch die Interaktion eines Stoffs mit dem Substrat der genetischen Information der Zelle, der DNS, ausgelöst. Die Veränderungen an der DNS sind wie Mutationen aus anderer Ursache irreversibel. Die Häufigkeit, mit der kanzerogene Elementarereignisse an der DNS auftreten, ist eine Funktion der Stoffdosis. Die Anzahl von Mutationen ist zwar um so kleiner, je geringer die Dosis ist, doch kann auch die kleinste Stoffmenge eine irreversible Mutation bewirken. Ein erneuter Kontakt mit dem Stoff fügt der vorhandenen Veränderung weitere hinzu. Wegen der Irreversibilität der Wirkung addieren sich die Einzelwirkungen bei wiederholtem Stoffkontakt.

Dennoch führt nicht jeder Kontakt mit einem chemischen Kanzerogen in jedem Einzelfall zur Krebskrankheit. Einzelne Mutationen können im Organismus erkannt, mutierte Zellen können ausgesondert werden und absterben. Mutationen können auch repariert werden, ehe und ohne daß der Prozeß Krebs beginnt. Die Reparaturmechanismen sind aber weder quantitativ bestimmbar noch nach Art und Menge prognostizierbar und schon gar nicht beeinflußbar. Es ist daher nicht möglich, sie bei der Beurteilung der kanzerogenen Wirkung von Stoffen als feste Größe einzukalkulieren, um etwa an der Kapazitätsgrenze der

Reparaturvorgänge eine Art Wirkungsschwelle für Kanzerogenität anzusetzen.

Da es keine kanzerogene Wirkungsschwelle gibt, können grundsätzlich auch *keine Grenzwerte für eine unbedenkliche und daher duldbare Aufnahme* vorgeschlagen werden. Im Interesse eines vorbeugenden Gesundheitsschutzes ist vielmehr anzustreben, die Exposition gegenüber Stoffen, die als Kanzerogene identifiziert sind, zu vermeiden oder jedenfalls, da dies nicht immer möglich ist, die Belastung so gering wie möglich zu halten. Aus praktischen Gründen werden gelegentlich auch für kanzerogene Stoffe Höchstwerte festgesetzt, die jedoch keine Grenzwerte für gesundheitliche Unbedenklichkeit darstellen.

Die chemische Kanzerogenese ist ein mehrstufiger Prozeß, zu dem viele Faktoren als Ursachen oder Mitursachen beitragen können. Aus heuristischen Gründen ist es hilfreich, systematisch einzelne Phasen der Kanzerogenese zu unterscheiden, wenngleich die Unterschiede in der Realität weniger scharf sind als in der Theorie und viele Übergänge vorkommen. Die Phasen, die nacheinander ablaufen und deren Ergebnis schließlich eine manifeste Krebskrankheit ist, sind Initiation, Promotion und Progression.

Bei der *Initiation* führt ein Stoff direkt oder indirekt zu irreversiblen Veränderungen an der DNS einer Zelle; derartige gentoxische Wirkungen können beispielsweise in kovalenter Bindung an DNS, Strangbrüchen, Abspaltung von Molekülteilen, Konformationsänderungen u. ä. bestehen. Die Wirkung kann durch den initiierenden kanzerogenen Stoff selbst oder z. B. durch ein Stoffwechselprodukt, ein entstehendes Radikal oder reaktionsfähigen Sauerstoff hervorgerufen werden. Nicht jede Veränderung an der DNS ist krebsauslösend; die Zelle kann auch auf andere Weise funktionell geschädigt sein oder absterben. Es ist weder bekannt, welcher Art eine Mutation sein muß, um Krebs entstehen zu lassen, noch welche Art genetischer Information Krebs hervorruft. Bestimmte Mutationen können offenbar Onkogene aktivieren oder jedenfalls deren Aktivität so verändern, daß eine Transformation der Zelle bewirkt, d. h. die Zelle initiiert wird. Initiierte Zellen sind bisher nicht als solche erkennbar; sie können Jahre oder Jahrzehnte stumm bleiben, ehe durch *Promotion* daraus Krebszellen werden. Promovierende Stoffe sind nicht mutagen wie die initiierend wirkenden; sie wirken nicht direkt auf das genetische Material, weshalb ihre Wirkung oft auch als *epigenetisch*, d. h. »am genetischen Material vorbei«, charakterisiert wird. Sie ändern die Expression der in der DNS vorliegenden Information durch Stimulation zellulärer Funktionen. Damit eine promovierende Wirkung zustande kommt, muß der Promotor nach dem Initiator gegeben werden. Zu den epigenetisch wirkenden Stoffen kann man auch die kokanzerogenen Stoffe rechnen. Als Kokanzerogene bezeichnet man z. B. solche Stoffe, die gleichzeitig mit oder vor einem Initiator gegeben dessen Wirkung verstärken.

Promotoren aktivieren nach heutiger Vorstellung initiierte Zellen; sie fördern deren selektive Proliferation und regen dadurch die Tumorbildung an. Die promovierende Wirkung kann reversibel sein, wenn die Exposition gegenüber dem Promotor unterbrochen wird. Sie wird mit der Zeit, und wenn der promovierende Stoff kontinuierlich oder in kurzen Abständen wiederholt einwirkt, irreversibel. Der in diesem Stadium erkennbare Tumor geht in die *Progression* über, die zur krebsigen Entartung der Zellen und durch Selektion von Zellen zum bösartigen Tumor führt. Promovierend wirkende kanzerogene Stoffe machen somit aus initiierten aber stummen Zellen manifeste Krebszellen, während ihre Wirkung selbst unspezifisch cytotoxisch sein oder darin bestehen kann, einzelne Zellfunktionen zu deregulieren.

Das Stufenmodell aus Initiation, Promotion und Progression erleichtert das Verständnis der Prozesse und Stoffwirkungen und könnte eine grobe Einteilung chemischer Konzerogene in vollständige Kanzerogene, die allein und schon bei einmaligem Kontakt Krebs auslösen können, und in Initiatoren und Promotoren erlauben. So verführerisch eine solche Einteilung sein könnte, so sehr würde sie in die Irre führen. Die Übergänge zwischen Initiation, Promotion und Progression sind fließend und die Wirkungsmechanismen der Promotion noch weitgehend unbekannt. Initiatoren wirken in aller Regel auch promovierend, und viele Stoffe, von denen man Grund hat anzunehmen, daß sie in erster Linie Promotoren sind, können auch Tumoren hervorrufen, wenn sie in hoher Dosis allein und ohne vorangehende Initiation gegeben werden. Da die Übergänge unscharf und fließend sind, gibt es keine Möglichkeit, initiierende und promovierende Kanzerogene eindeutig voneinander zu unterscheiden. Nicht zuletzt aus diesem Grund hat für alle chemischen Kanzerogene die Regel zu gelten, daß es keine Wirkungsschwelle gibt und darum auch keine Grenzwerte für gesundheitliche Unbedenklichkeit empfohlen werden können.

Zwischen Initiation und Tumormanifestation können lange Latenzzeiten liegen; beim Menschen können sie zwanzig bis dreißig Jahre betragen. Deshalb ist es oft sehr schwierig, wenn nicht unmöglich, den Zusammenhang zwischen Krebskrankheiten und Exposition gegenüber Kanzerogenen im Einzelfall aufzudecken und nachzuvollziehen oder durch epidemiologische Untersuchungen systematisch einzelne chemische Stoffe als kanzerogen zu identifizieren. In Tierversuchen kann die Latenzzeit je nach Gesamtlebenszeit der Tiere mehrere Jahre betragen. Auf die dadurch gegebene Schwierigkeit wurde bereits hingewiesen (vgl. 1.4.2.3).

Wenn sich ein Stoff in Tierversuchen als kanzerogen erwiesen hat, muß man davon ausgehen, daß er auch für den Menschen kanzerogen ist, es sei denn, daß überzeugende Gründe es rechtfertigen, eine solche Annahme auszuschließen. Im Interesse eines vorbeugenden Gesundheitsschutzes sollte die Darlegungslast so verteilt sein, daß bei einem

Verdacht auf kanzerogene Wirkung aus Tierversuchen der Stoff als kanzerogen gilt, solange nicht plausibel gezeigt werden kann, daß und warum er beim Menschen kein Kanzerogen ist. Es wäre unangemessen und fahrlässig, den umgekehrten Weg zu wählen, und einen Stoff erst und nur dann als kanzerogen einzustufen, wenn diese Wirkung an Menschen nachgewiesen wurde. Ohnehin ist eher zu vermuten, daß uns möglicherweise kanzerogene Stoffe bisher noch entgangen sind, als daß wir viele Stoffe zu Unrecht verdächtigen, kanzerogen zu sein.

1.5.3 Allergene Stoffe

Für kanzerogene Stoffe können gesundheitlich unbedenkliche Grenzwerte nicht vorgeschlagen werden, weil die Wirkungen an der DNS unter der Voraussetzung, daß sie nicht quantitativ repariert werden können, irreversibel sind, und weil es keine Hinweise gibt, die zur Festlegung einer Wirkungsschwelle berechtigen. Auch für Stoffe, die allergische Reaktionen auslösen können, sind keine Wirkungsschwellen bekannt und daher Grenzwerte nicht begründbar. Die Ursachen sind jedoch andere, und die Gefährdung erstreckt sich auf einen begrenzten Personenkreis. Die Zahl der Menschen, die an allergischen Erkrankungen leiden, scheint in den Industrieländern allerdings zuzunehmen, oft ohne daß die auslösenden Stoffe identifiziert werden können, und ohne daß man anhand prognostischer Mittel erkennen kann, ob eine bestimmte Person auf einen Stoff allergisch reagieren wird oder nicht.

Eine allergische Reaktion kann nach wiederholtem Kontakt mit einem Stoff auftreten, wenn bei einem früheren Kontakt eine Sensibilisierung erfolgt ist. Es handelt sich um eine überschießende Antwort des Immunsystems. Viele Stoffe können eine Sensibilisierung und Antikörperbildung auslösen. Die bei späterem wiederholtem Kontakt mit dem Stoff ablaufenden Vorgänge im Immunsystem folgen einigen wenigen charakteristischen und relativ stereotypen Mustern. Die Phänomenologie der allergischen Erscheinungen an der Haut und an anderen Organen ist demgegenüber sehr vielgestaltig. Die Manifestationsformen allergischer Reaktionen können nicht bestimmten Stoffen oder Stoffgruppen zugeordnet werden.

Es gibt keine Tiermodelle und keine In-vitro-Tests, mit deren Hilfe für einzelne Stoffe vorhergesagt oder ausgeschlossen werden könnte, daß sie sensibilisierend wirken und Allergie auslösen können. Man weiß nicht, warum das Immunsystem bei einzelnen Personen überschießend reagiert und bei anderen nicht, und man kann nicht vorhersagen, bei welcher Person ein Stoff allergische Reaktionen provozieren wird. Die Sensibilisierung selbst scheint dosisabhängig zu sein in dem Sinne, daß die Zahl sensibilisierter Personen in einer Population in Abhängigkeit von der Stoffmenge zunimmt, dergegenüber die Population exponiert ist. Die Bereitschaft zur Sensibilisierung ist in einer Population interindividuell sehr unterschiedlich. Wird ein Stoff regelmäßig nur in geringer Dosis aufgenommen, ist die Zahl der allergisch reagierenden Individuen gering; wenn die Stoffdosis größer ist, wird ein breiterer Personenkreis sensibilisiert und antwortet mit entsprechenden allergischen Krankheiten. Bei disponierten, empfindlichen Individuen können offenbar schon sehr geringe Mengen von Allergenen sensibilisierend wirken.

Für die Auslösung der allergischen Reaktion bei sensibilisierten Individuen besteht offenbar keine Wirkungsschwelle. Auch kleinste Dosen können die Reaktionen hervorrufen, die mehr einem Alles-oder-Nichts-Gesetz folgen, als daß sie dosisabhängig sind.

Die Identifikation allergener Stoffe und die Rückverfolgung des Zusammenhangs von Sensibilisierung und Provokation wird dadurch kompliziert, daß Parallelallergien vorkommen: Allergische Reaktionen können nicht nur durch den Stoff provoziert werden, der die Sensibilisierung ausgelöst hat, sondern auch durch andere, ähnliche Stoffe. Stoffe können auch, ohne selbst Allergien zu verursachen, die Bereitschaft erhöhen, auf andere Stoffe allergisch zu reagieren.

1.6 Was kann Toxikologie leisten? Das bestimmbare und das nicht bestimmbare Risiko

Die Daten aus Tierversuchen, In-vitro-Untersuchungen, Beobachtungen und epidemiologischen Untersuchungen an Menschen ergeben zusammen ein Bild über Wirkprofil und Kinetik, Dosis-Wirkung-Beziehung, Wirkungsschwelle und Wirkungsmechanismen eines Stoffes. Daraus und aus dem vorgesehenen Verwendungszweck des Stoffs und der Art der damit zusammenhängenden Exposition wird das gesundheitliche Risiko qualitativ und quantitativ beschrieben, das mit dem Stoff verbunden sein kann, und es werden gegebenenfalls Grenzwerte vorgeschlagen. Diese Risiko-Abschätzung als Voraussetzung für die Bewertung, wo die Grenze des *Annehmbaren* und des *Vertretbaren* im Hinblick auf einen definierten Nutzen zu ziehen sei, ist die vornehmste Aufgabe des Toxikologen. Diesem Ziel dienen alle Experimente und Berechnungen. Das so abgeschätzte und beschriebene Risiko ist das nach den Regeln der Kunst *bestimmbare Risiko*. Von ihm ist in der toxikologischen Literatur im wesentlichen die Rede.

Das bestimmbare Risiko beschreibt seiner Natur nach den Teil des Gesamtrisikos, der erkennbar und mit den besten Methoden abschätzbar und prognostizierbar ist. Daneben bleibt ein nicht bestimmbarer Teil, der ebenfalls in das Gesamtrisiko eingeht, der aber nicht nur nicht quantitativ abschätzbar ist, sondern nicht einmal genau beschreibbar, weil zu ihm alles das beiträgt, was wir definitionsgemäß nicht bestimmen können. Wir können allenfalls Faktoren benennen, die mit unterschiedlichem Gewicht zum *nicht bestimmbaren Risiko* beitragen.

Auf den erkenntnistheoretisch mißlichen Umstand, daß von Toxikologen erwartet wird, Nichtwirkungen nachzuweisen, wurde bereits hingewiesen (vgl. 1.4.2.1). Es können andererseits auch nur die Wirkungen erkannt werden, nach denen gesucht wird und die auffallen. Es gibt keine Möglichkeit auszuschließen, daß Wirkungen übersehen wurden.

Die Empfindlichkeit der Meßmethode begrenzt qualitativ wie quantitativ die Möglichkeit, Wirkungen nachzuweisen. Nicht immer wissen wir genau, was durch bestimmte Modelle im Tierversuch oder in vitro nachgebildet wird und ob daraus die richtigen Schlüsse für die Wirklichkeit der Exposition des Menschen gezogen werden. Die Extrapolation von Ergebnissen aus Tierversuchen im Analogieschluß auf den Menschen ist per se problematisch; es kann nicht einmal die Wahrscheinlichkeit angegeben werden, mit der ein solcher Schluß richtig oder falsch ist. Dieser Unsicherheit wegen werden Sicherheitsfaktoren in das Kalkül eingeführt (vgl. 1.5.1); sie begrenzen den Schaden, der die Folge eines Irrtums wäre, heben ihn aber nicht auf. Sicherheitsfaktoren sind willkürliche Größen, die Konventionen folgend festgesetzt werden; häufig betragen sie zum Beispiel gerade 10, 100 oder 1000.

Für viele Wirkungen, die beim Menschen auftreten, fehlen experimentelle Modelle, die eine Vorhersage ermöglichen. Dies gilt beispielsweise für allergene Wirkungen wie auch für Wirkungen auf Verhalten, geistige und emotionale Entwicklung, Gedächtnis- und Intelligenzleistungen und andere psychologische Parameter. Subjektiv empfundene Beeinträchtigungen und Befindensstörungen sind nicht einmal dann, wenn sie in der Lebenswirklichkeit auftreten, intersubjektiv validierbar und quantifizierbar, wie viel weniger in epidemiologischen Untersuchungen. Tierexperimentelle Ansätze, sie im Modell abzubilden, sind kaum vorstellbar. Es ist auch nur unzureichend möglich, zu erkennen und vorauszusagen, ob und gegebenenfalls welche Personen durch einen Stoff in besonderer Weise gefährdet sind, weil sie auf einen Stoff aufgrund besonderer Disposition qualitativ anders oder quantitativ empfindlicher reagieren als die Mehrzahl der Individuen. Das Zusammenwirken mehrerer Stoffe kann wegen der großen Zahl der Kombinationsmöglichkeiten nie erschöpfend, sondern allenfalls paradigmatisch untersucht und abgeschätzt werden.

Selten auftretende Wirkungen können der Erfassung entgehen, da die Zahl der Versuchstiere pro Versuch notwendigerweise begrenzt ist. Das Mega-Maus-Experiment hat sich als undurchführbar erwiesen (vgl. 1.4.2.2). Bei der modellhaften Untersuchung der Auswirkungen kleiner Dosen, die über lange Zeit einwirken, käme es gerade darauf an, seltene Wirkungen zu erfassen, da deren Quantifizierung das Risiko bestimmt. Wenn ein Versuch mit einem Stoff, der beispielsweise als Lebensmittelzusatz breite Anwendung finden soll, an der unwahrscheinlich großen

Zahl von tausend Versuchstieren durchgeführt würde, käme jedem Tier eine Stellvertreterrolle für 60000 Einwohner der Bundesrepublik Deutschland zu, und doch könnten Ereignisse, die mit einer Häufigkeit von 1:1000 aufträten, nicht erfaßt und quantifiziert werden. Noch schwieriger ist die Erfassung und Quantifizierung von Ereignissen, die Stoffwirkungen sein können, die aber auch spontan oder als Ergebnis anderer Ursachen auftreten können.

Das unbestimmbare Risiko, zu dem die genannten Faktoren allesamt beitragen, ist unvermeidbar. Da es sich einer quantitativen Abschätzung entzieht, kann auch nichts darüber gesagt werden, wie groß es im Vergleich zum bestimmbaren Risiko ist. Es kann grundsätzlich etwa gleich, kleiner oder größer sein; Sicherheitsfaktoren vermindern es um so mehr, je größer sie sind, können es aber nicht eliminieren. Die Anerkennung des nicht bestimmbaren Risikos und die gedankliche Beschäftigung damit zwingt den Toxikologen bei aller Genugtuung über die Möglichkeiten seiner Wissenschaft zur Bescheidenheit bei seinen Aussagen. Gelegentliche Verunsicherung in der Öffentlichkeit rührt nicht zuletzt daher, daß vom bestimmbaren Risiko zwar viel die Rede ist, nicht genug aber vom nicht bestimmbaren Risiko und davon, daß und warum das Konzept der Grenzwerte dennoch seine Berechtigung hat. Experten und ihr Publikum müssen sich darüber im Klaren sein, daß das System der Grenzwerte ein Gemenge aus Wissenschaft und Konvention ist. Die Annahme der Experten, daß das nicht bestimmbare Risiko im Vergleich zum bestimmbaren Risiko eher klein ist, gründet sich vor allem darauf, daß schwerwiegende Fehler bei der Beurteilung von Stoffen bisher sehr selten waren – soweit man sie erkannt hat.

2 Zusatzstoffe

Von P. S. Elias, Karlsruhe

2.1 Begriffsbestimmung

Der Begriff Zusatzstoff wird in den nationalen Gesetzgebungen unterschiedlich definiert. Eine international gültige Definition wurde von der FAO/WHO Codex Alimentarius Kommission (vgl. 2.2) wie folgt formuliert:

> »Als Lebensmittelzusatzstoff ist jede Substanz zu verstehen, die einem Lebensmittel absichtlich zugesetzt und normalerweise weder als solche genossen noch als Zutat verwendet wird. Die Zusatzstoffe werden den Lebensmitteln aus technologischen (eingeschlossen organoleptischen) Gründen während der Herstellung, Verarbeitung, Zubereitung, Behandlung, Lagerung, sowie dem Verpacken und dem Transport direkt oder indirekt zugesetzt, wobei diese Stoffe oder ihre Folgeprodukte im Lebensmittel verbleiben oder in anderer Weise die Eigenschaften solcher Lebensmittel beeinflussen. Der Begriff Zusatzstoff schließt denjenigen der Kontamination (Verunreinigungen) nicht ein, ebensowenig diejenigen Substanzen, die Lebensmitteln zur Erhaltung oder Verbesserung des Nährwertes dienen.«

Das Lebensmittel- und Bedarfsgegenständegesetz (LMBG) definiert Zusatzstoffe anhand ihrer Zweckbestimmung als Stoffe, die »Lebensmitteln zur Beeinflussung ihrer Beschaffenheit oder zur Erzielung bestimmter Eigenschaften oder Wirkungen zugesetzt werden«. Weitere Stoffe wie z. B. Spurenelemente oder Süßstoffe werden den Zusatzstoffen ausdrücklich gleichgestellt.

Zusatzstoffe bedürfen nach § 12 LMBG der *Zulassung*, die durch Rechtsverordnung erfolgt und im allgemeinen mit *Reinheitsanforderungen und Höchstmengen* verbunden ist und für deren Erteilung als Voraussetzung gesundheitliche Unbedenklichkeit und technologische Notwendigkeit angegeben sind. *Technische Hilfsstoffe*, die während des Produktionsprozesses mit den Lebensmitteln in Berührung kommen, aber nach der Behandlung des Lebensmittels wieder entfernt werden, sind nach dem LMBG ebenfalls Zusatzstoffe. Sie sind vom allgemeinen Zusatzstoffverbot bzw. der Zulassungspflicht dann ausgenommen, wenn sie oder ihre Umwandlungsprodukte im Enderzeugnis nur noch in technisch unvermeidbaren und gesundheitlich, geruchlich und geschmacklich unbedeutenden Anteilen enthalten sind und wenn diese Anteile zudem keine technologischen Wirkungen mehr entfalten.

Bei der Herstellung von Wein und Obstwein werden *Kellerbehandlungsmittel* verwendet, die z. T. technische Hilfsstoffe sind, welche wieder bis auf minimale Rückstände entfernt werden, z. T. aber in Wein und Obstwein verbleiben wie Zitronensäure, schwefelige Säure, Sorbinsäure, Ascorbinsäure, Kohlensäure. Schönungsmittel werden ganz entfernt.

Im Rahmen der Rechtsangleichung als Voraussetzung für den ungehinderten Warenverkehr im gemeinsamen Markt werden Zulassungen, Reinheitsanforderungen und Höchstmengen von Zusatzstoffen und technischen Hilfsstoffen in den Mitgliedsstaaten der Europäischen Gemeinschaft einander immer mehr angeglichen. Entscheidungen über Zusatzstoffe fallen heute überwiegend in Brüssel (vgl. 2.2.4).

Es gibt zahlreiche Kategorien von Lebensmittelzusatzstoffen. Die Wandlung der Art und Weise der Nahrungsmittelzubereitungen, welche über den Zeitraum der menschlichen Kulturentwicklung stattgefunden hat, hat dazu geführt, daß der Mensch sein Essen mit neuen sensorischen Qualitäten in Bezug auf Aroma-, Geschmacks- und Farbgebung versehen hat. Dies könnte man als die Anfänge des Gebrauches von Zusatzstoffen betrachten. Dazu kommt, daß Haltbarmachung von Nahrungsmitteln nach in der Natur erkennbaren Prinzipien bald als Notwendigkeit verstanden wurde. Inzwischen dienen diesem Zweck auch technologische Prozesse, welche kein Vorbild in der Natur haben.

Als Kriterium für die Bekömmlichkeit durch traditionelle Verfahren haltbar gemachter Lebensmittel wurde das Ausbleiben schädlicher Auswirkungen auf das Wohlbefinden des Konsumenten angesehen. Zwar ist die Annahme unbegründet, daß von der Natur angebotene Stoffe nur lebensnotwendig und nicht auch toxisch sein können, wie es z. B. bei Safrol aus Sasafras, Cumarin aus dem Waldmeister, Blausäure in bitteren Mandeln oder Solanin in Kartoffeln der Fall ist (vgl. Kap. 5). Dennoch besteht natürlich ein Unterschied darin, ob ein bestimmter Stoff in einem Lebensmittel von Natur aus vorhanden ist oder diesem zugesetzt wird. Die heute bestehende Möglichkeit der Anwendung zahlreicher neuer Stoffe bei der Verarbeitung von Lebensmitteln stößt bei den Verbrauchern oft auf Ablehnung. Manche befürchten, daß der Körper mit den Fremdstoffen nur ungenügend fertig werde. Dabei wird häufig übersehen, daß ein Teil der Zusatzstoffe gerade dem besseren Gesundheitsschutz der Verbraucher dient. Der Körper verfügt im übrigen über entsprechende Enzyme zum Um- und Abbau körperfremder Stoffe, so daß eine Belastung mit toxischen Mengen nur bei unsachgemäßer Anwendung dieser Stoffe oder bei akzidenteller Vergiftung auftritt.

2.2 Die Rolle internationaler Gremien

Im Zuge der Bemühungen zum Wiederaufbau nach dem Ende des zweiten Weltkrieges entstand eine Reihe internationaler Organisationen, die sich neben ihren politischen Aufgaben auch mit den weltweit vorhandenen Problemen der Gesundheit, der Ernährung, der Landwirtschaft und der Umwelt befassen sollten. Nach der Gründung der Vereinten Nationen waren es vornehmlich die Weltgesundheitsorganisation (World Health Organization, WHO) und die Ernährungs- und Landwirtschaftsorganisation (Food and Agriculture Organization, FAO) der Vereinten Nationen, welche sich unter anderem mit den bestehenden Gesundheits- und Ernährungsproblemen der entwickelten und unterentwickelten Länder befaßten.

2.2.1 Codex Alimentarius Kommission (CAC)

Die 1962 gegründete Codex Alimentarius Kommission (CAC) hatte die Aufgabe, das 1963 von der Weltgesundheitsversammlung verabschiedete gemeinsame FAO/WHO-Lebensmittelstandardprogramm auszuführen. 1984 hatte die CAC 127 Mitgliedsstaaten.

Das Ziel des FAO/WHO-Programmes war die Schaffung eines sicheren Lebensmittelangebotes zum Schutz der Gesundheit und Sicherung der richtigen Ernährung des Verbrauchers und zur Verwirklichung einer ehrlichen Handelspraxis mit Lebensmitteln. Die von internationalen Regierungs- und Handelsgremien auf dem Gebiet der Lebensmittelstandards unternommenen Arbeiten sollten koordiniert werden. Weiterhin sollten Entwürfe für Lebensmittelstandards angeregt und verabschiedet werden. Nach Annahme durch die Regierungen sollten diese Lebensmittelstandards in einem Codex Alimentarius entweder als regionale oder weltweite Standards veröffentlicht werden.

Die international angenommenen Lebensmittelstandards werden im Codex Alimentarius in einheitlicher Form gesammelt. Der Codex enthält auch alle angenommenen Praxisbestimmungen, Leitlinien und andere Empfehlungen.

Da sich in jedem Codexstandard ein Abschnitt für Zusatzstoffe befindet, wurde von der CAC ein Unterausschuß, der *Codex Ausschuß für Lebensmittelzusatzstoffe* (Codex Committee for Food Additives, CCFA) eingerichtet. Es ist Aufgabe des CCFA, die von den verschiedenen Codexwarenausschüssen (Codex Commodities Committee, CCC) auf der Basis ihrer technischen Notwendigkeit und ihrer Wirkung vorgeschlagenen Zusatzstoffe im Licht der vom Gemeinsamen FAO/WHO Experten-Ausschuß für Lebensmittelzusatzstoffe (Joint FAO/WHO Expert Committee on Food Additives, JECFA) erarbeiteten Empfehlungen zur Sicherheit und gesundheitlichen Unbedenklichkeit der Zusatzstoffe sowie der geschätzten Höhe der potentiellen oder tatsächlichen täglichen Aufnahme mit der Nahrung anzunehmen, vorläufig anzunehmen oder die Annahme zu verschieben.

2.2.2 Gemeinsamer Sachverständigenausschuß für Lebensmittelzusatzstoffe der FAO/WHO (JECFA)

Seit 1956 übt JECFA, das aus von WHO und FAO ad hoc eingeladenen Wissenschaftlern besteht, eine beratende Funktion gegenüber FAO, WHO und deren Mitgliedsstaaten aus. Der Aufgabenkreis umfaßt die Ausarbeitung von allgemeinen Prinzipien der Verwendung von Lebensmittelzusatzstoffen, von Empfehlungen zur Methodologie der Prüfung, Auswertung und Interpretation toxikologischer Untersuchungen, die Vorbereitung von Entscheidungen über die gesundheitliche Unbedenklichkeit der Verwendung individueller Lebensmittelzusatzstoffe sowie die Spezifikation der Identität und Reinheit von Lebensmittelzusatzstoffen in Form von Monographien über diese Stoffe zur Vermeidung von toxischen Kontaminanten. JECFA ist auch das beratende Gremium für CCFA (vgl. 2.2.1).

Die von JECFA erarbeiteten Spezifikationen werden vom CAC als Codexspezifikationen zur Annahme durch die Mitgliedsregierungen vorgeschlagen. Lebensmittel, welche in Übereinstimmung mit Codexbestimmungen verarbeitet werden und den Codexstandards entsprechen, sollen sichere Nahrungsmittel sein. Ihr Verzehr soll keine durch Lebensmittel übertragbaren Krankheiten, weder durch Infektion noch durch Vergiftung, verursachen. Lebensmittelstandards sind gedacht als ein Element primärer Gesundheitspflege durch Förderung einer sicheren Lebensmittelversorgung und richtigen Ernährung.

2.2.3 Der Europarat und seine Gremien

Der Europarat wurde 1949 von 10 Staaten als Europas erste politische Institution gegründet mit dem ersten internationalen parlamentarischen Forum der Geschichte. Er hat heute 20 Mitgliedsstaaten. Der Europarat hat zwei exekutive Organe, den Ausschuß der Minister und die Beratende Versammlung. Seine Aktivitäten finden ihren Ausdruck in Empfehlungen und Resolutionen, die an die Mitgliedsstaaten gerichtet sind, oder in Konventionen und Übereinkommen, die zwischen allen Mitgliedsstaaten geschlossen werden. Es gibt auch Übereinkommen, an denen nur einige Mitglieder beteiligt sind.

Aufgrund eines 1959 vom Ministerausschuß angenommenen Übereinkommens wurde ein Ausschuß für öffentliche Gesundheit eingesetzt, dessen Unterausschuß zur gesundheitlichen Kontrolle von Lebensmitteln sich unter anderem in Arbeitsgruppen mit Lebensmittelzusatzstoffen, Aromastoffen und Verpackungsmaterialien befaßte. In diesem Forum wurden bis zur Erweiterung der Europäischen Wirtschaftsgemeinschaft (EWG) im Jahr 1973 auf Regierungsebene gesundheitliche Bewertungen einiger Klassen von Lebensmittelzusatzstoffen vorgenommen, welche für die nicht der EWG angehörenden Staaten als Harmonisierungsversuch von Wichtigkeit waren und nicht unbedingt in das Programm der CAC fielen. In diesen Arbeitsgruppen wurden Listen von allgemein akzeptierten Lebensmittelzusatzstoffen erarbeitet.

Nach dem Beitritt weiterer Mitgliedsstaaten des Europarates zur EWG wurden die meisten dieser Listen mit Ausnahme der Aromastofflisten und der Listen von Komponenten von Verpackungsmaterialien für Lebensmittel zumindest für die Mitgliedsstaaten der EWG hinfällig, da für diese Staaten die EWG-eigenen Listen rechtsverbindlich wurden. Für Aromastoffe und Komponenten von Verpackungsmaterialien wurden jedoch weiterhin toxikologische Bewertungen nach von Europarat-Gremien veröffentlichten Leitlinien durchgeführt.

2.2.4 Wissenschaftlicher Lebensmittelausschuß der EG (SCF)

Die Europäische Wirtschaftsgemeinschaft (EWG) wurde 1957 von zunächst 6 Ländern gegründet. Seit 1986 besteht die Europäische Gemeinschaft (EG), wie sie heute heißt, aus 12 Mitgliedsstaaten.

Artikel 100 des EWG-Vertrages ermächtigte die Kommission der Gemeinschaft in Brüssel, Harmonisierungsaktivitäten zu entfalten, wenn nationale Gesetze den Handel in der EWG beeinträchtigten. Im Lebensmittelgebiet wird Harmonisierung durch Richtlinien erreicht, welche vom Ministerrat auf der Basis von Vorschlägen der Kommission angenommen werden müssen. Über Lebensmittelzusatzstoffe sind bereits mehrere Richtlinien in Kraft.

Zur Beratung der Kommission in Fragen der gesundheitlichen Unbedenklichkeit von Lebensmittelzusatzstoffen wurde im April 1974 nach der ersten Erweiterung der EWG der Wissenschaftliche Lebensmittelausschuß (Scientific Committee for Food, SCF) eingerichtet. Seine Mitglieder werden von der Kommission nach Vorschlägen der Mitgliedsstaaten ernannt. Der SCF berät die Kommission hinsichtlich aller aus der Produktion von Lebensmitteln erwachsenden Probleme, die den Schutz der Gesundheit und Sicherheit von Konsumenten betreffen. Dies gilt insbesondere für die Zusammensetzung von Lebensmitteln, Verfahren, welche Lebensmittel verändern, die Anwendung von Lebensmittelzusatzstoffen und technischen Hilfsstoffen und die Gegenwart von Kontaminanten. Seit 1986 ist die Kommission verpflichtet, die Meinung des SCF vor Entscheidungen einzuholen. Bis jetzt sind 18 Berichte des SCF veröffentlicht worden.

Zur Erleichterung der Lebensmittelkennzeichnung hat die EG-Kommission sogenannte E-Nummern an Stoffe vergeben, welche in den Richtlinien zur Harmonisierung der Lebensmittelzusatzstofflisten den EG Mitgliedstaaten zur Zulassung empfohlen werden. Da in der EG eine verbindliche Definition für Zusatzstoffe nicht besteht, besitzen einige nach dem LMBG nicht als Zusatzstoffe angesehene Substanzen auch eine E-Nummer. Es gibt weiterhin einige nach dem LBMG zugelassene Stoffe, welche keine E-Nummer tragen. Die E-Nummer kann als Ersatz für die in der Kennzeichnungsrichtlinie festgelegte Verpflichtung angesehen werden, die Verwendung eines Stoffes im Lebensmittel durch Anführung seines Namens kenntlich zu machen. Zusatzstoffe, welche eine E-Nummer erhalten haben, sind toxikologisch überprüft und von der EG-Kommission als geeignet für eine Zulassung in der Lebensmitteltechnologie befunden worden. E-Nummern stellen daher insoweit auch eine wichtige Verbraucherinformation dar.

2.3 Zulassung und Bewertung von Zusatzstoffen

Die Grundsätze, nach welchen die Zulassung und gesundheitliche Bewertung von Zusatzstoffen erfolgen soll, wurden bereits 1957 vom JECFA (vgl. 2.2.2), wie folgt beschrieben:

- Zusatzstoffe dürfen angewendet werden:
  - zur Erhaltung des Nährwertes;
  - zur Verlängerung der Haltbarkeit;
  - zur Erreichung einer attraktiven Sensorik;
  - aus technologischer Notwendigkeit.
- Zusatzstoffe müssen:
  - für den Menschen unschädlich sein;
  - notwendig und nützlich sein und dürfen nur bei Lebensmitteln angewendet werden, bei denen sie notwendig sind;
  - Reinheitsanforderungen entsprechen;
  - einen Grenzwert für die Anwendungskonzentration einhalten;
  - deklariert werden.
- Zusatzstoffe dürfen nicht verwendet werden:
  - zur Verheimlichung negativer Aspekte;
  - zur Täuschung des Verbrauchers;
  - wenn ein Nährwert dadurch vermindert wird.

Die gesetzliche Regelung in der Bundesrepublik erfolgt durch Auflistung der zugelassenen Stoffe für Lebensmittel allgemein oder für gesondert aufgeführte Lebensmittel, einschließlich Höchstmengen und Vorschriften zur Kenntlichmachung.

Hinsichtlich der Zahl zuzulassender Zusatzstoffe gibt es zwei unterschiedliche Leitlinien. Einerseits kann man bei der Zulassung von

Zusatzstoffen sehr restriktiv verfahren; das würde dazu führen, daß nur wenige Zusatzstoffe eingesetzt werden könnten, die gut untersucht sind und mit denen zunehmend Erfahrung gewonnen wird. Die Lebensmittelüberwachung hätte es nur mit wenigen Stoffen zu tun, wenn sie die Einhaltung der Höchstmengen kontrolliert. Wird andererseits eine größere Zahl von Stoffen zugelassen, so sind die mit der Nahrung aufgenommenen Mengen der einzelnen Stoffe geringer. Die gleiche Gesamtmenge verteilt sich auf mehrere Stoffe. Unter der Annahme, daß es im Organismus mehrere Fremdstoff-abbauende Enzymsysteme gibt, würden die einzelnen Systeme weniger stark belastet.

In der Praxis kann man nach dem Prinzip der Positiv- oder der Negativlisten verfahren. Mit *Negativlisten* werden als bedenklich erkannte Stoffe vom Verkehr ausgeschlossen; dieses Verfahren hat den Nachteil, daß neue Substanzen bis zur Erkenntnis ihrer Schädlichkeit benützt werden können. In *Positivlisten* werden dagegen die Stoffe aufgeführt, die zur Verwendung unter bestimmten Voraussetzungen wie z. B. Reinheit, Einhaltung von Höchstmengen, bei bestimmten Lebensmitteln oder für bestimmte Verwendungen zugelassen sind. Das Erstellen von Positivlisten gibt die Möglichkeit, die Verwendung von Zusatzstoffen genauestens zu kontrollieren und neue Stoffe erst nach Nachweis ihrer Unbedenklichkeit in die Liste erlaubter Zusatzstoffe aufzunehmen. Außerdem können als gefährlich erkannte Stoffe aus der Positivliste gestrichen werden. Somit können bei der Zulassung sowohl die Aspekte der technologischen Notwendigkeit sowie der gesundheitlichen Unbedenklichkeit in Betracht gezogen werden. Sowohl das LMBG als auch die Praxis der Europäischen Gemeinschaft ist am Prinzip der Positivliste orientiert. Nach dem LMBG dürfen nur solche Zusatzstoffe zugelassen werden, welche die Gesundheit des Verbrauchers nicht gefährden und ihn auch nicht über Qualität und Art des Lebensmittels täuschen können.

Der Verbraucher erwartet heute, über die Zusammensetzung verarbeiteter Lebensmittel informiert zu werden. Diesem Anspruch wird durch Vorschriften über Zutatendeklarationen Rechnung getragen. Nach Vorschlägen der FAO/WHO Codex Alimentarius Kommission sollen Zusatzstoffe den Inhaltsstoffen gleichgestellt und in den ihren Mengen entsprechenden Positionen im Etikett aufgelistet werden. Es kann entweder der Eigenname oder der Gattungsname oder die E-Nummer des Zusatzstoffes verwendet werden. In der Bundesrepublik müssen Zusatzstoffe in der Zutatenliste aufgeführt werden.

Auf die Prinzipien der toxikologischen Bewertung, die auch für Zusatzstoffe gelten, wurde bereits in Kapitel 1 ausführlich eingegangen. Für die meisten dieser Stoffe kann aufgrund der vorliegenden biologischen Daten ein Wert für die Duldbare Tägliche Aufnahme (DTA) festgelegt werden. Gelegentlich werden jedoch neue toxikologische Erkenntnisse über bereits zugelassene Zusatzstoffe bekannt, deren

Relevanz für die Gesundheit des Verbrauchers nicht ohne weitere wissenschaftliche Untersuchungen erkennbar ist. In einem solchen Falle wäre eine sofortige Aufhebung der Zulassung eine Überreaktion und mit technologischen Schwierigkeiten verbunden. Um jedoch die Gesundheit des Verbrauchers zu schützen, wird üblicherweise der DTA-Wert durch die Verwendung eines höheren Sicherheitsfaktors herabgesetzt und in einen «vorläufig» vertretbaren DTA-Wert umgewandelt. Innerhalb einer festgelegten Frist sind dann die zur erneuten Bewertung nötigen weiteren Daten beizubringen; sonst wird der DTA-Wert des Zusatzstoffes aufgehoben.

2.4 Klassifizierung der Zusatzstoffe

Zusatzstoffe werden sinnvollerweise nach ihrer jeweiligen technologischen Funktion eingeteilt, wobei zu beachten ist, daß manche Stoffe je nach dem Lebensmittel, welchem sie zugesetzt werden, verschiedene technologische Funktionen ausüben können. Für die toxikologische Beurteilung der Zusatzstoffe ist folgende Einteilung am zweckmäßigsten:

- Stoffe zur Erhöhung der Haltbarkeit
  - Antioxidantien
  - Antimikrobielle Stoffe
- Das Aussehen verändernde Stoffe (Lebensmittel-Farbstoffe)
- Die Konsistenz verändernde Stoffe
  - Emulgatoren
  - Verdickungsmittel
  - Enzyme
- Geruch und Geschmack verändernde Stoffe
  - Aromastoffe
  - Geschmackswirksame Verbindungen
- Antiklumpmittel, Schaumbekämpfungsmittel, Trennmittel
- Lösemittel
- Säuren, Basen, Salze
- Andere Zusatzstoffe
- Stoffe zur Erhöhung des Nährwertes.

Um den Rahmen dieses Buches nicht zu überschreiten, werden nur einige Beispiele aus den verschiedenen Gruppen besprochen.

2.5 Antioxidantien

2.5.1 Chemische Wirkungen

Die Inhaltsstoffe vieler Lebensmittel können mit dem molekularen Sauerstoff der Luft oxidativ reagieren. Diese prinzipiell unerwünschten chemischen Reaktionen führen zu kleineren oder größeren organoleptischen Veränderungen und Qualitätsminderungen, z. B. Verfärbungen, Zerstörung ernährungsphysiologisch wichtiger Komponenten, Bildung ranziger Abbauprodukte. Antioxidantien finden ihre hauptsächliche Verwendung bei der Verhinderung der Autoxidation lipider Komponenten der Lebensmittel.

Die Autoxidation der Lipide beginnt mit der Bildung freier Radikale und setzt sich als Radikalkettenreaktion fort. Schließlich gehen die Radikale in verschiedene inaktive Endprodukte über und beenden so die Oxidationskette. Hierbei sind die als Katalysatoren wirkenden Metallionen von Eisen, Kupfer und Kobalt als Pro-Oxidantien von Bedeutung. Diese Kettenreaktionen können bis zum Verbrauch des Substrates oder des Sauerstoffes weiter laufen und zur Bildung einer Reihe von Sekundärprodukten führen. Diese Fragmentationsprodukte, z. B. Hydroperoxide, Aldehyde und Ketone, können zur Aromabildung oder zur Ranzidität beitragen. Neben Molekülabbau laufen auch Polymerisationen und Kondensationen ab.

Die Endprodukte der Peroxidation von Fetten sind wegen ihrer unangenehmen Geruchs- und Geschmackseigenschaften in Nahrungsmitteln unerwünscht. Außerdem verändert die Zerstörung ungesättigter Fettsäuren und anderer notwendiger Bestandteile der Nahrung, welche eine ungesättigte Lipidstruktur besitzen, z. B. Vitamin A, die ernährungsphysiologische Qualität des Lebensmittels.

Die als Zusatzstoffe verwendeten Antioxidantien sind meist aromatische Verbindungen mit mindestens einer -OH Gruppe (Phenole) oder einer $-NH_2$ Gruppe (Amine). In geeigneten Konzentrationen und besonders bei erhöhter Temperatur inaktivieren sie freie Radikale durch Reaktion mit dem aktiven Wasserstoff des Antioxidans. Die Toxikologie der Degradationsprodukte der Antioxidantien ist noch größtenteils ungeklärt.

Die hohe Reaktivität der Antioxidantien kann bei hoher Konzentration jedoch dazu führen, daß sie als Elektronenüberträger und dadurch pro-oxidativ wirken. Dies stellt eine Wirkungsinversion dar, welche sich durch entsprechend niedrige Konzentrationen von unter 0,1 % vermeiden läßt.

Unter den synthetischen Antioxidantien haben die sterisch gehinderten Phenolderivate wie BHA (vgl. 2.5.3) und BHT (vgl. 2.5.4) große Bedeutung. Die Gallate (vgl. 2.5.6) sind enge Verwandte der in Pflanzen natürlich vorkommenden Gallotannine und anderer Polyhydroxyphenole, während Tocopherole (vgl. 2.5.7) und Ascorbinsäure (vgl. 2.5.8) in Nahrungsmitteln besonders pflanzlicher Herkunft weit verbreitet sind.

Neben den »echten« Antioxidantien werden in der Lebensmitteltechnologie noch andere antioxidativ wirksame Zusatzstoffe, die sogenannten Synergisten, eingesetzt. Beispiele sind: Zitronensäure, Phosphorsäure, Milchsäure, EDTA, Weinsäure, Aminosäuren. Außer den vorgenannten Verbindungen gibt es noch Zusatzstoffe, welche zwar wegen anderer technologischer Funktionen angewendet werden, daneben aber auch eine gleichzeitig erwünschte antioxidierende Wirkung besitzen, z. B. die Sulfite und Lecithin.

2.5.2 Biologische Wirkungen der synthetischen Polyphenole

Die synthetischen Polyphenole können bestimmte gemeinsame biologische Wirkungen entfalten, welche für ihre toxikologische Beurteilung wichtig sind. Dazu gehören die Induktion von Leberenzymen, die Hemmung, aber auch Promotion der Kanzerogenese und ihre antimutagene Wirkung.

Lipophile Stoffe, zu denen BHA, BHT, TBHQ zählen, werden durch die mischfunktionellen Leberenzyme in wasserlösliche Metabolite umgewandelt. In dieser Form können sie dann durch die Nieren ausgeschieden werden. Diese metabolische Belastung der Leberenzyme kann zu einer Erhöhung der entsprechenden Enzymkonzentrationen führen (Enzyminduktion). Parallel zu dieser erhöhten Proteinsynthese nimmt das Lebergewicht zu. Diese Gewichtszunahme läßt sich sowohl absolut wie relativ zum Körpergewicht feststellen.

Metabolisch oxidativ aktivierte oder spontan entstandene reaktive elektrophile und damit fakultativ gentoxische Agentien können durch Radikalfänger, wie z. B. Antioxidantien, inaktiviert werden, ehe sie an nukleophile elektronenreiche Stellen der DNS binden. Dadurch werden Mutationen an der DNS der betreffenden Zellen, und damit wahrscheinlich die Initiation der Kanzerogenese (vgl. 1.5.2), unterbunden. Experimentell konnte eine verringerte Tumorausbeute durch Vorbehandlung mit bestimmten Antioxidantien und anschließender Gabe kanzerogener Substanzen wie Benzo(a)pyren gezeigt werden. Mehrere unterschiedliche Wirkungsmechanismen werden zur Erklärung dieser Beobachtungen diskutiert einschließlich Enzyminduktion, Abfangen reaktiver Sauerstoffradikale, Hemmung der Prostaglandinsynthese und Modifikation von Immunreaktionen. Die Aufnahme der Antioxidantien durch Lebensmittel ist so gering im Vergleich zu den hohen experimentellen Dosen, daß die antikanzerogene Wirkung wahrscheinlich für den Menschen nicht relevant ist.

Andererseits haben einige Antioxidantien möglicherweise selbst eine tumorpromovierende Wirkung (vgl. 1.5.2), wenngleich die Ergebnisse neuerer Promotionsstudien mit einigen Antioxidantien und die in vitro beobachtete Wachstumsförderung und Förderung der Zelltransformation durch Antioxidantien noch keine Aussage über diese Aspekte der biologischen Aktivität der Antioxidantien zulassen.

2.5.3 2- und 3-Tert.-butyl-4-hydroxyanisol (BHA, E 320)

BHA ist eine fettlösliche Mischung von 5 bis 10% 2-tert. und 90 bis 95% 3-tert. Isomeren, wobei der letztere das besser wirkende Antioxidans ist. Das Hauptanwendungsgebiet von BHA sind fetthaltige Lebensmittel wie Trockensuppen, Soßen, Kartoffeltrockenerzeugnisse, Knabbererzeugnisse, Kaugummi und Essenzen.

Die akute Toxizität ist gering. Hinweise für eine Kumulation beim Menschen nach üblichen Aufnahmen durch Lebensmittel liegen nicht vor. BHA zeigt kein gentoxisches Potential in Kurzzeittests. Reproduktionsuntersuchungen bei einigen Tierspezies ergaben keine toxischen Befunde. Ein teratogenes Potential konnte ebenfalls nicht nachgewiesen werden.

Die chronische Toxizität wurde in zahlreichen Versuchen untersucht. Fütterungsstudien ergaben überraschenderweise bei allen Tierspezies, die einen Vormagen besitzen, proliferative Veränderungen am Plattenepithel bereits nach wenigen Tagen der Exposition. Die substanzbezogenen histopathologischen Befunde waren ausschließlich im Vormagen in Form von Irritationen, Hyperplasien und Papillomen vorhanden. In Tierspezies ohne Vormagen wie Meerschweinchen, Hund oder Affe erzeugt BHA keine histologischen Veränderungen oder Hyperplasien des Epithels der Speiseröhre oder des Drüsenmagens.

Bewertung: Die vorliegenden Daten sprechen gegen ein gentoxisches Potential von BHA. Die Vormagenveränderungen sind möglicherweise ein epigenetischer Effekt, wobei die chronische Reizung und Entzündung des Vormagenepithels ein entscheidender Faktor sein dürfte. Läßt sich dieser Mechanismus bestätigen, könnte ein Dosenbereich festgelegt werden, welcher Schadwirkungen praktisch ausschließen würde. In Anbetracht der Abwesenheit eines hyperplastischen Effektes bei Tierspezies, deren Magen-Darm-Anatomie der des Menschen ähnlich ist und des Fehlens eines toxischen Effekts in einer Langzeit-Fütterungsstudie bei Dosen unter 250 mg/kg Körpergewicht hat der Wissenschaftliche Lebensmittelausschuß der EG eine vorläufig vertretbare Duldbare Tägliche Aufnahme von 0,5 mg/kg Körpergewicht vorgeschlagen. Diese sollte jedoch nicht ausgeschöpft werden.

2.5.4 3,5-Di-tert.-butyl-4-hydroxytoluol (BHT, E 321)

Dieses Antioxidans wird in der Bundesrepublik nur in Kaugummi und Verpackungsmaterialien für Lebensmittel verwendet. In einigen EG-Ländern ist es in Kombination mit BHA, anderen Antioxidantien oder allein in fetthaltigen Lebensmitteln ähnlich BHA zugelassen.

BHT hat eine geringe akute Toxizität. Es ist sowohl wasser- als auch (etwas stärker) fettlöslich und kann daher im Körperfett gespeichert werden. Die Butylgruppen werden enzymatisch zu Carboxylgruppen oxidiert mit Bildung von Benzoesäureverbindungen, die dann als Konjugate im Harn ausgeschieden werden. Bei Anwendung hoher Dosen sind bei einigen Tierspezies Blutungen durch Gerinnungsstörungen aufgetreten. Bei Verfütterung über mehrere Monate an Ratten war das Gewicht der Lebern und der Nebennieren erhöht. Untersuchungen zur Mutagenese und Kanzerogenese hatten widersprüchliche Ergebnisse. In Fütterungsversuchen über die ganze Lebenszeit an Mäusen und Ratten konnte sowohl eine Hemmung der chemischen Kanzerogenese als auch eine Tumorpromotion beobachtet werden. Eine 1983 durchgeführte Untersuchung über 144 Wochen an Ratten zeigte bei den männlichen und weiblichen Tieren in der obersten Dosierung eine erhöhte Häufigkeit von Lebertumoren, aber nur bei männlichen Tieren vermehrt Leberkarzinome. Die Tumorhäufigkeit in anderen Geweben war bei Versuchs- und Kontrolltieren vergleichbar. Allerdings hatten die mit BHT behandelten Tiere länger gelebt als die Kontrolltiere, weshalb die Ergebnisse nicht eindeutig interpretierbar sind. BHT ist nicht gentoxisch; es wirkt im Gegenteil antimutagen.

Die Prüfung der Reproduktionstoxizität ergab keine spezifische Wirkung. Früher berichtete Schadeffekte auf die Entwicklung der Augenanlage (Anophthalmie) wurden nicht bestätigt.

Bewertung: BHT kann im Körperfett gespeichert werden und wirkt auf das mikrosomale Enzymsystem der Leber stärker induzierend als BHA. Die Substanz ist seit 25 Jahren in der Lebensmitteltechnologie in Verwendung und eines der besten und stabilsten Antioxidantien. Die Alternativen sind technologisch weniger gut; sie führen zu Geschmacks- oder Farbveränderungen. Deshalb hat der Wissenschaftliche Lebensmittelausschuß der EG als Duldbare Tägliche Aufnahme 0,05 mg/kg Körpergewicht empfohlen. Die tatsächliche mit der Nahrung aufgenommene Menge ist mit ca. 1 mg pro Person und Tag sehr gering, so daß die DTA nicht ausgeschöpft wird.

2.5.5 Tert.-butylhydrochinon (TBHQ)

Diese Substanz ist in den USA und anderen Ländern, aber weder in der Bundesrepublik noch der EG zugelassen. Die Hauptanwendung ist der

Zusatz für Frittierfette und in Kombination mit BHA und BHT. TBHQ wird beim Hund als Metabolit des BHA mit dem Harn ausgeschieden.

Die akute orale Toxizität von TBHQ ist gering. Ratte, Hund und Mensch scheiden bis zu 90 % rasch im Harn aus. Im Vergleich zu BHA und BHT hat TBHQ nur ein geringes Potential für Enzyminduktion in der Leber der Ratte. Reproduktionsstudien über 1 bis 3 Tochtergenerationen ergaben keine substanzbedingten Schadeffekte in Bezug auf Fertilität und andere Reproduktionsfunktionen. Teratogene Effekte wurden nicht gefunden. Kurz- und Langzeit-Fütterungsstudien bei Ratten ergaben keine für den Menschen relevanten Schadeffekte. In weiteren Studien an Ratten wurde eine Hyperplasie des Vormagenepithels gefunden. In-vitro- und In-vivo-Mutagenitätstests hatten widersprüchliche Ergebnisse.

Bewertung: TBHQ bewirkt nur geringe Enzyminduktion und kumuliert nicht im Körperfett. Es wird rasch als Konjugat im Harn ausgeschieden. In hohen Dosen hat es zellproliferative Wirkung. Da die Frage einer möglichen Kanzerogenität in Anbetracht der widersprüchlichen Ergebnisse der Mutagenitätstests und des Fehlens einer auswertbaren Langzeitstudie nicht geklärt ist, konnte der Wissenschaftliche Lebensmittelausschuß der EG keinen DTA-Wert abschätzen. TBHQ wurde daher als Lebensmittelzusatzstoff vom EG Ausschuß als nicht vertretbar eingestuft.

2.5.6 Propyl-, Octyl- und Dodecylgallat (PG E 310, OG E 311, DG E 312)

Gallussäure (3,4,5-Trihydroxybenzoesäure) kommt in pflanzlichen Lebensmitteln vor. Alle drei Alkylester haben den Nachteil, sich in Gegenwart von Spuren von Fe^{3+}-Salzen zu verfärben. Die tägliche Aufnahme wird auf 0,3 bis 2 mg pro Person geschätzt. Die Hauptanwendungsgebiete sind die gleichen wie bei BHA.

Die akute orale Toxizität ist gering. Über 70 % des PG, aber nur 10 bis 20 % des OG und DG werden aus dem Magen-Darm-Trakt resorbiert. Im Darmtrakt werden die Ester hydrolisiert. In Kurzzeitfütterungsversuchen an Ratten mit PG-Dosen, welche ein 10000- bis 15000faches der bei Menschen in Frage kommenden täglichen Aufnahme betrugen, wurden ein geringeres Körpergewicht, Anaemie, Leber- und Nierenschäden sowie eine Hyperplasie des Vormagenepithels beobachtet. Mäuse, Hunde und Schweine dagegen vertrugen PG im Futter ohne schädliche Wirkungen. In ähnlichen Kurzzeittests mit OG wurden toxische Effekte an der Leber gefunden.

Langzeitfütterungsversuche mit PG, OG und DG an Ratten und Mäusen zeigten keine kanzerogene Wirkung oder andere Schadeffekte. Eine Gentoxizität von PG ließ sich in mehreren In-vitro- und In-vivo-

Tests nicht nachweisen. Mit OG und DG wurden keine Mutagenitätstests durchgeführt.

Reproduktionsstudien über drei Generationen mit PG und OG ergaben keine schädlichen Befunde. PG war in Ratten und Kaninchen nicht teratogen. OG und DG wurden nicht auf Teratogenität untersucht.

Gallate haben ein allergisierendes Potential, welches in Form von Kontakt-Dermatitiden bei Bäckern bekannt ist. Nach oraler Gabe von PG wurden ebenfalls Hypersensitivitätsreaktionen berichtet.

Bewertung: Diese Ester der natürlich vorkommenden Gallussäure werden nach Hydrolyse rasch ausgeschieden. Sie sind nur schwache Enzyminduktoren. In den Langzeitfütterungsversuchen und Reproduktionsstudien wurden keine signifikanten substanzbezogenen Schadeffekte beobachtet. Es gibt auch keine Hinweise auf Gentoxizität und Teratogenität. Vom Wissenschaftlichen Lebensmittelausschuß der EG wurde als Duldbare Tägliche Aufnahme ein Wert von 0,5 mg/kg Körpergewicht für PG, OG und DG einzeln oder in Kombination empfohlen.

2.5.7 Tocopherole und Tocotrienole (E 306–E 309)

Natürlich vorkommendes Vitamin E besteht aus 8 chemisch nahe verwandten Substanzen, nämlich 4 Tocopherolen und 4 Tocotrienolen. Alle enthalten einen OH-tragenden Chromanring und eine isoprenoide Seitenkette, unterscheiden sich aber durch die Anzahl der am Chromanring gebundenen Methylgruppen. Die Tocotrienole haben außerdem noch drei Doppelbindungen in der Seitenkette. Diese 8 Substanzen kommen in zahlreichen Stereoisomeren vor. Das α-Tocopherolacetat ist als Antioxidans unwirksam.

Die Tocopherole und Tocotrienole finden sich als Vitamin E am häufigsten in eßbaren Pflanzenölen, aber auch in Nüssen, Cerealien und Blattgemüsen. In tierischen Produkten kommt hauptsächlich α-Tocopherol vor. Die Tocotrienole werden als biologische Vorstufen der Tocopherole angesehen, aber selbst nicht als Antioxidantien Lebensmitteln zugesetzt.

Mangel an Vitamin E führt bei Nagern zu Sterilität, Muskelschwäche und Muskelatrophie. Anzeichen von Tocopherolmangel in dem Ausmaße wie er bei Versuchstieren hervorgerufen werden kann, wurden nur bei Patienten mit chronischer Störung der Fettabsorption beobachtet. Die physiologische Rolle des Vitamin E ist nicht genau bekannt. Es gibt allerdings viele Hinweise auf eine enge Assoziation mit dem Körperfett und ihre stabilisierende Wirkung auf ungesättigte Fettsäuren in der Zelle gegen Oxidation. Außerdem schützt Vitamin E die Integrität der Zellmembranen.

In den USA wird eine tägliche Aufnahme von 15 mg für Frauen und 12 mg für Männer empfohlen. In Europa liegen die von verschiedenen wissenschaftlichen Gremien empfohlenen Werte bei 10 mg für Männer und bei 8 mg für Frauen. Während der Schwangerschaft und Stillperiode sollten 1 mg/Tag und 3 mg/Tag zusätzlich eingenommen werden, was im allgemeinen über die in Pflanzenöl, Cerealien und Blattgemüse vorhandene Menge erreicht wird. Klinische Daten haben erwiesen, daß Erwachsene über Jahre tägliche Dosen von 100 mg oder mehr ohne schädliche Auswirkungen einnehmen können. Megavitaminbehandlung mit Dosen bis zu 1 g/Tag über 5 Monate hat keine unerwünschten Wirkungen erkennen lassen.

Oral aufgenommene Tocopherole sowie durch Hydrolyse im Darmtrakt freigesetztes α-Tocopherol werden resorbiert und über die Lymphe auf die Fettgewebe und alle Organe verteilt. Die α-Tocopherole haben eine sehr geringe akute Toxizität. Verfütterung von α-Tocopherol über längere Zeit und in Dosen, welche das 1000fache der täglich notwendigen und üblichen Aufnahme des Menschen betragen, führt bei Meerschweinchen, Hamstern und Ratten zu Störungen des Oestrus, zur Verringerung der Schilddrüsenaktivität und zu degenerativen Veränderungen in der Leber und dem Myokard.

In Langzeitfütterungsstudien mit α-Tocopherolacetat wurden Leberschäden mit Verschiebung des Enzymprofils, erhöhtem Organgewicht und Gerinnungsstörungen des Blutes beobachtet. Die Tumoreninzidenz war nicht beeinflußt. Tocopherole sind nicht gentoxisch. In In-vitro-Versuchen verringerten sie sogar die Aktivität mutagener Substanzen.

Heutigen Anforderungen entsprechende Reproduktions- und Teratogenitätsstudien sind nicht vorhanden. Untersuchungen einiger spezieller Reproduktionsparameter an Ratten, Hamstern und Mäusen ergaben keine Schadeffekte.

Bewertung: Zwar liegt die meiste Information über α-Tocopherol vor, doch sind alle Tocopherole und Tocotrienole toxikologisch gleich zu bewerten. In Anbetracht der großen Erfahrung mit α-Tocopherol und da die Einnahme von Tocopherolen aus natürlichen Nahrungsquellen weitaus größer ist als der Teil, welcher aus behandelten Lebensmitteln stammt, kann die Anwendung der Tocopherole als Antioxidantien in Lebensmitteln als akzeptabel angesehen werden. Die Festlegung eines Wertes für die Duldbare Tägliche Aufnahme ist unter diesen Gesichtspunkten nicht erforderlich.

2.5.8 L-Ascorbinsäure und Ascorbate (E 300–302), Ascorbylpalmitat und -stearat

Der Mensch, andere Primaten und das Meerschweinchen können Ascorbinsäure nicht synthetisieren und benötigen daher die Zufuhr über die Nahrung. Nicht so die Ratte und andere Spezies, welche Ascorbinsäure aus Glucose synthetisieren. Ascorbinsäure bildet mit Semidehydroascorbinsäure ein Redox-System und ist daher ein gutes Reduktionsmittel. Die ernährungsphysiologische Rolle von Ascorbinsäure ist bekannt. Ascorbinsäure ist das am weitesten verbreitete, aber auch natürlich vorkommende Antioxidans für wäßrige Systeme. In der Bundesrepublik ist sie für Anwendung in Lebensmitteln allgemein zugelassen. Die Hauptanwendungsgebiete sind Fruchtsaftgetränke, Fleischprodukte, Mehl und in einigen EG-Ländern auch Bier.

Ascorbinsäure wird im oberen Dünndarm resorbiert und verteilt sich in alle Gewebe, besonders im Drüsengewebe. Ein Teil wird zu Oxalsäure metabolisiert. Hohe Dosen im Grammbereich führen beim Menschen zu einer maximalen Ausscheidung von 50 mg Oxalsäure im Harn, so daß auch unter diesen Umständen keine Gefahr einer Calciumoxalat-Steinbildung besteht.

In-vitro-Tests auf Gentoxizität ergaben widersprüchliche Befunde, welche wahrscheinlich auf der unterschiedlichen chemischen Reaktivität des Stoffes in den verschiedenen Systemen beruhen. In Modellversuchen wurde sowohl eine tumorfördernde als auch eine antikanzerogene Aktivität beobachtet. Daher haben Schlußfolgerungen über eine Verringerung des Krebsrisikos beim Menschen durch Einnahme hoher Dosen von Ascorbinsäure keine ausreichende wissenschaftliche Grundlage.

Untersuchungen der Reproduktionsfunktionen und der Teratogenität an Ratten und Mäusen sowie Langzeitstudien in den gleichen Tierspezies ergaben keine schädlichen Wirkungen.

Ascorbylpalmitat und -stearat werden hauptsächlich in Mischung mit Tocopherolen als Wirkungsverstärker verwendet. Da sie im Darmtrakt hydrolisiert werden, haben sie zugleich dieselbe antiskorbutische Wirkung wie Ascorbinsäure selbst. Kurzzeit- und Langzeitfütterungsstudien ergaben keinen Hinweis auf Schadeffekte.

Bewertung: Die von einer Arbeitsgruppe nach Einnahme großer Mengen von Ascorbinsäure berichteten unerwünschten Wirkungen wie z.B. Zerstörung von Vitamin B_{12}, Azidose und erhöhte Oxalsäureausscheidung waren nicht reproduzierbar. Ascorbinsäure hemmt die Reduktion von Nitrat zu Nitrit und auch die N-Nitrosierung von Aminen. Sie fängt freie Radikale ab. Es gibt keine gesundheitlichen Einwände gegen die Verwendung von Ascorbinsäure und Ascorbaten als antioxidierende Zusatzstoffe. Die Abschätzung eines Wertes für die Duldbare Tägliche Aufnahme von Ascorbinsäure und deren Estern L-Ascorbylpalmitat und -stearat wurde vom Wissenschaftlichen Lebensmittelausschuß der EG für unnötig angesehen, da die Aufnahme durch deren Verwendung als Antioxidantien weit unter den in der Nahrung natürlicherweise vorhandenen Mengen liegt.

2.6 Antimikrobielle Substanzen und Konservierungsstoffe

2.6.1 Übersicht, Anwendungsgründe, Wirkungsweise

Pflanzliche oder tierische Rohprodukte, aus denen Lebensmittel hergestellt werden, sind immer äußerlich mit Mikroorganismen verschiedenster Art wie Bakterien, Hefen oder Schimmelpilzen kontaminiert. Diese stammen von Erde, Wasser, Luft, Mensch oder Tier. Unter günstigen Bedingungen vermehren sich die Mikroorganismen rasch, da Lebensmittel oft ein geeigneter Nährboden sind. Dieser Prozeß führt zu Qualitätsveränderungen und schließlich zum Verderb des Lebensmittels. Außerdem können pathogene oder toxigene Mikroorganismen Teil der Mikroflora sein und zu Lebensmittelinfektionen oder Vergiftungen durch giftige Stoffwechselprodukte führen. Jede Haltbarmachung muß daher auch die hygienische Sicherheit des konservierten Lebensmittels gewährleisten.

Die zwei hauptsächlich angewendeten Technologien bezwecken:

a) eine Abtötung der Mikroorganismen durch physikalische Verfahren (Erhitzen, Bestrahlung) oder chemische Stoffe (antimikrobielle Substanzen, Konservierungsstoffe)
b) eine technologische Veränderung, so daß die Verderbsorganismen und pathogenen Mikroorganismen sich nicht vermehren können (Trocknen, Kühlen, Tiefgefrieren, Räuchern, Zuckern, Salzen, Pökeln)

Chemische Konservierungsstoffe sind Substanzen, die nach Zusatz zu Lebensmitteln den Verderb verhindern oder verlangsamen. Um die Definition nicht zu weitgreifend zu gestalten, sind Salz, Zucker, Essig, Gewürze und Gewürzöle, Holzrauch und Pestizide ausgenommen. Meist werden Konservierungsstoffe in Konzentrationen von 0,5 % und darunter angewendet.

Abtötung der Mikroorganismen bedingt auch eine entsprechende Verpackung, welche Rekontamination verhindert (Metalldosen, Flaschen, Plastikbehälter). Nur wenige antimikrobielle Stoffe sind für den Einsatz bei Lebensmitteln toxikologisch unbedenklich. Desinfektionsmittel müssen dagegen nach einer Anwendung ohne Rückstände entfernt werden.

Bei der mikrobiostatischen Haltbarmachung wird eine Hemmung der Vermehrung der Mikroflora meist indirekt über eine Milieuänderung erreicht. Erniedrigung des a_w- (Wasseraktivität) oder pH-Wertes, Erhöhung des osmotischen Druckes oder Räucherung sind Beispiele. Bakterien sind gegen tiefe pH-Werte empfindlicher als Hefen und Schimmelpilze. Beim Pökeln ist die Kombination von Nitrat und Nitrit mit Kochsalz zur Hemmung von *Clostridium botulinum* notwendig. Das Räuchern bewirkt Haltbarmachung durch die kombinierte Wirkung von Hitze, Oberflächentrocknung und antimikrobiell aktiven Rauchbestandteilen, besonders Phenolen und organischen Säuren.

Eine echte antimikrobielle Wirkung ist dann gegeben, wenn relativ kleine Mengen eines Zusatzstoffes im Produkt die Vermehrung der Mikroorganismen hemmen. Antibiotika haben eine besonders gute konservierende Wirkung, haben aber den Nachteil, daß sie die Resistenzentwicklung der Mikroflora stärker als andere Konservierungsstoffe provozieren. Antibiotika nennt man solche gegen Mikroorganismen wirkenden Stoffe, die ihrerseits selbst von Mikroorganismen gebildet werden.

Der Wirkungsmechanismus ist für viele Konservierungsmittel nicht ausreichend bekannt. Grob kann man sie in mikrobiozide und mikrobiostatische Stoffe einteilen, wobei jedoch zwischen beiden Wirkungsqualitäten konzentrationsabhängige Übergänge bestehen; mikrobiostatische Stoffe können in höheren Konzentrationen biozid wirken. Mikrobiozide Stoffe, durch die Keime abgetötet werden, zerstören unspezifisch die wichtigen Makromoleküle der Zellen; mikrobiostatische Stoffe hemmen die Vermehrung und das Wachstum der Keime; sie wirken unspezifisch auf Cytoplasmamembranen und Stofftransport oder auf die Biosynthese von Makromolekülen.

Der antimikrobielle Wirkungsmechanismus schließt generell eine Reihe von möglichen Angriffspunkten an der Zelle der Mikroorganismen ein, welche den Lebensmittelverderb verursachen. So verändern Reaktionen an der Zellmembran die Permeabilität mit erhöhten Verlusten von zelleigenen Ionen wie z. B. K^+ oder PO_4^{2-} oder mit Hemmung von Stoffaustausch. Reaktionen mit intrazellulären Komponenten oder Organellen führen zur Inaktivierung essentieller Enzyme, zu Substratinhibierung und Denaturierung gewisser Proteine. Reaktionen mit dem Zellkern verursachen funktionelle Inaktivierung oder Zerstörung des genetischen Materials.

Aus diesen Überlegungen folgt, daß wirksame Konservierungsstoffe gewisse physikalische Eigenschaften wie z B. Wasserlöslichkeit, Polarität und Lipophilie haben müssen, um in der wäßrigen Phase der Mikrobenkultur aktiv werden zu können. Lipophilie, wie sie bei neutralen Molekülen auftritt, ist für die Durchdringung der Zellwand notwendig. So haben Gram-negative Organismen eine Lipopolysaccharidschicht in der Zellwand, welche hydrophile Stoffe nicht durchdringen können. Da auch Reaktionen mit Lebensmittelinhaltsstoffen stattfinden können, ist die Größe der mikrobiostatischen Wirkung oft vom pH-Wert und anderen physikalischen Faktoren des Lebensmittels abhängig.

Nachdem die gesundheitliche Unbedenklichkeit der Konservierungsstoffe anfangs weniger beachtet wurde, sind seit Beginn des 20. Jahrhunderts manche dieser Stoffe wie Fluoride, Chlorate, Salicylate, Borsäureabkömmlinge, Formaldehyd etc. in vielen Ländern nicht mehr zugelassen. Seit der Zusatzstoff-Verordnung von 1959 ist die Verwendung der

Konservierungsstoffe gesetzlich durch Festsetzung der Höchstmengen und Anführung der Lebensmittel, welchen sie zugesetzt werden dürfen, geregelt. Antibiotika sollten zur Lebensmittelkonservierung gar nicht verwendet werden. In der Bundesrepublik dürfen Antibiotika nur zur Behandlung bestimmter Käserinden und Wursthüllen verwendet werden, und zwar nur solche Antibiotika, die in der Humanmedizin nicht eingesetzt werden (vgl. 2.6.14).

Der Konsum konservierter Lebensmittel verändert die physiologische Darmflora, wenn überhaupt, nur zu einem unwesentlichen Grad. Hemmungen von Enzymen sind kaum zu erwarten, aber Reaktionen mit Vitaminen oder anderen Bestandteilen der Nahrungsmittel können gelegentlich toxikologische Probleme verursachen. Es gilt damnach gegeneinander abzuwägen: die immer noch häufige gesundheitliche Gefährdung durch pathogene Mikroorganismen als Kontaminanten von Lebensmitteln stellt ein Morbiditätsrisiko dar, welches durch die technologische Anwendung effektiver Konservierungsmittel verringert werden kann.

Die Verwendung von antimikrobiell wirkenden Stoffen ist heute bei dem überwiegenden Teil der Lebensmittel eine technologische Notwendigkeit. Zum Teil müssen Lebensmittel sehr weite Transportwege durchlaufen, andererseits gibt es viele Lebensmittel in bearbeiteter Form, z. B. Fertiggerichte, welche im Hinblick auf Vorratshaltung und Haltbarkeit Mindestanforderungen des Endverbrauchers genügen müssen. Konservierungsstoffe zum Schutz gegen den mikrobiellen Verderb sind daher oft nötig.

2.6.2 Mikrobizide Gase

Gasförmige Schädlingsbekämpfungsmittel sind schon lange im Gebrauch. Beispiele sind Blausäure, Phosphorwasserstoff, Chlorpikrin, Schwefelkohlenstoff, Ethylendibromid und andere. Sie können für die Behandlung von Getreide, Mehl, Rohkaffee, Tee, Tabakwaren, Kartoffeln, Gemüse und zur Entkeimung pulvriger und körniger Lebensmittel benutzt werden.

Neben der Gefahr gesundheitlicher Schäden bei der Anwendung reagieren fast alle mikrobiziden Stoffe mit den Lebensmitteln und deren Komponenten. Es können gesundheitlich bedenkliche Reaktionsprodukte entstehen und Vitamine sowie andere Komponenten zerstört werden. Rückstände dieser Stoffe können ebenfalls gesundheitlich bedenklich sein oder Geruchs- und Geschmacksbeeinträchtigungen verursachen. Daher sind diese Stoffe nur beschränkt zur Anwendung bei einigen wenigen Produkten zugelassen.

Mikroorganismen in getrockneten Produkten adaptieren sich an den niedrigen Wassergehalt und sind daher weitaus resistenter gegen Hitze oder Bestrahlung. Zur sicheren Entkeimung wären deshalb relativ hohe Temperaturen oder hohe Bestrahlungsdosen notwendig, welche die Produktqualität vermindern würden. Die Begasung ist dann oft das einzige schonende Verfahren, das bei partiell oder ganz getrockneten Lebensmitteln wie Gewürzen, Mehlen, Pulvern oder Granulaten eine ausreichende mikrobiologisch-hygienische Sicherheit bietet.

2.6.2.1 Ethylenoxid

Dies ist ein hochexplosives Gas, welches als Gemisch mit 10 % CO_2 zur Verhinderung der Selbstpolymerisierung verwendet wird. Es wirkt auf Mikroben als Zell- und Cytosolgift, da es stark alkylierend reagiert. Es lagert sich an Nukleinsäuren, Proteine und SH-Gruppen an. Hohe Konzentrationen zerstören Thiamin, Histidin und Methionin. Durch Reaktion mit Wasser entstehen Ethylen- und Diethylenglykole, mit Alkohol wird Ethylglykolether und mit SH-Gruppen werden Thioether gebildet. Mit Halogenionen entstehen Ethylenhalogenhydrine, welche im Gegensatz zu den Glykolen toxikologisch bedenklich sind.

Die orale akute Toxizität ist hoch. Ethylenoxid wird in der Lunge aus der Atemluft in die Blutbahn aufgenommen. Es wirkt in Kurzzeittests und bei Exposition in vivo gentoxisch. Chronische orale Einnahme zeigte bei Mäusen und Ratten eine kanzerogene Wirkung im Vormagen. Epidemiologische Untersuchungen weisen auf Schäden am Nervensystem hin und erhärten den Verdacht einer kanzerogenen Wirkung. Die MAK-Kommission (Senatskommission der DFG zur Bewertung gesundheitsschädlicher Arbeitsstoffe; MAK = **M**aximale **A**rbeitsplatz-**K**onzentration) hat Ethylenoxid als Stoff mit begründetem Verdacht auf ein krebserzeugendes Potential eingestuft.

Durch Reaktion mit Chloridionen in begasten Lebensmitteln entstehen persistente Rückstände von Ethylenchlorhydrin. Diese bleiben nach der Begasung im Lebensmittel zurück und werden mit dem Lebensmittel aufgenommen. Die Toxizität dieses Reaktionsproduktes basiert auf dessen Umwandlung durch die Alkohol-Dehydrogenase der Leber und Niere in die Metaboliten 2-Chloracetaldehyd und Chloressigsäure. Ethylenchlorhydrin ist schwach gentoxisch. In Langzeitfütterungsstudien an Mäusen und Ratten wurde kein kanzerogenes Potential entdeckt.

Bewertung: Ethylenoxid ist gentoxisch und wirkt kanzerogen sowohl nach Inhalation als auch nach oraler Aufnahme. Eine Exposition muß vermieden bzw. so klein wie möglich gehalten werden. Angesichts dieser Bewertung sollte eine Begasung von Lebensmitteln mit Ethylenoxid nur erfolgen, wenn keine alternative Technologie vorhanden ist. Obwohl die Begasung mit Ethylenoxid seit mehreren Jahren in der Bundesrepublik verboten ist, wurde die Behandlung von Gewürzen mangels echter alternativer Verfahren als unvermeidbar geduldet. In anderen Ländern werden Kakao, Trockensuppen und Trockengemüse aus Hygienegründen immer noch mit Ethylenoxid begast. In manchen Ländern werden Gewürze mit ionisierenden Strahlen entkeimt, doch in der Bundesrepublik ist dieses Verfahren nur zu Versuchszwecken zugelassen.

2.6.2.2 Propylenoxid

Dieses Gas wirkt auf Mikroorganismen ähnlich wie Ethylenoxid, ist aber schwächer in seiner mikrobiziden Aktivität. Es ist wasserlöslich, reagiert aber gleichzeitig mit Wasser unter Bildung von Propylenglykol, wobei es seine mikrobizide Eigenschaft verliert. In der Lebensmitteltechnologie wird es nicht zur Entkeimung angewendet, sondern dient zur Stärkemodifizierung. Die chemische Umsetzung von Stärke mit Propylenoxid führt zur Bildung von Stärkeethern und vernetzten Stärken, deren Lösungen und Pasten weniger klebrig und stabiler gegen mechanische Einflüsse sind.

Mit Chloridionen reagiert Propylenoxid unter Bildung von Epichlorhydrin. Beide Gase, Propylenoxid und Epichlorhydrin, haben sich in mehreren In-vitro-Testsystemen als mutagen erwiesen und führten bei Ratten zu Karzinomen des Vormagens. Mag auch das mutagene und karzinogene Potential von Propylenoxid verglichen mit Ethylenoxid geringer sein, so stellt Propylenoxid dennoch keine Alternative zu Ethylenoxid dar, da die mikrobizide Wirkung ebenfalls geringer ist.

2.6.2.3 Methylbromid

Dieses Gas wird als Schädlingsbekämpfungsmittel bei Rohstoffen, aber nicht als Konservierungsstoff von Lebensmitteln verwendet. In der Bundesrepbulik ist die Anwendung durch die Pflanzenschutz-Anwendungsverordnung von 1980 geregelt. Es darf zur Begasung von Mühlen, Lagerräumen, Vorratsräumen in Lebensmittelbetrieben, Transportmitteln, Behältern etc. angewendet werden. Außerdem ist es zur Bodenbehandlung im Zierpflanzenbau, in Baumschulen, Rebschulen und bei der Erzeugung von Pflanzkartoffeln in Zuchtgärten zugelassen. Die Anlage 3 zu § 1 Abs. 1 Nr. 3 der Pflanzenschutz-Höchstmengen-Verordnung von 1984 nennt als Höchstmenge in allen pflanzlichen Lebensmitteln 0,1 mg Methylbromid/kg. In anderen Ländern wird es wegen seiner guten Penetrationsfähigkeit für große Massen loser Ware häufig zur Entwesung von Schiffsladungen von Cerealien, Tee, Rohkaffee und Kakaokernen sowie bei der Desinfektion von Geflügelzuchtanlagen angewendet.

Seine mikrobizide Aktivität, welche hauptsächlich auf einer alkylierenden Wirkung an der DNS beruht, ist geringer als die von Ethylenoxid und sogar von Propylenoxid. Die fungizide, d.h. Schimmelpilze und Hefen abtötende Wirkung ist in getrockneten Lebensmitteln sehr gut.

Die vorhandenen toxikologischen Daten stammen überwiegend aus Inhalationsversuchen, während Studien mit oral verabreichtem Methylbromid eher die Ausnahme sind. Methylbromid hat eine hohe akute orale Toxizität, das heißt, die Substanz ist bereits in kleinen Dosen giftig. Nach Aufnahme in die Blutbahn zerfällt sie unter Freisetzung von Bromid. Bei In-vitro-Versuchen war Methylbromid mutagen.

Nach Behandlung von Lebensmitteln bleiben infolge des Zerfalls von Methylbromid unter Freisetzung von Bromid Rückstände des letzteren zurück, welche gesondert toxikologisch bewertet werden müssen. Diese Bromidrückstände in begasten Produkten liegen meist unter 100 mg/kg. Daraus errechnet sich bei Zugrundelegung der üblichen täglichen Verzehrsmengen von Produkten mit Bromidrückständen eine tägliche Aufnahme von durchschnittlich 7,7 mg Bromid pro Kopf.

Bewertung: Für die gesundheitliche Risiko-Abschätzung ist neben dem Verdacht der Mutagenität und Kanzerogenität auch das freigesetzte Bromid zu beachten. Bromid hat eine lange Halbwertzeit, d. h. es wird sehr langsam ausgeschieden und kumuliert im Körper bei regelmäßiger oder wiederholter Aufnahme, wodurch eine chronische Bromvergiftung, der sogenannte Bromismus, auftreten kann. Bromid geht in Feten und in die Milch über. Die normale Aufnahme von Bromid durch die Nahrung läßt nicht viel Spielraum für zusätzliche unbedenkliche Mengen, weshalb die Duldbare Tägliche Aufnahme 0,4 mg Bromid/kg Körpergewicht nicht überschreiten sollte.

2.6.2.4 Formaldehyd

Diese Substanz findet sich in Spuren ubiquitär als Reaktionsprodukt vieler biologischer oxidativer Prozesse, die durch Lichtenergie ausgelöst werden. Formalin ist eine 35 bis 40 %ige wäßrige Lösung von Formaldehyd. Formaldehydgas und Formalin werden hauptsächlich zur Oberflächensterilisation verwendet. Als Konservierungsmittel für Lebensmittel ist Formaldehyd nicht zugelassen, es kann aber bei Kosmetika nach der Kosmetik-Verordnung von 1985, bis zu 5 % als Nägelhärter, bis zu 0,2 % als Konservierungsstoff allgemein und bis zu 0,1 % als Konservierungsstoff in Mundpflegemitteln eingesetzt werden. Auch zur Konservierung biologischer und pathologischer Materialien (Gewebeproben) wird Formalin verwendet.

Formaldehyd hat eine starke mikrobizide und alkylierende Wirkung. Es ist gegen alle Mikroorganismen einschließlich Viren aktiv, da es mit Aminosäuren und Proteinen reagiert. Die dabei entstehenden formylierten Proteine werden im Magen-Darmtrakt unterschiedlich abgebaut; manche inaktivieren sogar die intestinalen Proteasen. Formaldehyd reagiert auch mit Ascorbinsäure.

Formaldehyd wirkt in einigen Testsystemen mutagen. In chronischen Inhalationsstudien an Mäusen und Ratten traten dosisabhängig Nasentumoren auf. Die Bedeutung dieser Befunde für den Menschen ist umstritten. Die MAK-Kommission (vgl. 2.6.2.1) hat Formaldehyd als Stoff mit begründetem Verdacht auf ein krebserzeugendes Potential eingeordnet. Hautkontakt mit Formaldehyd kann bei disponierten Personen Allergien auslösen. Allergische Reaktionen sind bei Formaldehyd relativ häufig, weshalb die Kennzeichnung von Formaldehyd in Kosmetika wichtig ist.

Aus Ammoniak und Formaldehyd entsteht in wäßriger Lösung *Hexamethylentetramin;* in saurem Milieu zerfällt die Verbindung unter Freisetzung von Formaldehyd. Sie wurde früher als mikrobizider Zusatzstoff in Fischpräserven sowie zum Schönen unfrischer Fische benutzt, da Formaldehyd den Geruch bindet und die Oberflächenbakterien abtötet. Hexamethylentetramin ist heute durch andere Konservierungsstoffe und bessere Lagerung von Fischpräserven ersetzbar. Die Käse-Verordnung erlaubt den Zusatz von 25 mg/kg Hexamethylentetramin, berechnet als Formaldehyd, zu Provolone-Käse, und die EG-Richtlinie außerdem 0,5 mg/kg Formaldehyd in Grana-Padano-Käse zur Unterbindung der Spätblähung.

In Langzeitfütterungsversuchen an Ratten, Mäusen und Hunden wurden auch bei hohen Dosen Hexamethylentetramin keine Schadeffekte beobachtet. Als Duldbare Tägliche Aufnahme werden 0,15 mg/kg Körpergewicht empfohlen.

2.6.3 Kaltentkeimungsmittel

Diese Substanzen gehören zu den sog. Verschwinde- oder Zerfallstoffen, da sie kurze Zeit nach der Anwendung und der Ausübung ihrer mikrobiziden Wirkung in physiologisch unbedenkliche Komponenten zerfallen. Es gibt jedoch nur wenige Stoffe, die nicht mit Inhaltsstoffen der Lebensmittel reagieren. In diese Gruppe fallen Wasserstoffperoxid, Peressigsäure, Diethyldikarbonat und Dimethyldikarbonat. Diese Stoffe sind besonders für die Kaltentkeimung von Fruchtgetränken geeignet, können aber auch bei Wein und Bier eingesetzt werden. Von den erwähnten Stoffen wäre nur das Dimethyldikarbonat von technologischem Interesse, da Diethyldikarbonat nach Umsetzung mit stickstoffhaltigen Verbindungen in Fruchtsäften das kanzerogene Ethylcarbamat (Urethan) erzeugt. Dimethyldikarbonat ist in der EG noch nicht zugelassen.

2.6.4 Trinkwasser-Aufbereitungsmittel

Die Reform des Lebensmittelgesetztes von 1927 durch das Gesetz zur Änderung und Ergänzung des Lebensmittelgesetzes von 1958 ermöglichte den Erlaß der Trinkwasser-Aufbereitungs-Verordnung von 1959. Diese regelte die Zulassung fremder Stoffe für diesen Zweck sowie die Restgehalte einiger Hilfsstoffe in Wasser. Die Behandlung mit Chlor wurde geregelt, indem ein Höchstgehalt von 0,3 mg wirksamem Chlor/l in Trinkwasser festgelegt wurde. Dieser konnte bis auf höchstens 0,6 mg/l erhöht werden, wenn dies für eine ausreichende Entkeimung erforderlich war. In der Änderung der Trinkwasser-Verordnung von 1975 wird fernerhin ein Restgehalt von mindestens 0,1 mg freiem Chlor/l festgelegt, wenn Trinkwasser mit Mitteln auf Chlorbasis desinfiziert wird.

Chlor und chlorabspaltende Verbindungen sind infolge ihrer unspezifischen Oxidationswirkung auf die gesamte Zellsubstanz der Mikroorganismen die wirksamsten mikrobiziden Stoffe. Das mikrobizid aktive Agens ist die durch die Umsetzung von Chlor mit Wasser entstehende unterchlorige Säure, welche durch Abspaltung des Sauerstoffes als starkes Oxidationsmittel wirkt. Wegen seiner hohen chemischen Reaktivität und Toxizität hat die Verwendung von Chlor jedoch einige Nachteile:

- Gasentwicklung aus Leitungen gefährdet im Unglücksfall die Belegschaft;
- der Verbleib von Chlor im Wasser ist zeitlich begrenzt;
- die organischen Mikrokontaminanten des Trinkwassers werden chloriniert und bilden dabei hauptsächlich Chloroform und andere Trihalogenmethane.

Seit 1973 wurden über hundert teils chlorierte, teils oxidierte organische Verbindungen in verschiedenen Trinkwassern identifiziert, deren toxische Eigenschaften zum Großteil völlig unbekannt sind und welche möglicherweise über lange Zeit durch den täglichen Verzehr von Trinkwasser aufgenommen werden können. Die gemessenen Mengen der einzelnen Substanzen schwanken zwischen 0,001 und 0,07 mg/l. Die Mineral- und Tafelwasser-Verordnung von 1984 legt als Grenzwerte für Trihalogenmethane 0,025 mg/l, für die Summe an 1,1,1-Trichlorethan, Trichlorethylen, Tetrachlorethylen und Dichlormethan 0,025 mg/l und für Tetrachlorkohlenstoff 0,003 mg/l fest.

Ozon kann ebenfalls zur Trinkwasser-Aufbereitung verwendet werden. Es ist ein starkes Oxidationsmittel, das sich vollständig zu Sauerstoff zersetzt. Es hat gegenüber Chlor den Vorteil, keine chlorierten organischen Verbindungen im behandelten Wasser zu erzeugen, keine Geschmacksbenachteiligung des Wassers zu verursachen und außerdem nachteiligen Geruch und Geschmack zu entfernen. Von einer Mengenbegrenzung wird daher abgesehen. In der Bundesrepublik wird es nur wenig eingesetzt, aber in anderen europäischen Ländern findet es breite Anwendung, da es Viren besser zerstört. Der Nachteil von Ozon besteht gerade darin, daß es rasch umgesetzt wird und keine Restmengen zurückbleiben, so daß nicht garantiert ist, daß das Trinkwasser auch nach der Behandlung auf seinem Weg durch das Verteilersystem keimfrei bleibt. Die Kosten seiner Verwendung sind hoch infolge der zur Ozonerzeugung nötigen Energie und Installationen.

Trotz des potentiell zwar vorhandenen, aber quantitativ unbedeutenden gesundheitlichen Risikos der im Trinkwasser durch Chlor- oder Ozonbehandlung in Spuren erzeugten Reaktionsprodukte, von denen sich einige im Tierversuch als kanzerogen erwiesen haben, ist die Trinkwasser-Aufbereitung zur Gewährleistung der öffentlichen Gesundheit und zur Verhinderung von Seuchenepidemien unerläßlich.

2.6.5 Sorbinsäure und ihre Salze (E 200–203)

Die antimikrobielle Wirkung der Sorbinsäure ist vom Säuregrad des Milieus abhängig und beruht auf der Hemmung verschiedener bakterieller Enzyme sowie der Enolase und Laktat-Dehydrogenase des Kohlenhydratstoffwechsels. Die konjugierten Doppelbindungen binden kovalent mit SH-Gruppen von Enzymen, welche sie dadurch inaktivieren. Schimmelpilze, Hefen und gewisse Bakterien werden hauptsächlich angegriffen, andere Bakterien wie Milchsäurebakterien oder Clostridien aber nicht. Sorbinsäure kann allen 41 Lebensmittelgruppen, welche in Liste B, Anhang 3 der Zusatzstoff-Zulassungs-Verordnung enthalten sind, zugesetzt werden.

Die akute Toxizität ist gering. Sorbinsäure wird zu CO_2 und Wasser verstoffwechselt. Die Säure und ihre Salze sind in den bisher durchgeführten Mutagenitätstests nicht gentoxisch. Ein Langzeitfütterungsversuch an Ratten ergab nach zwei Jahren keine Hinweise auf Kanzerogenität. Reproduktionstoxizität wurde nicht beobachtet. Allergische Reaktionen nach Hautkontakt sind bekannt. Sorbinsäure ist als gesundheitlich unbedenklich anzusehen. Als DTA wurden 25 mg/kg Körpergewicht empfohlen.

2.6.6 Benzoesäure und ihre Salze (E 210–213)

Benzoesäure kommt natürlicherweise vornehmlich in Preiselbeeren und Heidelbeeren vor. Kleine Mengen finden sich auch in Erdbeeren, Trauben, Tomaten, Tee, Kakao und einigen anderen Lebensmitteln. Der antimikrobielle Wirkungsmechanismus beruht auf einer Abdichtung der Zellmembran und auf der Hemmung von Enzymaktivitäten, besonders der α-Ketoglutarsäure- und Bernsteinsäure-Dehydrogenase. Benzoesäure wirkt nur in sauren Produkten unter pH 4,5. Das Wachstum von Hefen und Schimmelpilzen wird stark gehemmt, das von Bakterien dagegen nur schwach. Dieser Stoff ist in fast den gleichen Lebensmitteln zugelassen wie Sorbinsäure, mit Ausnahme von Margarine, Obstpulpen, Brot, feuchten feinen Backwaren und brennwertverminderten Konfitüren.

Die akute Toxizität ist gering. Benzoesäure und ihre Salze werden gut resorbiert. Die Verstoffwechselung erfolgt entweder über Bindung an SH-Gruppen des Acetyl-Coenzym-A und Konjugation dieses aktivierten Komplexes mit Glycin (Glykokoll) zu Benzoylglycin (Hippursäure) oder durch Veresterung mit Uridindiphosphat-glucuronsäure zu Benzoylglucuronid. Beide Metaboliten werden im Harn ausgeschieden. Verglichen mit anderen Tierspezies reagieren Katzen in ihrem Nervensystem weitaus empfindlicher auf Benzoesäure, weil in der Katzenleber eine Glucuronidierung wegen Mangel an Glucuronyl-Transferase nicht stattfindet.

Natriumbenzoat zeigte in In-vitro-Testsystemen eine schwache mutagene Wirkung. Da Langzeitfütterungsversuche an Ratten keine Hinweise auf toxische oder kanzerogene Wirkungen erbrachten, wird den Ergebnissen der In-vitro-Versuche keine Bedeutung im Hinblick auf ein mögliches kanzerogenes Risiko beim Menschen beigemessen. Eine Reproduktionsstudie sowie Teratogenitätsstudien zeigten keine schädlichen Effekte. Natriumbenzoat wird von gesunden Personen gut vertragen. Bei Patienten mit Asthma, Heufieber oder Nesselausschlägen können aufgrund einer Parallelallergie mit Salycilaten allergische Reaktionen ausgelöst werden. Da die behandelten Produkte gekennzeichnet sind, können derartige Patienten die Einnahme von Benzoesäure und somit die Auslösung von allergischen Reaktionen vermeiden. Der Wissenschaftliche Lebensmittelausschuß der EG empfahl eine DTA von 5 mg/kg Körpergewicht.

2.6.7 4-Hydroxybenzoesäureester (E 214–219)

Die Methyl-, Ethyl- und Propylester der Parahydroxybenzoesäure und deren Salze werden als PHB-Ester zusammengefaßt. Sie sind als Konservierungsmittel von Fischmarinaden, Fisch- und Schellfischerzeugnissen, Mayonnaise, Salatsoßen, Fleisch- und Gemüsesalaten sowie einiger anderer Produkte zugelassen und werden auch in Kosmetika und dermatologischen Präparaten für den gleichen Zweck verwendet. Der antimikrobielle Wirkungsmechanismus beruht auf einer Schädigung der Mikrobenmembranen durch die Oberflächenaktivität der PHB-Ester und auf der Eiweißdenaturierung. Hefen, Pilze und Bakterien sind vornehmlich betroffen.

Die akute Toxizität ist gering. Die PHB-Ester werden rasch resorbiert und in der Leber und Niere hydrolisiert. Kumulation findet nicht statt. Langzeitfütterungsversuche an Ratten ergaben keine spezifischen toxischen Wirkungen und keine Hinweise auf Kanzerogenität. Allergien sind nur nach Hautapplikation bekannt. Da die Ester zu Benzoesäure verstoffwechselt werden, können sie toxikologisch gesehen ähnlich wie diese bewertet werden. Ihre Gentoxizität und Reproduktionseffekte wurden in Anbetracht ihrer Verstoffwechselung zu Benzoesäure nicht weiter untersucht. Die vorgeschlagene DTA von 10 mg/kg Körpergewicht gilt für die Summe aller drei Ester und beruht auf der in den Langzeitfütterungsversuchen ermittelten Dosis ohne erkennbare Wirkungen (vgl. 1.5.1).

2.6.8 Ameisensäure und ihre Salze (E 236–238)

Freie Ameisensäure kommt in Spuren in Obstsäften, Wein, Honig und einigen Mineralwässern vor. Sie wird vorwiegend zur Konservierung von Fischmarinaden, Fisch- und Schellfischerzeugnisse, Mayonnaisen, Salatsoßen, Fleisch- und Gemüsesalaten eingesetzt. Die antimikrobielle Wirkung beruht auf der Hemmung intrazellulärer Enzyme, besonders der Katalase. Die Hauptwirkung ist gegen Hefen.

Ameisensäure ist ein normaler Metabolit des Menschen sowie ein Vorläufer zur Biosynthese mehrerer körpereigener Stoffe. Langzeitfütterungsstudien an Ratten zeigten keine toxischen Wirkungen. Auf Grund direkter langfristiger Erfahrungen an Probanden wurde eine DTA von 3 mg/kg Körpergewicht empfohlen.

2.6.9 Propionsäure und ihre Salze (E 280–283)

In der Natur kommt Propionsäure in Molkereiprodukten, Sauerkraut und dem Pansen von Wiederkäuern vor. Calcium- und Natriumpropionat sind gut wasserlöslich und haben einen leichten käseähnlichen Geschmack. Sie sind zur Konservierung industriell hergestellten, in Scheiben geschnittenen und verpackten Brotes, diätetischen Schnittbrotes und industriell hergestellter feiner Backwaren mit einem Feuchtigkeitsgehalt von mehr als 22% jeweils mit 3 g/kg als Höchstmenge zugelassen. Für handwerklich hergestelltes Brot und Backwerk ist die Verwendung von Propionaten unnötig, da dieses frisch oder jedenfalls in kurzer Zeit verzehrt wird. Propionsäure und ihre Salze werden auch zur Konservierung von Futtermitteln eingesetzt. Die Hemmwirkung gegen Mikroorganismen ist vom pH-Wert abhängig. Die Anhäufung von Propionsäure in der Mikrobenzelle hemmt Enzyme und blockiert Calcium-abhängige metabolische Prozesse. Schimmelpilze werden durch niedrigere Konzentrationen gehemmt als Bakterien.

Propionate sind normale Stoffwechselprodukte des Menschen. Sie wirken nicht gentoxisch oder teratogen. In Langzeitfütterungsstudien an Ratten wurden Vormagentumoren beobachtet, die von chronischen Entzündungsprozessen begleitet waren. Angesichts der Abwesenheit eines gentoxischen Potentials, der schnellen Verstoffwechselung und des körpereigenen Auftretens ist dieser Befund als Spezies-spezifisch anzusehen und für den Menschen, der keinen Vormagen hat, nicht relevant. Da Propionat in jeder Zelle als physiologischer Metabolit des Abbaus ungeradkettiger Fettsäuren anfällt und somit auch ohne Verwendung als Zusatzstoff im Organismus vorkommt, wurde auf die Angabe einer Duldbaren Täglichen Aufnahme verzichtet. Der Nutzen von Propionsäure liegt in der Verhinderung des Schimmelbefalls von Brot und Backwaren sowie der Konservierung von Silofutter und damit der Verhinderung einer Mykotoxinbildung. Die gesetzlich festgelegte Höchstmenge von 3,0 g/kg Brot oder Backware hat den Zweck zu verhindern, daß der Verbraucher von dieser ansonsten ungefährlichen Substanz mehr aufnimmt als technologisch notwendig ist.

2.6.10 Diphenyl (E 230) und Orthophenylphenol (E 231–232)

Beide Substanzen sind Früchtebehandlungsstoffe und nur für den Einsatz bei Zitrusfrüchten bzw. getrockneten Zitrusfruchtschalen zur Herstellung von Zitronat und Orangeat zugelassen. Die Früchte werden meist indirekt über imprägniertes Einwickelpapier oder Kartons, aber auch direkt durch Tauchverfahren behandelt, um sie vor Schimmel- oder Pilzbefall zu schützen. Die antimikrobielle Wirkung beruht auf der Hemmung der Carotinsynthese und Schädigung der Zellmembran von Mikroorganismen.

Nach oraler Aufnahme akut toxischer Dosen werden tierexperimentell Blutungen an inneren Organen wie Lunge, Leber und Herz beobachtet. In Dosen, die bei Langzeitverfütterung toxische Effekte hervorrufen, sind Verzögerung des Wachstums und Veränderungen an Nieren und Harnblase die wichtigsten Symptome.

Orthophenylphenol und sein Natriumsalz erwiesen sich nur in wenigen Untersuchungen als mutagen, in der Mehrzahl der Berichte wurde keine mutagene Aktivität festgestellt. Der Nachweis einer mutagenen Wirkung gelang meist mit jenen Testverfahren, die auch den Einsatz hoher, sonst zelltoxischer Dosen ermöglichen.

In wiederholten Fütterungsversuchen an der Ratte induzierte Orthophenylphenol-Natriumsalz Tumoren der Harnwegsorgane. Mit zunehmender Dosis steigt die Tumorrate von ca. 5 % bei einer Konzentration von 0,5 % Orthophenylphenol-Natriumsalz im Futter auf 95 % bei einer Konzentration von 2 % steil an, während mit niedrigen Konzentrationen im Futter in den bisher durchgeführten Tests keine Tumoren induziert wurden. Die steile Dosis-Wirkung-Beziehung im hohen Dosisbereich wird mit der Pharmakokinetik des Stoffes erklärt. Bis zu einer Dosis von etwa 50 mg/kg Körpergewicht wird nämlich Orthophenylphenol bzw. sein Natriumsalz als 2-Hydroxybiphenylglucuronid oder -sulfat mit dem Urin ausgeschieden. Nach Sättigung dieses Entgiftungsmechanismus werden mit steigender oraler Dosierung im Urin auch Konjugate von 2,5-Dihydroxybiphenyl und schließlich bei einer Dosis von etwa 250 mg/kg Körpergewicht auch freies, nicht gebundenes 2,5-Dihydroxybiphenyl nachgewiesen. Das freie 2,5-Dihydroxybiphenyl wird leicht in reaktives Semichinon und 2-Phenyl-p-benzochinon überführt, die dann das kanzerogene Agens darstellen. Nach diesem Erklärungsmodell besitzen Orthophenylphenol und sein Natriumsalz unterhalb der Dosis, bis zu der nur die entgiftende Konjugation an Glucuronsäure beobachtet wird, kein krebserzeugendes Potential. Kritisch ist jedoch anzumerken, daß Orthophenylphenol-Natriumsalz in einer Dosis unter 0,5 % im Futter bisher nur an Gruppen von maximal 25 Tieren untersucht wurde. Eine so niedrige Tierzahl ist jedoch für Untersuchungen auf Kanzerogenität ungeeignet. Das kanzerogene Potential von Orthophenylphenol und seinem Natriumsalz muß also im unteren Dosisbereich als noch ungeklärt gelten.

Die Substanzen gehen in die Öle der Fruchtschalen über. In der Bundesrepublik betragen die festgelegten Höchstmengen für Diphenyl 0,07 g/kg Früchte und 0,05 g/kg Fruchtschalen, für Orthophenylphenol 0,012 g/kg Früchte und 0,015 g/kg Fruchtschalen. In der entsprechenden EG-Richtlinie sind beide Stoffe ebenfalls nur für die Oberflächenbehandlung von Zitrusfrüchten und mit den gleichen Höchstmengen an Rückständen zugelassen. Außerdem enthält die Richtlinie Vorschriften zur Kenntlichmachung der Behandlung im Handelsverkehr und zur Information des Verbrauchers (»Schale nicht zum Verzehr geeignet«).

Durch die Verwendung am Erntegut ist jedoch auch mit geringen Rückständen im verzehrsfertigen Lebensmittel zu rechnen. In einer »total diet study« für die amerikanische Bevölkerung wurde die durchschnittliche tägliche Aufnahmemenge für 1980 mit 0,015 µg/kg Körpergewicht ermittelt. Für die Bevölkerung der Bundesrepublik liegen keine entsprechenden Angaben vor.

Die Bewertung einer Aufnahme geringer Rückstandsmengen hat im Hinblick auf das kanzerogene Wirkungsprofil zu erfolgen, das tierexperimentell im sehr hohen Dosisbereich nachweisbar und im unteren Dosisbereich derzeit nicht definierbar ist. Auch wenn die täglichen Aufnahmemengen sehr niedrig sind, sollte man aus gesundheitlicher Sicht jede Belastung mit potentiell krebserzeugenden Stoffen meiden.

2.6.11 Thiabendazol (E 233)

Diese Substanz ist nur zur Behandlung der Schalen von Bananen und Zitrusfrüchten sowie von getrockneten Zitrusfruchtschalen zur Herstellung von Zitronat und Orangeat zugelassen, um Schimmelbefall zu verhindern. In der Bundesrepublik betragen die festgelegten Höchstmengen an Rückständen für Zitrusfrüchte 0,006 g/kg, für getrocknete Zitrusfruchtschalen 0,002 g/kg und für Bananen 0,003 g/kg. In der EG ist Thiabendazol nur zur Oberflächenbehandlung von Zitrusfrüchten und Bananen mit den gleichen Höchstmengen an Rückständen zugelassen. In der Humanmedizin wurde es als Wurmmittel verwendet, und in der Landwirtschaft setzt man es gegen Schimmel- und Pilzbefall ein. Der antimikrobielle Wirkungsmechanismus ist unbekannt.

Absorbiertes Thiabendazol wird verstoffwechselt und im Harn ausgeschieden. Es ist weder gentoxisch noch schädigt es die Reproduktionsfunktionen. In Langzeitfütterungsstudien wurden keine toxischen oder kanzerogenen Schäden beobachtet. Der Wissenschaftliche Lebensmittelausschuß der EG hat die DTA auf 0,3 mg/kg Körpergewicht abgeschätzt. Die beschränkte Anwendung und die früheren humanmedizinischen Erfahrungen lassen ein gesundheitliches Risiko nicht erkennen.

2.6.12 Schwefeldioxid (SO_2) und Sulfite (E 220–224, 226–227)

SO_2 und SO_2-entwickelnde Stoffe werden in der Lebensmitteltechnologie wegen ihrer antimikrobiellen, antioxidativen, enzymhemmenden und reduzierenden Eigenschaften eingesetzt. Für die antimikrobielle Wirkung sind undissoziiertes SO_2 und pH-Werte unter 4,0 nötig; Sulfitionen und SO_2-Additionsprodukte sind kaum wirksam. Bakterien werden stärker gehemmt als Hefen und Schimmelpilze. Die Wirkungsmechanismen sind komplex. Sie schließen Reaktionen mit SH-Gruppen verschiedener Enzyme und dadurch bedingte Hemmeffekte ein. Außerdem werden die wachstumsfördernden Vitamine Thiamin und Folsäure inaktiviert. Es finden Reaktionen mit der DNS statt, und die Glykolyse wird gehemmt.

SO_2 setzt sich auch mit vielen Lebensmittelkomponenten um. In Fruchtsäften bindet SO_2 an Zucker. Fruchtfarben werden zu farblosen Verbindungen reduziert, Pektine abgebaut. Die Disulfid-Brücken des Cystins in Proteinen werden zu SH-Gruppen reduziert. Enzymatische Bräunungsreaktionen werden durch Enzymhemmung, nicht-enzymatische Maillard-Reaktionen durch Bindung der Zuckeraldehyde verhindert. Infolge seiner chemischen Reaktivität lagert sich SO_2 an ungesättigten Bindungen in Lebensmittel- und Getränkekomponenten unter Bildung von Sulfit-Additionsprodukten an.

Der Einsatz von SO_2 und SO_2-entwickelnden Stoffen bei Lebensmitteln ist nach Liste B der Anlage 4 der Zusatzstoff-Zulassungs-Verordnung auf Trockenfrüchte und deren Produkte, Trockengemüse, Kartoffelerzeugnisse, getrocknete Zuckerarten, Konfitüre, Marmelade, Erzeugnisse aus Fruchtpulpe und Fruchtmark, Fruchtsäfte, in Essig eingelegte Gemüse und einige kleinere Anwendungsbereiche beschränkt, wobei individuelle Höchstmengen für alle erwähnten Produkte vorgeschrieben sind.

Bei der Herstellung von Wein dient der Zusatz von SO_2 zum Schutz der Weine vor dem Braunwerden, welches einerseits durch chemische Autoxidation der Gerbstoffe, Farbstoffe und Flavonole, andererseits durch eine von Phenoloxidasen katalysierte, enzymatische Oxidation verursacht wird. Außerdem verhindert das Schwefeln das Wachstum schädlicher Mikroorganismen, fördert die Entwicklung der Bukettstoffe und bewirkt eine Umsetzung mit dem Gärungsprodukt Acetaldehyd, wodurch Essigsäurebildung vermieden wird. Das Weingesetz und die entsprechende neugefaßte Wein-Verordnung von 1983 erlauben als Gesamtgehalt an SO_2 in Rotweinen 175 mg/l, in Weiß-/Roséweinen 225 mg/l und in Spätlesen und Auslesen 300 bis 400 mg/l.

Die akute Toxizität der schwefeligen Säure und der Sulfite hängt vom Ausmaß der Schleimhautreizung ab. Sulfit wird gut resorbiert. Die Oxidation zu Sulfat beginnt schon im Magen, schwankt aber in ihrem Ausmaß mit dem pH-Wert des Magensaftes. Das absorbierte Sulfit wird von der Sulfitoxidase der Leber und anderer Organe vollständig oxidiert. Das entstandene Sulfat wird rasch im Harn ausgeschieden. Der Mensch bildet täglich endogen etwa 1680 mg SO_2, meist aus Cystin, die auf demselben Weg verstoffwechselt und ausgeschieden werden.

Die biologische Wirkung von Sulfit in Tierversuchen ist unterschiedlich, je nachdem ob es im Futter oder Trinkwasser verabreicht wird. Im Futter werden Thiamin und Thiaminpyrophosphat sowie Folsäure durch Umsetzung mit SO_2 zerstört. Beide Stoffe sind Vitamine, die dem Menschen durch die Nahrung zugeführt werden müssen. Sie sind Co-Enzyme einer Anzahl von Schlüsselenzymen des Stoffwechsels. Mangel im Tierfutter führt zu Wachstumsstörungen und toxischen Schäden, im Falle von Thiamin im Nervensystem, Knochengewebe, an den Nieren und den Fortpflanzungsorganen, bei Folsäure in der Blutbildung. Wird das Futter mit Thiamin und Folsäure angereichert, treten Schäden erst bei hohen Dosen von SO_2 auf. Bei Verabreichung im Trinkwasser ist die Toxizität wesentlich geringer. Kanzerogene Effekte wurden mit SO_2 nicht beobachtet. Sulfite sind nur schwach gentoxisch und nicht teratogen. Chronische Exposition durch das Trinkwasser über 3 Generationen ergab bei Ratten keine signifikanten Schäden.

Der Genuß von Salaten und Gemüse, welche mit Sulfit frischgehalten wurden, hat bei Asthmatikern, welche auch allergisch auf Sulfit reagieren, zu Asthmaanfällen, sehr selten auch zu anaphylaktischen Reaktionen und einzelnen Todesfällen geführt. In der Bundesrepublik ist die Behandlung von Salat und Frischgemüse mit Sulfit zum Zweck der Frischhaltung nicht zugelassen. Außerdem ist die Verwendung von Sulfit als Konservierungsstoff kennzeichnungspflichtig, so daß sulfitsensibilisierte Personen den Verzehr von Lebensmitteln mit Sulfitrückständen vermeiden können.

Bewertung: Bei voller Ausschöpfung des DTA-Wertes von 0,7 mg/kg Körpergewicht als Summenwert für alle Sulfite würde ein 70 kg schwerer Mensch 490 mg aufnehmen, was gemessen an der Menge, die täglich endogen im Stoffwechsel gebildet wird, nicht ins Gewicht fällt. Eine denkbare Zerstörung des Thiamins und der Folsäure in der Nahrung bei gleichzeitigem Verzehr von SO_2-haltigen Getränken oder Wein kann infolge der langsamen Reaktionsgeschwindigkeit ebenfalls als unwesentlich angesehen werden. Trotzdem sollte die Anwendung von SO_2 und Sulfiten soweit wie möglich durch Ersatz mit weniger reaktiven und toxischen Konservierungsstoffen verringert werden. Eine mögliche Risikogruppe sind Personen mit einem äußerst seltenen, angeborenen Defizit von Lebersulfitoxidase. Da diese Krankheit bereits bei Neugeborenen erkennbar ist, können diese Patienten mit schwefelarmer Diät behandelt werden.

2.6.13 Nitrit/Nitrat (E 249–252)

Kalium- und Natriumnitrit und -nitrat erscheinen nicht in der Liste der in der Bundesrepublik zugelassenen Konservierungsstoffe. Allein Kalium- und Natriumnitrat dürfen als »verschieden wirkende« Stoffe bei Anchosen aus Heringen oder Sprotten eingesetzt werden. Die erlaubte Höchstmenge beträgt 200 mg Nitrit einzeln oder insgesamt einschließlich des aus den Nitraten gebildeten Nitrits, berechnet als $NaNO_2$ in 1 kg Fertigerzeugnis.

Nitrat- und Nitritsalze werden hauptsächlich bei der Pökelung von Fleischwaren in Form von Pökelsalz, daneben noch bei manchen Käsefertigungen angewendet. In der EG-Richtlinie für Konservierungsstoffe dürfen die Nitrite nur als Mischung mit Kochsalz, Nitrate aber allein oder als Mischung mit Kochsalz verwendet werden. Der Gehalt von Natriumnitrit im Pökelsalz darf in der Bundesrepublik 0,5 % nicht überschreiten. Die Gesamtkonzentration von Nitrat und Nitrit darf in den Fertigerzeugnissen jeweils festgesetzte Höchstmengen nicht überschreiten. Diese betragen z. B. für Rohschinken 600 mg/kg oder für Rohwurst 100 mg/kg. Nitrat wirkt selbst nicht antimikrobiell, wird aber durch Mikroorganismen zu Nitrit reduziert, dessen mikrobiostatische Aktivität vom pH-Wert des Milieus und der Natur der Mikroorganismen abhängt. Der Zusatz von Kochsalz verstärkt synergistisch den mikrobiellen Hemmeffekt. Der antibakterielle Effekt ist für die hygienische Sicherheit der behandelten Lebensmittel entscheidend, während der Einsatz bei der Pökelung von Fleischerzeugnissen hauptsächlich zur Erzielung des Umrötens, des charakteristischen Geschmacks und der verbesserten Haltbarkeit dieser Produkte dient.

Nitrit kommt in frischen pflanzlichen Lebensmitteln und im Trinkwasser nur in geringen Mengen vor (vgl. 4.3.3.1). Nitrat kann jedoch von nitratreduktasehaltigen Mikroorganismen in leicht alkalischem Milieu zu Nitrit reduziert werden. Solche Prozesse laufen sowohl in unverzehrten Lebensmitteln als auch im Magen dyspeptischer Säuglinge, bei magenresezierten Patienten, im Speichel in der Mundhöhle und im Harn bei Infektionen der Harnwege ab. *Clostridium botulinum*-Bakterien zählen zu den gefährlichsten Lebensmittelvergiftern, da sie hitzeresistente Sporen bilden, die bei der Auskeimung je nach Bakterienstamm für den Menschen pathogene Toxine im infizierten Lebensmittel erzeugen. Die Botulinus-Toxine A und B haben eine ungewöhnlich hohe akute Toxizität, die sich in Funktionsstörungen des Nervensystems äußert, und sind für den Menschen bereits in µg-Mengen tödlich. Für den Verbraucher ist wichtig, daß alle Botulinus-Toxine thermolabil sind. Für die Hemmung der Auskeimung von *Clostridium botulinum*-Sporen in Pökelware ist ein Minimum von 100 mg Nitrit/kg nötig. Da bei niedrig erhitzten Halb- und Dreiviertelkonserven die hitzeresistenten Bakterien und *Clostridium*-Sporen nicht abgetötet werden, muß Nitrit zugesetzt werden. Der eigentliche Hemmstoff ist nicht bekannt; ein Nitrosyl-cysteyl-Eisenkomplex wird diskutiert.

Die biologischen Wirkungen von Nitrat/Nitrit werden in Abschnitt 4.3.3.1 beschrieben, da vor allem Nitrat als Verunreinigung aus der Umwelt in größeren Mengen aufgenommen wird, als man sie künstlich zusetzt. Bei In-vitro-Tests hat sich Nitrit als mutagen erwiesen. In chronischen Fütterungsversuchen an Ratten und Hamstern wurde keine kanzerogene Wirkung beobachtet. Studien zur Reproduktionsfunktion und Teratogenität in mehreren Tierspezies ergaben keine signifikanten Störungen.

Bewertung: Gegenwärtig ist als Wert für die Duldbare Tägliche Aufnahmemenge von Nitrit 0,2 mg/kg Körpergewicht vorläufig (vgl. 2.3) festgelegt; es gilt aber nicht für Säuglinge unter 6 Monaten. Für Nitrat beträgt der DTA-Wert 5 mg/kg Körpergewicht. Bei der Abschätzung des gesundheitlichen Risikos ist aber neben der Toxizität von Nitrat und Nitrit selbst die Bildung kanzerogener Nitrosamine als die eingentliche toxikologisch bedeutsame Konsequenz des Nitrat/Nitrit-Zusatzes zu beachten (vgl. 4.3.3.1). Infolge dieser Möglichkeit ist die Verwendung von Nitrit/Nitrat problematisch und unter den Gesichtspunkt der Risikominimierung unbefriedigend. Als Vorsichtsmaßnahme ist die Tendenz zu begrüßen, die gesetzlichen Höchstmengen von zugesetztem Nitrat und Nitrit zu vermindern, zum Teil durch den gezielten Einsatz von Ascorbinsäure, Tocopherol oder anderer Zusatzstoffe. Eine allzu drastische Reduktion oder ein Verbot von Nitrit ist aus Gründen der mikrobiellen Sicherheit und der Gefahr des Auftretens von Botulinus-Toxinen nicht zu verantworten. Die Suche nach einem adäquaten Ersatz ist daher vorrangig. Auf den Einsatz von Nitrit zum Umröten von Fleisch- und Wurstwaren sollte allerdings künftig verzichtet werden.

2.6.14 Antibiotika (Nisin E 234, Natamycin E 235)

Der Einsatz von Antibiotika sollte ausschließlich therapeutischen Zwecken in der Human- und Verterinärmedizin vorbehalten bleiben. In einigen Ländern wurden jedoch gerade Breitbandantibiotika wie Aureomycin und Terramycin, d.h. Antibiotika, die gegen ein breites Spektrum von Bakterien wirksam sind, als Konservierungsstoffe für Geflügel-, Schalen- und Krustentiere sowie Frischfleisch angewendet. Dadurch wurde die Entwicklung resistenter pathogener Mikroorganismen begünstigt und beschleunigt mit dem Ergebnis, daß diese Antibiotika ihren therapeutischen Wert verloren. Antibiotika und Chemotherapeutika, die in der Medizin eingesetzt werden, sollen Lebensmitteln oder Tierfuttermitteln grundsätzlich nicht zugesetzt werden dürfen.

In der Bundesrepublik ist Natamycin nach der Käse-Verordnung von 1976 nur zur Oberflächenbehandlung der Rinde von ganzen, halbharten und harten gepreßten Käsen zugelassen. Die erlaubten Höchstmengen sind 2 mg/dm^2 Oberfläche und bis zu 5 mm höchste Eindringtiefe. In der EG-Richtlinie für Konservierungsstoffe ist Natamycin außerdem noch für die Oberflächenbehandlung von Wursthüllen zugelassen. Die in der EG erlaubten Rückstände dürfen nicht mehr als 1 mg/dm^2 Oberfläche der Rinde oder Wursthülle betragen, und Natamycin darf nicht mehr als 5 mm tief eindringen. Natamycin verhindert den Befall mit Hefen und Schimmelpilzen. Es wird in der Bundesrepublik noch zur Behandlung von Hautkrankheiten, die durch Pilze oder Hefeorganismen verursacht werden, in mehreren Zubereitungen angewendet.

Natamycin wird nicht resorbiert. In Fütterungsversuchen wurden keine gentoxischen, karzinogenen, teratogenen, Reproduktions- oder in anderer Weise toxischen Schäden beobachtet. Es verursacht keine Allergie und keine mikrobielle Resistenzentwicklung. Therapeutisch verabreichte Dosen von 200 mg/Tag und höher verursachten bei Patienten Übelkeit. Die Verwendung bei Käserinden und Wursthüllen ist als gesundheitlich unbedenklich zu bewerten. Als Duldbare Tägliche Aufnahmemenge werden 0,3 mg/kg Körpergewicht empfohlen.

Nisin ist in der EG-Richtlinie, nicht aber in der Bundesrepublik zugelassen. Es wird wegen seiner Aktivität gegen Sporenbildner in Käse, Quark und Gemüsekonserven zur Vermeidung von Blähungen durch *Clostridium*-Organismen verwendet. Es findet sich natürlicherweise in Milch und Milchprodukten. Weder in der Human- noch in der Veterinärmedizin wird es therapeutisch eingesetzt. Nach den vorliegenden toxikologischen Befunden kann die Verwendung von Nisin als gesundheitlich unbedenklich bewertet werden. JECFA (vgl. 2.2.2) empfiehlt eine Höchstmenge von 12,5 mg/kg Schmelzkäse und eine Duldbare Tägliche Aufnahmemenge von 0,83 mg/kg Körpergewicht.

2.6.15 Nicht mehr zugelassene Konservierungsstoffe

Borsäure und Borax, Salicylsäure, Monohalogenessigsäuren und p-Chlorbenzoesäure sind als Zusatzstoffe weder in der Bundesrepublik noch in der EG zulässig. Für Borsäure besteht insofern eine Ausnahmeregelung in der EG, als sie zur Konservierung von echtem russischen Kaviar angewendet werden darf, da sich für diesen Zweck aus Gründen unakzeptabler Geschmacksveränderungen kein anderer Konservierungsstoff eignet. Die obengenannten Stoffe werden auch im Ausland Lebensmitteln nicht zugesetzt und spielen daher bei Importen keine Rolle. Die toxikologischen Probleme sind jeweils unterschiedlich, doch ist bei allen das Verhältnis von Nutzen und Risiken ungünstiger als bei den zugelassenen Stoffen.

2.7 Lebensmittelfarbstoffe

2.7.1 Übersicht, Anwendung

Die Farbe eines Lebensmittels trägt neben Form, Geschmack, Geruch und physikalischer Beschaffenheit wesentlich zu dessen Genuß bei und ist ein wichtiges Merkmal der Qualität. Da die ursprüngliche Farbe eines Lebensmittels natürlichen Schwankungen unterliegt und durch Zubereitung oder Verarbeitung verändert wird, ist die Lebensmitteltechnologie bemüht, durch Nachfärbung die vom Verbraucher erwarteten Farbtöne des Lebensmittels herzustellen oder wiederherzustellen. Der Mißbrauch von Farben zur Vortäuschung einer höheren Qualität von minderwertiger Ware ist jedoch verboten.

Für die genannten Zwecke werden Naturfarbstoffe, synthetische organische Farbstoffe und anorganische Pigmente eingesetzt. Das Auftreten von Vergiftungsfällen durch die Verwendung von farbigen Schwermetallsalzen in Lebensmitteln in Unkenntnis ihrer Giftigkeit führte 1887 zu einer gesetzlichen Regelung durch das Farbengesetz und betraf zunächst das Verbot der Anwendung giftiger Metallverbindungen zur Färbung von Lebensmitteln. Da nach Einführung organischer synthetischer Farbstoffe gelegentlich gesundheitlich bedenkliche Wirkungen bekannt wurden, wie dies auch bei anderen Lebensmittelzusatzstoffen der Fall war, wurden weltweit seit den 50er Jahren Positivlisten erlaubter Lebensmittelfarbstoffe von den verschiedenen nationalen Behörden erstellt. Eine vorbildliche Arbeit war das von der Deutschen Forschungsgemeinschaft (DFG) 1957 veröffentlichte Ringbuch der Lebensmittelfarbstoffe mit 47 empfohlenen Farbstoffen. In ähnlicher Weise wurden seit 1956 von JECFA (vgl. 2.2.2) mehrere Listen von Lebensmittelfarbstoffen für die von der Codex Alimentarius Kommission (vgl. 2.2.1) veröffentlichten Lebensmittelstandards erarbeitet.

Die in der Bundesrepublik laut Zusatzstoff-Zulassungs-Verordnung, Anlage 6, Liste A zugelassenen 43 Farbstoffe entsprechen der neuesten Fassung der EG-Richtlinie von 1976. Ihre Verwendung unterliegt der Deklarationspflicht in der Zutatenliste. Prinzipiell dürfen Grundnahrungsmittel nicht gefärbt werden. Von den zugelassenen Farbstoffen dürfen nur 5 zur Herstellung und Behandlung von Lebensmitteln allgemein verwendet werden. Dreiunddreißig Farbstoffe dürfen ausschließlich zur Färbung der Masse und Oberfläche bestimmter Produkte, welche in Anlage 6, Liste B aufgezählt sind, verwendet werden. Allein 4 Farbstoffe sind entweder nur für die Behandlung der Oberfläche oder auch für Färbung der Masse und Oberfläche hauptsächlich von kandierten Früchten, Zuckerüberzügen und Zuckerwaren sowie Marzipan und Persipan zugelassen. Ein weiterer Farbstoff, Rubinpigment BK, darf nur zum Anfärben von Käseüberzügen verwendet werden. Außerdem sind 13 Farbstoffe nur zum Stempeln der Oberfläche von Lebensmitteln, ihrer Verpackungsmittel und zum Färben von Eierschalen zugelassen.

Von den 24 zugelassenen natürlichen Farbstoffen dürfen 3 für das Färben von Lebensmitteln allgemein verwendet werden. Manche Naturfarbstoffe haben neben ihrer Färbungsfunktion noch eine weitere physiologische Rolle oder technologische Funktion, z. B. sind einige Carotinoide Provitamine des Vitamin A; sie können im Organismus nicht synthetisiert werden und müssen daher durch die Nahrung aufgenommen werden. Die Carotinoide sind die am häufigsten verwendeten Naturfarbstoffe mit gelben bis roten Farbtönen. Sie enthalten ungesättigte Bindungen und sind daher leicht oxidierbar. Die Reinsubstanzen sind fettlöslich und lichtempfindlich. Sie sind nur begrenzt wasserlöslich, sind aber auch in wasserdispergierbarer Form anwendbar. Paprika, Curcuma und Safran haben auch eine Funktion als Aromastoffe.

Die Erfindung der synthetischen organischen Farbstoffe hat die Möglichkeit eröffnet, einige dieser Stoffe zur Färbung von Lebensmitteln zu verwenden. In der Bundesrepublik sind gegenwärtig 11 solcher synthetischen Farbstoffe zur Färbung der Masse und Oberfläche spezifisch aufgelisteter Lebensmittel und Rubinpigment BK nur zum Anfärben von Käseüberzügen zugelassen. Die folgenden 4 Lebensmittelfarben sind zwar von der EG als zulässig beurteilt, von der Bundesrepublik aber noch nicht in der Verordnung aufgenommen worden: die drei Azoverbindungen Rot 2G, Braun FK, Braun HT und die Fuchsonimoniumverbindung Brilliantblau FCF. Sieben der zugelassenen synthetischen Farbstoffe sind wasserlösliche Azoverbindungen, welche in ihrer chemischen Struktur sulfonierte, durch eine Azobrücke verbundene, aromatische Kerne enthalten. Die reduktive Spaltung der Azobindung liefert daher keine physiologisch aktiven unsulfonierten aromatischen Amine.

Für die technologisch erforderlichen Verdünnungen sind eine Anzahl von Verschnitt- und Lösemitteln zugelassen. Da kristalline pulverisierte Farbstoffe nicht farbkräftig sind, werden für trockene Nahrungsmittel die unlöslichen Aluminiumsalze oder Lacke angewendet. Sechs anorganische Pigmente sind wegen ihrer Schwerlöslichkeit sowie Hitze-, Wasser- und Alkalibeständigkeit ebenfalls zugelassen.

Die meisten zugelassenen Lebensmittelfarbstoffe mit Ausnahme einiger Pigmente und Xanthophylle sind einer gründlichen toxikologischen Untersuchung unterworfen worden. Akute, subakute und Langzeitfütterungsstudien an mehreren Tierspezies, Mutagenitätsstudien sowie Untersuchungen zum Stoffwechsel, zur Kinetik und zur Reproduktionstoxizität inklusive Teratogenität liegen vor.

2.7.2 Azofarbstoffe

Die 7 zugelassenen Azofarbstoffe sind alle wasserlösliche Sulfonate von geringer oraler Toxizität. Im Darmtrakt werden 10 bis 20% der Azobindungen reduktiv gespalten und die Metaboliten im Harn ausgeschieden. In Nagern unterliegen fast alle einem enterohepatischen Kreislauf, d.h. sie werden nach Resorption aus dem Darmtrakt über die Galle wieder in den Darmtrakt ausgeschieden, z.T. wieder resorbiert usf.

In Tabelle 2.1 sind die zugelassenen Azofarbstoffe mit einigen Angaben zusammengefaßt.

Tartrazin verursacht Intoleranzen wie Urticaria, Asthma oder Purpura bei 8% der Personen, welche auf Salicylate oder Benzoesäure allergisch reagieren. Der Wirkungsmechanismus ist unbekannt, da die bei Allergien übliche Bildung von Immunantikörpern im Falle von Tartrazinintoleranz nicht nachweisbar ist.

Synthetische Farbstoffe, darunter Tartrazin, in der Nahrung sind in einigen Untersuchungen für Verhaltensstörungen bei überaktiven Kindern verantwortlich gemacht worden. Behandlungserfolge durch farbstoff-freie Diät wurden berichtet. Weitere Untersuchungen an einer größeren Zahl von Kindern unter kontrollierten Versuchsbedingungen an Kliniken konnten diese Beobachtungen nicht bestätigen, weshalb der Zusammenhang mit der Aufnahme von Tartrazin aus der Nahrung umstritten ist. Da manche Nahrungsmittel wie Schellfisch, Erdbeeren, Tomaten, Sellerie und Honig ein weitaus höheres Allergisierungspotential als Tartrazin besitzen und es technologisch kaum ersetzbar ist, wird es für vertretbar gehalten, diesen Farbstoff nicht zu verbieten und die bereits bestehende Kennzeichnungspflicht als adäquaten Verbraucherschutz zu bewerten. Andererseits wird man sich in Zukunft, angesichts des gestiegenen Risikobewußtseins der Verbraucher fragen müssen, ob das Färben von Lebensmitteln ein ausreichender Grund ist, Stoffe zu verwenden, die ein, wenn auch geringes, Risiko beinhalten.

Tab. 2.1. Zugelassene Azofarbstoffe

Farbstoff	E Nummer	DTA (mg/kg Körperg.) JECFA	SCF	Anwendung
Tartrazin	102	7,5	7,5	Teigwaren, Puddingpulver, Cremespeisen, Zuckerwaren, Limonaden, Speiseeis, Senf, Sirupe
Gelb-orange S	110	2,5	2,5	Fruchtsäfte, Fruchtkonserven
Azorubin	122	4	4	Puddingpulver, Zuckerwaren, Speiseeis, Konserven, Marmelade
Amaranth	123	0,5	0,8	Puddingpulver, Zuckerwaren, Speiseeis, Marmelade, Früchtekonserven
Cochenillrot A	124	4	4	Puddingpulver, Zuckerwaren, Speiseeis, Marmelade, Getränke, Früchtekonserven kandierte Früchte
Brillantschwarz BN	151	5	5	Zuckerwaren, Lakritze, Saucen, deutscher Kaviar
Rubinpigment BK	180	1,5	1,5	Käserinde, Käsewachs
Rot 2G	128		0,1	in der Bundesrepublik nicht zugelassen
Braun FK	155		0,15	
Braun HT	156		3	

In einem Langzeitfütterungsversuch mit einer den Azofarbstoff Amaranth enthaltenden Paste wurden bei Ratten vermehrt maligne Peritoneal- und Intestinaltumoren beobachtet. Die Versuchsanordnung wies allerdings Fehler in Bezug auf das Vorhandensein analytisch nicht näher identifizierter Verunreinigungen in dem verfütterten Farbstoffpräparat auf und die Ergebnisse konnten in keiner anderen Untersuchung reproduziert werden. Mehrere andere Langzeitversuche an Ratten und Mäusen erbrachten keine Hinweise auf Kanzerogenität. Außerdem wurden Kalkablagerungen im Nierenbecken gefunden, doch waren diese Befunde nicht dosis-abhängig. Die unterschiedliche Empfehlung der Duldbaren Täglichen Aufnahmemenge (Tab. 2.1) beruht darauf, daß der Wissenschaftliche Lebensmittelausschuß der EG eine neuere Untersuchung berücksichtigt hat, die dem Ausschuß des Codex Alimentarius noch nicht vorgelegen hatte.

2.7.3 Andere synthetische organische Farbstoffe

In Tabelle 2.2 sind weitere synthetische Farbstoffe mit ihren Duldbaren Täglichen Aufnahmemengen und Hauptanwendungen zusammengefaßt. Davon gehören Patentblau V, Brillantsäure Grün BS und Brillantblau FCF zu den Triarylmethanen, die restlichen Farbstoffe haben unterschiedliche chemische Strukturen. Alle 3 Triarylmethane und Indigotin werden aus dem Magen-Darm-Trakt fast nicht resorbiert, was die toxikologische Bewertung hinsichtlich Unbedenklichkeit erleichtert.

Erythrosin enthält Jod, das nach Aufnahme zum Teil abgespalten wird. Es zeigt sich in zahlreichen Studien an verschiedenen Tierspezies als Jodquelle, die jedoch nicht einheitlich ausgenützt wird. Hohe Dosen führen zu Veränderungen des Blutspiegels von Thyroxin, bedingt durch

Tab. 2.2. Synthetische organische Farbstoffe außer Azofarbstoffen

Farbstoff	E Nummer	DTA (mg/kg Körperg.) JECFA	SCF	Anwendung
Patentblau V	131	15	15	Zuckerwaren, Glasuren, Getränke
Brillantblau FCF	133	10	10	in der Bundesrepublik nicht zugelassen
Brillantsäure Grün BS	142	5	5	Erbsen, Bohnen
Chinolingelb	104	10	10	Teigwaren, Zuckerwaren, Speiseeis, Limonaden, Puddingpulver, Senf, Glasuren
Erythrosin	127	0,6*	1,25*	Früchte, Marascino-Kirschen, Speiseeis
Indigotin	132	5	5	Zuckerwaren, Getränke, Glasuren

* vorläufiger Wert (vgl. 2.3)

den Einfluß des resorbierten Jods auf die Funktion der Schilddrüse. In neueren Langzeitstudien an Mäusen, Ratten, Springmäusen und Hunden wurden bei Ratten, nicht aber bei den anderen Spezies eine erhöhte Anzahl von Schilddrüsentumoren gefunden. Wegen der noch unklaren Beziehungen zwischen Einnahme, Resorption, Jodkonzentration im Blutplasma und Schilddrüseneffekten hat die Angabe der Duldbaren Täglichen Aufnahmemenge nur vorläufigen Charakter. Da dieser Farbstoff technologisch durch andere ersetzbar ist, sollte die Zulassung im Hinblick auf das mögliche Risiko einer ungünstigen Beeinflussung der Schilddrüsenfunktion zurückgezogen werden.

2.7.4 Naturfarbstoffe

2.7.4.1 Carotinoide und Xanthophylle

In Tabelle 2.3 sind die zugelassenen Carotinoide und Xanthophylle mit ihren DTA-Werten und Hauptanwendungen zusammengefaßt.

Die Carotinoide und Xanthophylle sind toxikologisch unbedenklich. β-Carotin hat die höchste Provitamin-A-Aktivität. Das Molekül wird in der Leber durch eine Dioxygenase symmetrisch gespalten und schrittweise zu 2 Molekülen all-trans-Retinal abgebaut. Retinal wird durch die Retinol-Dehydrogenase in all-trans-Retinol umgewandelt, welches das eigentliche Vitamin A_1 ist. Retinol erfüllt die epithel-protektive, wachstumsfördernde und reproduktionsphysiologische Rolle des Vitamins A, während Retinal (Rhodopsin) eine Schlüsselrolle beim Sehvorgang einnimmt. Resorbierte Carotinoide reichern sich in der Leber, dem Körperfett, der Nebennierenrinde, der Haut, der Milch und im Eigelb an.

Der Mensch kann nur begrenzt β-Carotin in Vitamin A umwandeln und benötigt daher Vitamin A in der Nahrung. Einnahme massiver Dosen über lange Zeit kann zu Hypervitaminose A führen, die mit toxischen Schäden der Leber und Nieren verbunden ist. Die untere Toxizitätsgrenze liegt bei jungen Ratten bei 3 mg, bei älteren Tieren bei 7,5 mg. Dosen über 9,6 mg führen bei Ratten zu teratogenen Schäden.

Die Xanthophylle sind in ihrer chemischen Struktur auch Carotinoidderivate, nur wenige haben jedoch Provitamin-A-Aktivität. Technologisch sind nur Lutein und Canthaxanthin von Bedeutung, obwohl die folgenden Naturfarbstoffe auch zugelassen sind: Flavoxanthin (E 161 a), Kryptoxanthin (E 161 c), Rubixanthin (E 161 d), Violaxanthin (E 161 e) und Rhodoxanthin (E 161 f).

Canthaxanthin hat keine Vitamin-A-Aktivität und wird synthetisch hergestellt. Nach Verwendung hoher Dosen als Hautbräunungsmittel traten irreversible Ablagerungen von Canthaxanthin in der Netzhaut auf. Als funktionelle Störungen wurden eine geringe reversible Einschränkung des Gesichtsfeldes sowie der Dunkeladaptation beobachtet.

Infolge dieser neuen Erkenntnisse hat der Wissenschaftliche Lebensmittelausschuß der EG vorläufig eine Duldbare Tägliche Aufnahmemenge von 0,05 mg/kg Körpergewicht empfohlen. Die von JECFA nach den

Tab. 2.3. Zugelassene Carotinoide und Xanthophylle

Farbstoff	E Nummer	DTA (mg/kg Körpergew.) JECFA	SCF	Anwendung
β-Carotin	160a			Butter, Margarine, Fette, Käse, Mayonnaise, Fruchtgetränke, Suppenpulver, Pudding, Zuckerwaren, Yoghurt, Teigwaren, Cremes, Eipulver
α-, γ-Carotin	160a	5*	5*	Butter, Margarine, Fette, Öle, Teigwaren, Fruchtgetränke, Puddings, Cremes, Zuckerwaren, Yoghurt, Eipulver
β-apo-8′-Carotinal	160e			Getränkekonzentrate, Käse, Mayonnaise, Salatsoße, Fruchtgetränke, Zuckerwaren, Eidotterpigmentierung
β-apo-8′-Carotinsäure Ethylester	160f			Futtermittelzusatz für Eidotter, Hautpigmentierung von Mastgeflügel
Bixin, Norbixin	160b	0,065	0,065	Butter, Margarine, Öle, Teigwaren, Mayonnaise, Bonbons
Capsanthin Capsorubin	160c			Gewürz, Fleisch- und Fischkonserven, Suppen, Soßen, Kosmetika, Eidotterpigmentierung
Lycopin	160d		nicht nötig	Tomatenprodukte, Fischkonserven
Lutein	161b		nicht nötig	Butter, Teigwaren, Eidotterpigmentierung
Canthaxanthin	161g	25	$0{,}05^{+}$	Getränke, Backwaren, Eidotterpigmentierung

$^{+}$ vorläufiger Wert * DTA gilt für die Summe der Carotine bisher vorhandenen toxikologischen Daten festgelegte DTA beträgt 25 mg/kg Körpergewicht.

2.7.4.2 Andere Naturfarbstoffe

In Tabelle 2.4 sind zugelassene andere Naturfarbstoffe mit ihren DTA-Mengen und Hauptanwendungen zusammengefaßt.

Curcumin ist der Farbstoff der Gelbwurz. Kurkuma oder Turmeric werden auch wegen ihres charakteristischen Aromas als Gewürz verwendet. Curcumin fördert den Gallenfluß. Der Farbstoff wurde vom SCF einem Lebensmittel gleichgestellt, da er mit allen Curry-Speisen

Tab. 2.4. Naturfarbstoffe außer Carotinoiden und Xanthophyllen

Farbstoff	E Nummer	DTA (mg/kg Körpergew.) JECFA	SCF	Anwendung
Riboflavin, Riboflavin 5′-phosphat	101 101a		nicht nötig	Teigwaren, Mayonnaise, Getränkepulver, Speiseeis, Suppen, Soßen
Curcumin Turmeric Oleoresin	100	0,1* 0,3*	nicht nötig	Würzen, Soßen, Suppen, Curry-Pulver, Senf
Echtes Karmin	120	5	5	Konditoreiwaren, Fertigsuppen, alkohol. Getränke, Fruchtsäfte, Konfitüren
Chlorophyll	140		nicht nötig	Zuckerwaren, Kaugummi, Speiseeis, Zahnpasta, Kosmetika
Chlorophyll-Cu Chlorophyllin-Cu	141	15	15	Zuckerwaren, Kosmetika
Anthocyane	163	2,5	nicht nötig	Säfte, Getränke, Obstkonserven, Speiseeis, Milchgetränke, Gelees, Zuckerwaren
Beetenrot Betanin	162		nicht nötig	Joghurt, Kaugummi, Fruchtgellee, Suppen, Teigwaren, Speiseeis, Schmelzkäse, Tomatensoßen

* vorläufige Werte (vgl. 2.3)

verzehrt wird. Dagegen hat JECFA sowohl für Curcumin als auch für Turmeric Oleoresin eine vorläufige (vgl. 2.3) DTA abgeschätzt, um auf mögliche Risiken einer exzessiven Anwendung in fernöstlichen Ländern hinzuweisen.

Chlorophylle werden mit allen grünen Pflanzenprodukten der Nahrung aufgenommen. Die Festlegung Duldbarer Täglicher Aufnahmemengen für als Farbstoff verwendetes Chlorophyll, das aus natürlichen Nahrungsmitteln durch physikalische Prozesse gewonnen wird, ist überflüssig, weil die Aufnahme als Farbstoff einen unerheblichen Teil der Gesamtaufnahme darstellt. Chlorophyll-Kupfer-Komplex ist ein fettlösliches, Chlorophyllin-Kupfer-Komplex ein wasserlösliches Präparat mit technologisch besseren Färbequalitäten. Bei Verfütterung von Konzentrationen über 0,1 % an Ratten wurden zwar Kupferionen im Plasma gefunden, aber keine Speicherung in der Leber, Niere oder Milz beobachtet. Da bem Menschen überhöhte Kupferspiegel im Plasma zu Speicherkrankheiten führen, wurde eine DTA für diese Kupfer-Komplexe festgelegt.

Die Anthocyane sind wasserlösliche 2-Phenylbenzopyryliumsalze in Kombination mit einem Zuckermolekül. Sie finden sich in Blüten und Früchten. In der Lebensmitteltechnologie werden nur Anthocyane aus Früchten verwendet. Diese Farben sind nur im sauren pH-Bereich stabil. Das Betanin ist außerdem wärme- und lichtempfindlich. Für Beetenrot, Betanin und die Anthocyane wurde vom Wissenschaftlichen Lebensmittelausschuß der EG eine Begrenzung der Duldbaren Täglichen Aufnahmemenge für unnötig angesehen. Die Gründe für diese Bewertung waren die gleichen wie für Chlorophyll. Dagegen hat JECFA für Extrakte aus roten Weinbeerschalen eine DTA von 2,5 mg/kg Körpergewicht empfohlen.

Zu den zugelassenen anorganischen Pigmentfarbstoffen gehören Silber (E 174) und Gold (E 175), welche hauptsächlich als Überzüge von Süßwaren angewendet werden. Carbo medicinalis (Kohlenschwarz) (E 153) ist zur Farbtönung von in der Anlage 6, Liste B der Zusatzstoff-Zulassungsverordnung genannten Lebensmittel zugelassen. Aluminium und Calciumcarbonat (E 170) sind für die Färbung der Oberfläche, Titandioxid (E 171) sowie Eisenoxide und Eisenhydroxide (E 172) für die Färbung von Masse und Oberfläche von kandierten Früchten, Zuckerüberzügen, Zuckerwaren, Marzipan und Persipan zugelassen. Gegen die Verwendung dieser Pigmentfarben bestehen weder toxikologische noch gesundheitliche Bedenken, da sie alle vom Magen-Darm-Trakt wegen ihrer Unlöslichkeit nicht resorbiert werden. Die Festlegung von Duldbaren Täglichen Aufnahmemengen für diese Pigmentfarben ist daher unnötig.

Die Zuckerkulöre (E 150) sind Maillard-Reaktionsprodukte, die sowohl färbende wie geschmackgebende Wirkungen haben. Sie werden in 4 Klassen unterteilt. Klasse I (Karamel) ist das Produkt erhitzten

Zuckers in Gegenwart von Säuren oder Basen. Es ist den Lebensmitteln gleichgestellt und hat wenig Farbkraft, dagegen einen stärkeren Geschmack. Es entsteht beim Kochen zuckerhaltiger Nahrungsmittel und ist ein natürlicher Bestandteil der menschlichen Nahrung. Ein DTA-Wert ist unnötig. Klasse II wird durch kontrolliertes Erhitzen zuckerhaltiger Substrate in Gegenwart von Basen und Sulfit gewonnen. Es wird nur zum Färben einiger alkoholischer Getränke angewendet. Toxikologisch ähnelt es Klasse IV, ist aber weniger gründlich untersucht worden. Die vorhandenen Daten reichen für die Abschätzung einer Duldbaren Täglichen Aufnahmemenge nicht aus. Die sehr beschränkte Verwendung erlaubt jedoch eine vorläufige Zulassung.

Klasse III wird aus zuckerhaltigen Substraten in Gegenwart von Ammoniak hergestellt. Es ist das am weitesten verbreitete Färbungsmittel. Es enthält das bei Ratten und Hunden in hohen Dosen krampferregende 4-Methylimidazol. Dies ist ein technologisch unvermeidbares Nebenprodukt, für welches eine Höchstmenge von 200 mg/kg Farbstoff sowohl von JECFA als auch vom Wissenschaftlichen Lebensmittelausschuß der EG empfohlen wird. Außerdem entsteht bei der Produktion von Ammoniak-Zuckerkulör das die Lymphozytenzahl senkende 2-Acetyl-4(5)-tetrahydroxybutylimidazol, für welches von denselben Gremien ein Höchstwert von 10 mg/kg Farbstoff empfohlen wird. Von JECFA wurde für den Farbstoff selbst eine DTA von 200 mg/kg Körpergewicht abgeschätzt, während der Wissenschaftliche Lebensmittelausschuß der EG für diesen Farbstoff keine DTA empfiehlt, sondern ihn als vorläufig akzeptabel einstuft, bis mehr Daten vorhanden sind, um eine DTA abschätzen zu können.

Bei der Herstellung von Klasse IV wird neben Ammoniak noch Sulfit verwendet. Wegen seiner Säurestabilität wird diese Klasse zur Färbung von Colasäften verwendet. JECFA empfahl als Duldbare Tägliche Aufnahmemenge 200 mg/kg Körpergewicht. Der Wissenschaftliche Ausschuß der EG sieht diesen Stoff gegenwärtig als vorläufig akzeptabel an, ohne eine DTA zu bestimmen, bis einige weitere Daten beigebracht werden. Außerdem gilt bei Zuckerkulör der Klasse IV auch noch der Höchstwert von 200 mg/kg Farbstoff für 4-Methylimidazol. Diese Farbstoffe haben keine lymphozytensenkende Wirkung.

2.8 Emulgatoren, Stabilisatoren, Verdickungs- und Geliermittel

2.8.1 Übersicht

Emulgatoren sind grenzflächenaktive Stoffe, welche das Phasengemisch nicht mischbarer Flüssigkeiten stabilisieren und die Bildung von

Emulsionen ermöglichen. Dazu bedarf es in der chemischen Struktur hydrophiler und hydrophober Gruppen. Viele Emulgatoren können technologisch auch als Stabilisatoren, d.h. als Stoffe die eine Emulsion stabilisieren, eingesetzt werden. Technologisch lassen sich diese beiden Funktionen nicht scharf von einander abgrenzen. Die Gruppe der Emulgatoren, Stabilisatoren, Verdickungs- und Geliermittel umfaßt natürlich vorkommende Substanzen wie Exudat-Gummi, Lecithine, Gallensäuren und synthetische Produkte wie Seifen und hydrolysierbare Ester. Technologisch beeinflussen sie die Konsistenz und Textur von Lebensmitteln.

Die Zusatzstoff-Zulassungs-Verordnung enthält 2 allgemein und 8 beschränkt zugelassene Emulgatoren, während die EG-Richtlinie von 1974 noch zusätzliche Substanzen als zulässig auflistet. Die handelsüblichen Präparate sind meistens heterogene Gemische, welche Fettsäuren, Fettalkohole oder Steroide enthalten. Sie haben keine definierte konstante Zusammensetzung, und sie sind chemisch nur schwer zu charakterisieren und daher toxikologisch schlecht beurteilbar. In Fütterungsversuchen wurde beobachtet, daß die Grenzflächenaktivität dieser Stoffe die Resorption anderer Nahrungskomponenten beeinflussen kann. Sie lassen sich nach ihrer chemischen Struktur in 3 Hauptgruppen einteilen:

- Hydrolysierbare Verbindungen,
- Nicht hydrolysierbare Verbindungen,
- Undefinierte Verbindungen.

2.8.2 Hydrolysierbare Emulgatoren und Stabilisatoren

Lecithin (E 322) wird aus Pflanzenölen und Eidottern gewonnen. Es ist eine Mischung von Phosphatiden, Glyceriden, Sterinen und Tocopherolen. Lecithine sind natürliche Bestandteile aller Zellen des menschlichen Körpers und in der Bundesrepublik als Emulgatoren für Lebensmittel allgemein zugelassen. Im Vergleich zum Körpergehalt an Lecithinen ist die Aufnahme durch die Verwendung als Emulgator unbedeutend. Eine Begrenzung der täglichen Aufnahmemenge ist daher nicht erforderlich.

Die Mono- und Diglyceride von Speisefettsäuren (E 471) sind die technologisch bedeutsamsten Emulgatoren; sie sind für Lebensmittel allgemein zugelassen. Sie entstehen durch Hydrolyse von Fetten bei der Verarbeitung von Lebensmitteln und sind somit Bestandteile der menschlichen Nahrung sowie die normalen Endprodukte des Fettmetabolismus. Für diese körpereigenen Stoffe ist aus denselben Gründen wie bei Lecithin die Erstellung eines Wertes für die DTA nicht erforderlich.

Mono- und Diglyceride von Speisefettsäuren werden durch Veresterung mit Essigsäure, Milchsäure, Citronensäure und Weinsäure (E 472a–f) in Produkte umgewandelt, welche Küchenfett, Speiseeis,

Mayonnaisen, Soßen und verschiedenen Teigen zur Verbesserung der technologischen Eigenschaften zugesetzt werden. Die meisten dieser Substanzen werden durch metabolische Hydrolyse in normale Nahrungskomponenten aufgespalten. Es bestehen daher keine toxikologischen Bedenken gegen ihren Zusatz zu Lebensmitteln und Begrenzungen der täglichen Aufnahme sind nicht erforderlich. Die aus der Hydrolyse der entsprechenden Ester freigesetzte Weinsäure muß der aus anderen Nahrungsquellen stammenden Weinsäure zugerechnet werden. Die Verwendung der weinsäurehältigen Ester ist daher so zu beschränken, daß die für Weinsäure bestehende Duldbare Tägliche Aufnahmemenge 30 mg/kg Körpergewicht nicht überschreitet.

Für die Polyglycerinester von Speisefettsäuren (E 475) ist eine DTA von 25 mg/kg Körpergewicht empfohlen worden. Die in der EG-Richtlinie, aber nicht in der Bundesrepublik zugelassenen Emulgatoren umfassen eine weitere Gruppe hydrolysierbarer Verbindungen. Dazu gehören die Polyoxyethylenstearate, die Polyoxyethylensorbitanester, die Ammoniumsalze von Phosphatidsäuren, die Saccharoseester der Fettsäuren und Saccharoglyceride, Polyglycerinpolyricinoleat, Propylenglycolester der Fettsäuren, Milchsäureester der Speisefettsäurenglyceride, Stearoyl-2-lactylate, Stearyltartrate sowie die Sorbitanester der Fettsäuren. Alle diese Substanzen sind toxikologisch untersucht worden und auf Grund der vorhandenen Daten wurden sowohl vom JECFA als auch vom Wissenschaftlichen Ausschuß der EG DTA-Mengen empfohlen. Sie sind daher als Emulgatoren in anderen EG Ländern für verschiedene Produkte zugelassen.

2.8.3 Nicht hydrolysierbare Emulgatoren und Stabilisatoren

Zu dieser Gruppe gehören die Salze der Speisefettsäuren (E 470). Dies sind die normalen metabolischen Abbauprodukte der Fette in der Nahrung, ihre Einnahme ist daher gesundheitlich unbedenklich. Sie sind in der Bundesrepublik und der EG zugelassen.

2.8.4 Verdickungsmittel und Geliermittel

Als Verdickungsmittel wirkende Hydrokolloide werden zur Wiederherstellung der ursprünglichen Struktur, Konsistenz und Viskosität eines verarbeiteten kremartigen Lebensmittels angewendet. Sie bilden viskose Lösungen oder Gele. Meistens handelt es sich um Polysaccharide pflanzlicher oder mikrobieller Herkunft oder modifizierte Polysaccharide. Ihr Verwendungszweck ist breit gefächert bis hin zur Verminderung des Nährwertes kalorienarmer Nahrungsmittel. Fütterungsversuche an Labortieren führten zu charakteristischen Befunden, die durch den physikalischen Effekt großer Mengen schwer verdaulicher Substanzen im Magen-Darm-Trakt der Versuchstiere erklärbar sind und daher für die gesundheitliche Beurteilung mit Bezug auf den Menschen keine toxikologische Relevanz besitzen. Dazu gehören die Vergrößerung und Gewichtszunahme des Dickdarms sowie Kalkablagerungen in den Nierenbecken, besonders bei Mg-Mangel im Futter. Stärkemodifizierung mit Epichlorhydrin und Propylenoxid führt zu Chlorhydrin-Rückständen (vgl. 2.6.2.2), welche 0,1 mg/kg Stärke nicht überschreiten sollen. Einige Hydrokolloide können wegen ihrer Unverdaulichkeit auch als Ballaststoffe verwendet werden. In der Bundesrepublik sind 2 Stoffe allgemein und 13 mit quantitativen Beschränkungen als Dikkungsmittel zugelassen. Als Verdickungsmittel sind auch 3 modifizierte Stärken zugelassen, aber diese dürfen nur in Fertiggerichten, Cremes, Desserts, Füllungen, Soßen, Suppen, Geleeartikeln, Gummibonbons und Knabbererzeugnissen mit unterschiedlichen quantitativen Beschränkungen verwendet werden. Die entsprechende EG-Richtlinie von 1974 enthält noch 5 weitere Substanzen, welche in der Bundesrepublik nicht zugelassen sind.

Agar-Agar (E 406) ist ein Polysaccharid der Zellwand von Rotalgen, welche schon seit alters her als menschliche Nahrung dienen. Für den Menschen ist reines Agar-Agar unverdaulich und wirkt laxierend. Da es in Nahrungsmitteln natürlicherweise enthalten ist, ist die Festlegung einer DTA nicht erforderlich. Alginsäure und ihre Salze (E 400–404) sind Polyuronide der Zellwand von Braunalgen, welche hauptsächlich zur Gelherstellung benützt werden. Die Resorption aus dem Magen-Darm-Trakt ist gering. Toxikologisch sind Alginate unbedenklich; da sie jedoch die Verfügbarkeit gewisser Spurenelemente vermindern können, wurde eine Duldbare Tägliche Aufnahmemenge von 25 mg/kg Körpergewicht empfohlen.

Carragen (E 407) und Furcelleran (E 408) sind hochmolekulare sulfatierte Galactane, welche aus nordatlantischen Rotalgen gewonnen werden. Beide Produkte haben in ihrer undegradierten Form keine toxikologisch auffälligen Wirkungen, sind aber in hohen Dosen laxierend. Carragen und durch Hydrolyse degradiertes Carragen haben speziesspezifisch bei Meerschweinchen, Ratten und Kaninchen, jedoch nicht beim Menschen, ein ulzerogenes und tumorpromovierendes Potential. Für reines nicht-degradiertes Carragen/Furcelleran ist die Begrenzung der Aufnahme durch Angabe einer DTA überflüssig, da diese Substanz aus dem Magen-Darm-Trakt nicht aufgenommen wird. Das aus Euchuma gewonnene Produkt hat ein niedriges Molekulargewicht und ist als Zusatzstoff nicht zu empfehlen, da die niedermolekularen Produkte Geschwüre der Darmschleimhaut hervorrufen können.

Guarkernmehl (E 412), ein Galctomannan, wird als unverdaulicher, wasserbindender und daher kalorienreduzierender Inhaltsstoff in diätetischen Lebensmitteln verwendet. Guarmehl, welches Guarkernmehl enthält, ist ein traditionelles Nahrungsmittel in manchen außereuropäischen Ländern. Toxische Wirkungen sind nicht bekannt; eine Begrenzung der täglichen Aufnahme ist nicht erforderlich.

Eine ähnliche Substanz ist das Johannisbrotkernmehl (E 410), ein Galactomannoglycan. Es ist unverdaulich, toxikologisch unbedenklich und wirkt laxierend. Eine Begrenzung der Aufnahme in Form einer DTA ist nicht erforderlich.

Traganth (E 413) ist ein komplexes Polysaccharid, dessen gesundheitliche Bewertung infolge Unvollständigkeit der vorliegenden toxikologischen Daten nicht abschließend möglich ist. Es ist jedoch ein traditionelles Bindemittel in pharmazeutischen Produkten, welche auch gelegentlich über Jahre ohne auf Traganth zurückzuführende unerwünschte Wirkungen eingenommen werden. Die Verwendung als Zusatzstoff ist daher vom Wissenschaftlichen Ausschuß der EG als vorläufig vertretbar bewertet worden, bis eine DTA auf Grund noch zu erstellender Daten empfohlen werden kann.

Xanthan (E 415) ist ein durch mikrobielle Fermentation gewonnenes Polysaccharid, welches metabolisch nicht abgebaut wird und toxikologisch unbedenklich ist. Eine DTA ist daher nicht erforderlich.

Gummi arabicum (E 414) ist ein komplexes Polysaccharid, das meist als Stabilisator in Emulsionen benützt wird. Es ist für Lebensmittel allgemein zugelassen und wird vollständig verstoffwechselt. Allergische Reaktionen sind gelegentlich beobachtet worden. Seine toxikologische Unbedenklichkeit macht die Empfehlung einer DTA unnötig. Sensibilisierte Personen können den Kontakt mit Gummi-arabicum-haltigen Lebensmitteln vermeiden, da dieses wie alle Zusatzstoffe in der Zutatenliste aufgeführt werden muß.

Pektine (E 440a) und amidierte Pektine (E 440b) sind pflanzliche interzelluläre Gerüstsubstanzen, welche hauptsächlich mit Zuckern Gelee bilden. Amidierte Pektine werden in Milcherzeugnissen verwendet. Pektine sind normale Bestandteile der Nahrung. Amidierte Pektine sind Pektinen toxikologisch gleichzusetzen. Spezifische toxische Effekte wurden nicht beobachtet. Da bei allen Zusatzstoffen, die bereits in größeren Mengen auch als Inhaltsstoffe der Nahrung aufgenommen werden, die zusätzliche Einnahme durch Anwendung als Zusatzstoff für die gesundheitliche Bewertung unbedeutend ist, kann auch im Falle der Pektine auf die Empfehlung einer DTA verzichtet werden.

Propylenglykolalginat (E 405) hat sowohl Verdickungs- wie Emulgatorfunktionen. Metabolische Hydrolyse setzt Propylenglycol frei, welches verstoffwechselt wird. Die DTA richtet sich nach der für Propylenglycol abgeschätzten Menge, da dieser Alkohol bei der Verstoffwechselung freigestzt wird, und beträgt 25 mg/kg Körpergewicht.

Methylcellulose (E 461) und Natriumcarboximethylcellulose (E 466) sind modifizerte Celluloseether, welche als kolloidale Lösung verwendet werden. Persorption, d.h. der direkte Transport von Celluloseteilchen durch die Darmschleimhaut in das Blut, führt zu keiner Ansammlung im Gewebe. Die Abwesenheit von Verstoffwechselung, Resorption und toxikologisch signifikanten Effekten erlaubt die Abschätzung einer insgesamt Duldbaren Täglichen Aufnahmemenge von 25 mg/kg Körpergewicht.

Stärke ist das Reservepolysaccharid der Pflanze und das gebräuchlichste technologische Verdickungsmittel. Stärke kann physikalisch oder enzymatisch degradiert sowie chemisch modifiziert werden. Eine EG-Richtilinie für diese Produkte existiert noch nicht. Die Endprodukte des physikalischen, oxidativen und enzymatischen Stärkeabbaus sind normale Bestandteile von Lebensmitteln und treten auch bei der Verstoffwechselung der in den Lebensmitteln enthaltenen Stärke auf. Chemisch modifizierte Stärken werden vornehmlich durch Veresterung mit Phosphorsäure, Essigsäure und Adipinsäure hergestellt, obwohl auch andere Säuren verwendet werden können. Hydroxylierte vernetzte Stärken mit Ether- und Esterbindungen werden durch Umsetzung mit geeigneten Stoffen wie Ethylenoxid, Epichlorhydrin oder Propylenoxid gewonnen. Damit können die technologischen Nachteile nativer Stärke, d.h. die Notwendigkeit des Kochens zur Erzeugung des Verdickungseffektes und die geringe Stabilität sowie die Trübung der Lösung, beseitigt werden. Oxidativ abgebaute Stärke (E 1404) ist ein physikalisch und oxidativ modifiziertes Produkt, das in der Bundesrepublik als Zusatzstoff für Lebensmittel allgemein zugelassen ist. Acetyliertes Distärkephosphat (E 1414), Stärkeacetat (E 1420) und acetyliertes Distärkeadipat (E 1422) sind die 3 anderen, in der Bundesrepublik aber nur beschränkt zugelassenen chemisch modifizierten Stärken. Gesundheitliche Bedenken gegen die Verwendung modifizierter Stärken sind nicht vorhanden, weshalb keine anderen Anwendungsbeschränkungen außer den in der Zusatzstoff-Verordnung niedergelegten erforderlich sind. Modifizierung mit Phosphat verändert weder die Verdaulichkeit, noch bewirkt sie toxische Effekte. Das gleiche gilt für Behandlung mit Essigsäure oder Adipinsäure. Die Verdaulichkeit dieser Produkte ist gut, und toxische Effekte sind nicht beobachtet worden. Begrenzungen der Aufnahmemenge durch DTA sind daher nicht erforderlich.

2.9 Antiklumpmittel, Schaumbekämpfungsmittel und Trennmittel

Diese Substanzen sind nach ihrer Funktion technische Hilfsstoffe. Es verbleiben jedoch Rückstände in den behandelten Lebensmitteln, weshalb sie toxikologisch beurteilt werden müssen. Eine EG-Richtlinie für diese Stoffe gibt es noch nicht.

2.9.1 Antiklumpmittel

Diese Substanzen können in Rieselhilfsmittel und Antibackmittel eingeteilt werden. Die ersteren verhindern das Zusammenkleben pulvriger Teilchen in Streuprodukten und Trockensuppen. Die letzteren verhindern das Zusammenbacken kristalliner Materialien.

Die Hexacyanoferratsalze werden Speisesalz zur Erhaltung der Rieselfähigkeit beigesetzt. Das Kaliumsalz wird Wein zur Entfernung überschüssigen Eisens und Kupfers zugesetzt. Hohe Dosen dieser Salze sind im Tierversuch nephrotoxisch. Die vorhandenen toxikologischen Daten reichen zur Abschätzung einer Duldbaren Täglichen Aufnahmemenge nicht aus. Da aber nur sehr geringe Mengen als Zusatzstoff eingesetzt werden, bestehen keine gesundheitlichen Bedenken gegen diese zwei Anwendungen. Die als Rieselhilfsmittel verwendeten Carbonate (E 170, 500, 504) sind gesundheitlich unbedenklich. Sie zerfallen im Magen-Darm-Trakt durch Reaktion mit der Salzsäure des Magens in CO_2 und Kationen, die normale Bestandteile des Körpers sind. Für diese Substanzen sind daher Beschränkungen durch Angabe einer DTA nicht erforderlich. Kolloidale Kieselsäure und Calciumsilicat finden die gleiche Verwendung. Sie werden wegen ihrer Unlöslichkeit nicht resorbiert und sind daher toxikologisch unbedenklich. Auch für sie sind Beschränkungen nicht erforderlich.

2.9.2 Schaumbekämpfungsmittel

Die Zusatzstoff-Zulassungs-Verordnung listet diese Stoffe nicht als Schaumbekämpfungsmittel, sondern unter den Überzugsmitteln auf. Paraffinöl und Alkalisalze der Ölsäure werden für diesen Zweck in geringen Mengen zur Verhinderung der Schaumbildung bei Kochprozessen oder beim Eindicken von Zucker, Fruchtsäften und Milchprodukten eingesetzt. Paraffinöl kann bis zu 10% der aufgenommenen Menge aus dem Magen-Darm-Trakt resorbiert werden und lagert sich im Fettgewebe ohne schädigende Effekte ab. In hohen Dosen beeinträchtigt es die Absorption fettlöslicher Vitamine. Da es chemisch inert ist, kann es als gesundheitlich unbedenklich bewertet werden. Speiseöle, Speisefette und Oleate sind ebenfalls toxikologisch unbedenklich, weil sie natürliche Inhaltsstoffe von Lebensmitteln sind.

2.9.3 Trennmittel

Diese Stoffe werden entweder direkt auf die Oberfläche von Lebensmitteln oder auf Kontaktflächen aufgebracht und verhindern das Ankleben an die Unterlagen. Für diese Stoffe gibt es noch keine EG-Richtlinie. In der Bundesrepublik sind 10 Stoffe zugelassen. Trennmittel sind entweder feste, nicht schmelzende Stoffe wie Holzmehl und Talcum oder flüssige sowie feste, jedoch schmelzbare Stoffe wie gewisse Wachse und Stearate. Bis zu 2% der Trennmittel können als Reste im Lebensmittel verbleiben. Bienenwachs, Candelillawachs, Carnaubawachs und Walrat (Spermaceti) sind Mischungen von Estern höherer linearer Fettsäuren. Sie sind toxikologisch wenig untersucht, aber ihre Wasserunlöslichkeit und Unverdaulichkeit erlauben eine Bewertung als gesundheitlich unbedenklich. Auch Magnesiumoxid sowie Stearinsäure und ihre Calcium- und Magnesiumsalze sind wegen ihrer Wasserunlöslichkeit als toxikologisch unbedenklich einzustufen. Talcum als Trennmittel muß frei von Asbestfasern sein. Es wird weder resorbiert noch verstoffwechselt. Eine Beschränkung der Aufnahme ist nicht erforderlich.

2.10 Süßstoffe

Diese geschmackswirksamen Verbindungen sind meistens Bestandteile von Nahrunsmitteln, welche schwerflüchtig und gegenüber der Verarbeitung ziemlich beständig sind. Die häufigsten Süßstoffe in Lebensmitteln sind die natürlichen Zucker wie Saccharose, Fructose und Maltose. Daneben gibt es eine Reihe synthetischer Verbindungen, die süß schmecken und als Ersatz für Saccharose verwendet werden können. Einige sind als Zusatzstoffe für Lebensmittel zugelassen. Süßstoffe unterscheiden sich nach ihrer relativen Süßigkeit, aber auch in der Qualität des süßen Geschmacks. Bei Gemischen kann sich die Wirkung addieren oder sogar verstärken. Technologisch gesehen können Süßstoffe in zwei Gruppen eingeteilt werden:
- Intensive Süßstoffe wie Saccharin, Cyclamat, Aspartam, Acesulfam, Thaumatin, Dihydrochalcone, Steviosid;
- Zuckeraustauschstoffe, d.h. Polyole wie z.B. Sorbit (E 420), Xylit, Maltit, Lactit, Mannit (E 421), hydrogenierter Glucosesyrup.

Süßstoffe, welche den Insulinhaushalt nicht belasten und wenig Energie liefern, sind für Diabetiker hilfreich. Sie werden technologisch zur Erzeugung kalorienarmer Lebensmittel für diätetische Zwecke verwendet. Hoher Verbrauch an Kochzucker fördert Übergewicht und die Entwicklung von Karies. Kalorien- und kochzuckerarme Lebensmittel sind daher ernährungsphysiologisch erwünscht. In der Bundesrepublik ist die Verwendung von Saccharin und seinen Natrium-, Kalium- oder Calciumsalzen nur in Brausen, Brausepulvern und -tabletten, obergärigem Einfachbier, Eßoblaten und Essigsäure erlaubt. Die zugelassene Höchstmenge ist 200 mg in 1 l verzehrfertigem Getränk. Außerdem sind Saccharin und Cyclamat in gewissen diätetischen Lebensmitteln und Tischsüßpräparaten erlaubt. In den meisten EG-Ländern ist die Anwendung von Süßstoffen gesetzlich auf bestimmte Lebensmittel und Höchstmengen beschränkt. Eine EG-Richtlinie ist noch nicht vorhanden.

2.10.1 Saccharin

Diese Substanz ist ein Sulfobenzoesäureimid, das bereits seit fast 100 Jahren als Süßstoff verwendet wird. Es hat etwa die 450fache Süßkraft von Saccharose pro Gewichtseinheit, aber einen leicht bitteren Nachgeschmack. Es enthält bis zu 10 mg/kg ortho- und para-Toluolsulfonamid als Verunreinigung. Zu fast 99% wird es unverändert im Harn ausgeschieden. Saccharin wurde in zahlreichen Tierversuchen und In-vitro-Systemen untersucht. Es wird seit Jahrzehnten als Süßstoff verwendet, was die Erwartung begründen könnte, daß aus den Tierexperimenten und den epidemiologischen Untersuchungen ausreichende Kenntnisse zur Beurteilung der gesundheitlichen Unbedenklichkeit vorhanden sind. Leider trügt diese Erwartung. Trotz der Datenfülle tauchen immer wieder Zweifel an der Unbedenklichkeit von Saccharin auf, die nicht mit der gewünschten großen Wahrscheinlichkeit ausgeräumt werden können. In Langzeitfütterungsversuchen an Ratten traten nach hohen Dosen von Saccharin vermehrt Blasentumore auf. Saccharin hat möglicherweise eine schwache chromosomenschädigende Wirkung. In hohen Dosen wirkt es möglicherweise tumorpromovierend. Epidemiologische Auswertungen erbrachten keine Hinweise auf kanzerogene Wirkungen; auch durch die Aufnahme von Saccharin in den relativ großen Mengen, in denen es z. B. in den USA in Erfrischungsgetränken verwendet wurde, war keine Erhöhung des Krebsrisikos feststellbar. Allerdings sind derartige Untersuchungen nur beweiskräftig, wenn sie ein positives Ergebnis haben, d. h. wenn ein erhöhtes relatives Risiko im Zusammenhang mit der Aufnahme eines Stoffes besteht. Durch ein negatives Ergebnis, wie im Falle von Saccharin, kann nicht im strengen Sinne ausgeschlossen werden, daß der Stoff nicht doch ein tumorförderndes Potential besitzt angesichts der nicht ausgeräumten Verdachtsmomente aus Tier- und In-vitro-Versuchen. Die Expertengremien und die für den Gesundheits- und Verbraucherschutz zuständigen wissenschaftlichen Fachbehörden – in der Bundesrepublik also das Bundesgesundheitsamt –, sind weltweit zu dem Ergebnis gekommen, daß nach derzeitigem Kenntnisstand Saccharin mit einer Duldbaren Täglichen Aufnahmemenge von 2,5 mg/kg Körpergewicht als gesundheitlich unbedenklich zugelassen werden kann. Allerdings liegt Saccharin sozusagen auf Wiedervorlage. Seine Nutzen-Risiko-Bewertung muß regelmäßig im Licht neuer Ergebnisse fortgeschrieben werden. In mehreren toxikologischen Laboratorien sind Untersuchungen im Gange, die mehr Klarheit in den Mechanismus der biologischen Wirkungen von Saccharin und die Bildung von Blasentumoren bringen sollen.

2.10.2 Cyclamat

Cyclamate sind die Salze der Cyclohexylaminsulfonsäure. Sie haben etwa die 35fache Süßkraft der Saccharose und keinen Nachgeschmack. Da sie den Süßeffekt von Saccharin potenzieren, werden sie in Mischung mit diesem verwendet. Resorbiertes Cyclamat wird unverändert im Harn ausgeschieden. Im Darmtrakt verbleibendes Cyclamat kann von der Darmflora in Cyclohexylamin umgewandelt werden, welches in Versuchen an Ratten die Fertilität durch Hodenschäden vermindert. Cyclohexylamin wird vollständig resorbiert und im Harn wieder unverändert ausgeschieden. Beim Menschen wirkt es stimulierend auf das autonome Nervensystem. Die aus eingenommenem Cyclamat im Darm gebildete Menge ist gesundheitlich unbedenklich. Cyclamat wurde in zahlreichen Fütterungsversuchen toxikologisch untersucht und erwies sich als nicht kanzerogen. Es zeigt jedoch Aktivität als Promotor für Blasentumore. Da es keine Anhaltspunkte dafür gibt, daß die promovierende Wirkung auch beim Menschen von Bedeutung sein könnte, und da Cyclamat nicht verstoffwechselt wird, wurde die DTA auf 11 mg/kg Körpergewicht beschränkt auf der Basis der Konversionsrate zu Cyclohexylamin und dessen Reproduktionstoxizität.

2.10.3 Aspartam

Dieser Stoff ist der Methylester des Dipeptids aus Phenylalanin und Asparagin und hat die 180fache Süßkraft von Saccharose. In saurem Milieu bilden sich kleine Mengen einer Benzyldiketopiperazinverbindung (DKP). Der Süßstoff wird im Magen-Darm-Trakt hydrolysiert, und die Abbauprodukte werden resorbiert. Da die Substanz dabei Phenylalanin freisetzt, darf sie von Kindern mit angeborener Phenylketonurie nicht eingenommen werden. Aspartam und DKP sind gesundheitlich unbedenklich. Die DTA wird für Aspartam mit 40 mg/kg Körpergewicht und für DKP mit 7,5 mg/kg Körpergewicht empfohlen. Dieser Süßstoff ist in der Bundesrepublik nur durch eine Ausnahmegenehmigung als Tafelsüßstoff und in Colagetränken zugelassen.

2.10.4 Acesulfam-K

Dieser Süßstoff ist ein Oxathiazinon-Derivat. Er hat den Vorteil großer Stabilität und die 200fache Süßkraft von Saccharose. Er ist nicht mutagen und wird nicht verstoffwechselt. Die toxikologischen Untersuchungen ergaben keine schädlichen Effekte, die gesundheitliche Bedenken begründen würden. Als DTA werden 9 mg/kg Körpergewicht empfohlen. Dieser Süßstoff ist in der Bundesrepublik noch nicht zugelassen.

2.10.5 Zuckeraustauschstoffe

Diese Substanzen sind meist Polyole, die durch Hydrogenierung verschiedener Mono- und Disaccharide erzeugt werden. In der Bundesrepublik sind nur 2 Polyole zugelassen, und zwar nicht als Zuckeraustauschstoffe, sondern als »verschieden wirkende Stoffe«. Sorbit (E 420) kann in Lebensmitteln allgemein, ausgenommen Getränke, bis zu 100 g/kg, in Hart- und Weichkaramellen und für Süßwarenkomprimate ohne Beschränkung verwendet werden. Xylit kann in Hart- und Weichkaramellen und für Süßwarenkomprimate ohne Beschränkung angewendet werden.

Polyole werden aus dem Darmtrakt nur langsam resorbiert und halten während ihrer Anwesenheit Wasser im Darmlumen zurück, das normalerweise resorbiert würde, wodurch aber, solange diese Stoffe vorhanden sind, eine zu hohe Osmolarität entstünde. Dadurch kann der Stuhl während der Darmpassage nicht eingedickt werden, sondern wird weich bis flüssig abgesetzt; man spricht von einer osmotischen Diarrhoe. Diese tritt auf, wenn Zuckeraustauschstoffe in Mengen über 20 bis 30 g verzehrt werden. Im Dickdarm werden Polyole durch die Darmflora zu kleinkettigen Fettsäuren, Methan und CO_2 metabolisiert. Wenn Polyole, besonders Xylit, Sorbit und Lactit, in hohen Dosen an Ratten verfüttert werden, beobachtet man eine erhöhte Bildung von Tumoren im Nebennierenmark. Außerdem führt eine hohe Konzentration von Monosacchariden oder unvollkommen abgebauten Kohlenhydraten im Dickdarm zu einer erhöhten Aufnahme von Calcium aus dem Darminhalt. Damit steigt das Risiko der Ausfällung und Steinbildung in den ableitenden Harnwegen. Die vorhandenen toxikologischen Untersuchungen geben trotz dieser Befunde, deren Mechanismus aufgeklärt ist, keinen Anlaß zu gesundheitlichen Bedenken, solange die Aufnahme unterhalb der Menge bleibt, die zu Diarrhoe führt. Aus diesem Grunde erscheint eine Beschränkung der Aufnahme durch die Angabe von DTA für die einzelnen Polyole nicht erforderlich.

2.11 Geruch und Geschmack verändernde Stoffe

Das Aroma eines Lebensmittels ist ein Empfindungskomplex, bei welchem die flüchtigen Aromastoffe das Riechepithel stimulieren, die löslichen Aromastoffe auf die Geschmacksknospen der Zunge wirken und der Tastsinn der Zunge und Mundhöhle Eindrücke über die Konsistenz des Lebensmittels vermittelt. Aromastoffe wirken innerhalb eines sehr weiten Konzentrationsbereiches, wobei jeweils ein sensorischer Schwellenwert bestimmt werden kann. Nur für 4 oder möglicherweise 5 diskrete Geschmacksqualitäten gibt es spezifische Sensoren: süß, sauer, salzig, bitter, eventuell auch »fleischartig«.

Aromastoffe werden entweder aus natürlichen Kräutern, Früchten und Gewürzen gewonnen oder synthetisch hergestellt, wobei manche der synthetischen Stoffe auch natur-identisch, d.h. in der chemischen Struktur mit dem natürlichen Aromastoff identisch sein können. Infolge der enormen Anzahl bekannter Aromastoffe ist eine gesetzliche Regelung der Anwendung sehr schwierig. Eine EG-Richtlinie gibt es noch nicht. Alle natürlichen, in Lebensmitteln vorkommenden Aromastoffe sind in der Bundesrepublik zwar als Zusatzstoffe definiert, werden aber in ihrer gesetzlichen Regelung Lebensmitteln gleich gestellt. Trotzdem sollten natürliche in Lebensmitteln vorkommende Aromastoffe und natur-identische Stoffe nicht grundsätzlich als toxikologisch unbedenklich angesehen werden. Sie müßten eigentlich, ebenso wie synthetische Aromastoffe, die nicht natürlicherweise in der Nahrung vorkommen, individuell auf ihre gesundheitliche Unbedenklichkeit geprüft werden. In den USA werden nur solche Aromastoffe als Lebensmittelzusatzstoffe zugelassen, welche »allgemein als sicher anerkannt« (GRAS = **G**enerally **R**ecognised **A**s **S**afe) sind. Eine Arbeitsgruppe des Europarates hat eine Übersicht der Rohstoffe zur Aromagewinnung sowie der technologisch verwendeten Aromastoffe zusammen mit deren toxikologischer Bewertung herausgegeben.

In der Bundesrepublik sind geschmacksbeeinflussende Stoffe, sogenannte Geschmacksverstärker, für Lebensmittel allgemein, jedoch mit individuellen Höchstmengen, zugelassen. Sie umfassen Ethylmaltol, Maltol, 19 Aminosäuren und deren Alkalisalze, Guanylat und Inosat. Die toxikologischen Daten geben keinen Anlaß zu gesundheitlichen Bedenken.

Einige aromatisierte Lebensmittel sind traditionelle Teile der menschlichen Nahrung. Neue biotechnologisch hergestellte Nahrungsmittel benötigen unter Umständen eine Aromatisierung zur Verbraucherakzeptanz. Die Lebensmitteltechnologie verwendet Mischungen einzelner Aromastoffe, ätherische Öle oder wäßrige Extrakte. Die gesundheitliche Beurteilung der individuellen Aromastoffe folgt denselben Leitlinien, welche für alle Zusatzstoffe gelten. Jedoch hängt das Ausmaß der benötigten toxikologischen Untersuchungen von der Größe der Exposition ab. Für die meisten Aromastoffe sind nur wenige oder keine toxikologischen Daten vorhanden. Einige Aromastoffe mit breiter Anwendung sind bereits von JECFA (vgl. 2.2.2) gesundheitlich bewertet worden, wobei auch für manche Aromastoffe Mengen der DTA empfohlen wurden. Infolge ihrer meist komplexen chemischen Struktur ist bei vielen Aromastoffen zu erwarten, daß toxikologische Untersuchungen an Labortieren pathobiologische Wirkungen auslösen. Trotzdem ist das potentielle gesundheitliche Risiko für den Verbraucher infolge der sehr geringen Exposition als unbedeutend zu erachten.

2.12 Lösemittel

In der Lebensmitteltechnologie unterscheidet man im allgemeinen zwischen Träger- und Extraktionslösemitteln und solchen für technologische Prozesse. Für die gesundheitliche Bewertung dieser Stoffe ist wichtig, daß Trägerlösemittel für Aromastoffe, Farbstoffe, Antioxidantien und Emulgatoren Lebensmitteln zum Zweck einer gleichmäßigen Verteilung der Zusatzstoffe einverleibt werden. Ebenso ist von gesundheitlicher Bedeutung, daß Extraktionslösemittel zur Entfernung unerwünschter Stoffe, z. B. zur Dekoffeinierung von Kaffee oder zur Entfettung von Nahrungsmitteln verwendet werden, daß aber dadurch geringe Restmengen im behandelten Lebensmittel verbleiben. In seltenen Fällen können chemische Reaktionen mit Lebensmittelkomponenten vor sich gehen. Lösemittel für technologische Prozesse dienen als Reaktionsmedium und können daher ebenfalls zu Rückständen führen.

Alle in der Lebensmitteltechnologie verwendeten Lösemittel müssen gesetzlich vorgeschriebenen Reinheitsanforderungen genügen, wobei z. B. die chlorierten Kohlenwasserstoffe bestimmte Stabilisatoren enthalten dürfen, um oxidative Veränderungen zu verhindern. Nach ihrer chemischen Konstitution kann man Lösemittel wie folgt einteilen: Kohlenwasserstoffe, chlorierte Kohlenwasserstoffe, Alkohole, Ester, Ketone, Ether und andere, z. B. Kohlendioxid, 2-Nitropropan.

Die toxikologischen Erwägungen befassen sich im Zusammenhang dieses Kapitels ausschließlich mit den toxischen Auswirkungen der Lösemittelrückstände. Wenn die vorhandenen toxikologischen Daten einen genügend breiten Sicherheitsabstand vom technologisch erreichbaren Rückstandsminimum gewährleisten, bestehen keine gesundheitlichen Bedenken für den Verbraucher. Andernfalls können höchstens Duldbare Tägliche Aufnahmemengen abgeschätzt werden, um daraus eine duldbare Rückstandsgröße abzuleiten. In der Bundesrepublik sind in Listen aufgeführte Lösemittel und Trägerstoffe für Antioxidantien und Farbstoffe zugelassen.

2.13 Verschieden wirkende Stoffe

Es gibt noch eine Anzahl von Zusatzstoffen, für deren Verwendung eine technische Notwendigkeit besteht und deren gesundheitliche Unbedenklichkeit durch ihr Vorkommen als körpereigene Stoffe sowie die Ergebnisse toxikologischer Versuche gewährleistet ist. Dazu gehören in der Bundesrepublik Cystin und Cystein zur Veränderung der Eigenschaften von Weizenkleber, Phosphate, Diphosphate und sauer wirkende Stoffe wie Glucono-δ-lacton, Salzsäure und Schwefelsäure, alkalisch wirkende Stoffe wie Calciumhydroxid, Kalium- und Natriumhydroxid und Wasserglas, Backtriebmittel, Bleichmittel, Treibgase und allgemein zugelassene Zusatzstoffe wie Acetate, Carbonate, Citrate, Chloride, Lactate, Malate, Sulfate und Tartrate. Für manche dieser Stoffe ist die gesundheitliche Unbedenklichkeit an die Einhaltung von Höchstmengen gebunden, die bei der üblichen Anwendung in der Praxis kaum erreicht werden können. Für Stoffe, die allgemein zugelassen sind, sind keine Höchstmengen festgelegt und keine Angaben in Form von DTA erforderlich.

3 Rückstände

Von H. Dunkelberg, Mainz

3.1 Begriffsbestimmung

Werden bei der Erzeugung pflanzlicher oder tierischer Nahrungsmittel Wirkstoffe zur Sicherung von Ertrag, Qualität und Rentabilität eingesetzt, so bezeichnet man die im Endprodukt noch nachweisbaren Restmengen der Wirkstoffe und deren toxikologisch bedeutsame Abbau- oder Umwandlungsprodukte als Rückstände. Es handelt sich also im Gegensatz zu Verunreinigungen, die unerwünscht und unbeabsichtigt aus der Umwelt auf Pflanzen gelangen oder von Tieren aufgenommen werden (vgl. 4.1.1), um Restmengen von Stoffen, die während der Urproduktion pflanzlicher oder tierischer Nahrungsmittel oder während deren Lagerung absichtlich und wegen einer erwünschten Wirkung eingesetzt werden.

Das *Lebensmittel- und Bedarfsgegenständegesetz* (LMBG) unterscheidet zwei Gruppen derartiger Wirkstoffe und möglicher Rückstandsbildner, je nachdem, ob sie in der pflanzlichen oder in der tierischen Produktion eingesetzt werden: Pflanzenschutz- oder sonstige Mittel in § 14 und Stoffe mit pharmakologischer Wirkung in § 15.

Die Bezeichnung Pflanzen*schutz* ist sowohl im LMBG als auch im Pflanzenschutzgesetz, das auf den Schutz und die Behandlung von Kulturpflanzen abstellt, ein gewollter Euphemismus, da darunter auch Stoffe subsummiert sind, die bestimmte Pflanzen vernichten (Herbizide) oder verändern (Wachstumsregler) sollen. Der breite Begriff *»Pflanzenschutz- oder sonstige Mittel«* umfaßt alle Arten von Pflanzen- oder Bodenbehandlungsmitteln einschließlich Düngemitteln (auf deren Rückstände, abgesehen von Nitrat, im folgenden allerdings nicht eingegangen wird; vgl. 4.3.3.1), Vorratsschutz- oder Schädlingsbekämpfungsmitteln.

Angesichts der im Bereich der EG gegebenen Überproduktion vieler landwirtschaftlicher Erzeugnisse, die offensichtlich auch andernorts kaum marktgerecht abzusetzen sind, läßt sich der derzeitige Gesamtverbrauch an Pflanzenschutzmitteln nicht mehr ausschließlich mit der Sicherstellung der Versorgung mit Nahrungsmitteln begründen. Es ist das Mißverhältnis zwischen Tauschkraft landwirtschaftlicher Erzeugnisse einerseits und Produktionskosten andererseits, wodurch sich der Zwang zur Intensivierung der landwirtschaftlichen Produktionsweise ergeben hat. Der Rationalisierungsgewinn, ausgedrückt als Aufgabe von Arbeitsplätzen bei Zunahme der Produktion, war größer als in jeder anderen Branche.

Aus heutiger Sicht sind die Begründungen für die verbreitete Intensivierung fragwürdig geworden. Bei intensiver Landwirtschaft ist der Energieeintrag heute größer als der Energiegewinn in den Produkten. Durch Intensivierung nehmen auch die Kosten zu; wenn die Intensivierung einmal eingesetzt hat, entsteht ein Bedarf nach weiteren Errungenschaften der Agrochemie von selbst. Wenn beispielsweise die Begleitflora durch Herbizide vernichtet ist, um die Druscheigenschaften von Getreide zu verbessern, und zugleich durch Düngung die Ähren größer und schwerer werden, können die Halme diese nicht mehr tragen. Damit sie nicht knicken, werden Halmverkürzer gebraucht, hier Wachstumsregler genannt.

Unter *»Stoffen mit pharmakologischer Wirkung«* sind vor allem Tierarzneimittel und Zusatzstoffe zu Futtermitteln zu verstehen. Auch ihr verbreiteter Einsatz ist eine Folge der Produktionsintensivierung. Einerseits soll die Mast, d. h. die Fleischbildung beschleunigt werden, andererseits erfordert die Massentierhaltung einen früher nicht gekannten Einsatz von Tierarzneimitteln. Im Interesse des Verbraucherschutzes wird seit Jahren versucht, die Zahl der Masthilfsmittel in der EG zu reduzieren und vor allem bestimmte Hormone und Antibiotika von diesem Einsatz auszuschließen.

3.2 Pflanzenschutzmittel

3.2.1 Übersicht und Anwendungsgebiete

Innerhalb der Pflanzenschutzmittel unterscheidet man sinnvollerweise entsprechend dem mit der Anwendung verbundenen Ziel
- Pflanzenschutzmittel im engeren Sinne, d. h. Schädlingsbekämpfungsmittel, in Anlehnung an die angelsächsische Nomenklatur auch Pestizide genannt,
- Herbizide und
- Wachstumsregulatoren.

Pflanzenschutzmittel i.e.S. sollen die Pflanzen vor Schadorganismen und Krankheiten oder die Pflanzenerzeugnisse vor Schadorganismen schützen. Sie lassen sich nach den Zielorganismen, gegen die sie wirken sollen, einteilen in:
- Insektizide zur Abtötung von Insekten,
- Akarizide zur Abtötung von Milben,
- Larvizide zur Abtötung von Larven,
- Nematizide zur Abtötung von Würmern,
- Molluskizide zur Abtötung von Schnecken,

- Ovizide zur Bekämpfung der Eistadien von Schadorganismen,
- Fungizide zur Unterdrückung des Wachstums von Pilzen,
- Rodentizide zur Abtötung von Nagetieren.

Die *Pflanzenschutzmittel* sollen bestimmte, im Rahmen der pflanzlichen Produktion als Schädlinge bezeichnete Lebewesen vernichten. Daraus geht hervor, daß die Forderung nach »ungiftigen« Pflanzenschutzmitteln nicht erfüllbar ist; sie sollen giftig sein, allerdings möglichst spezifisch für bestimmte Organismen und möglichst wenig für alle anderen, insbesondere für Wirbeltiere und den Menschen.

Herbizide werden eingesetzt, um die in einer Pflanzenkultur unerwünschte Begleitflora zu vernichten oder zu vermindern. Sie sollten besser nicht als Pflanzenschutzmittel bezeichnet werden. Sie werden überwiegend eingesetzt, um Arbeit zu sparen, wo früher »Unkraut« mechanisch entfernt wurde.

Zur Gruppe der Pflanzenschutzmittel gehören auch die *Wachstumsregulatoren.* Mit ihnen werden Lebensvorgänge von Pflanzen beeinflußt, ohne daß diese Stoffe jedoch der Ernährung der Pflanzen dienen. Im Getreideanbau handelt es sich vorzugsweise um halmverkürzende Präparate. Sie führen zu einer Verkürzung der späteren Halme bis zu 20 %. Gefäßbündel und Halmwände werden dagegen verstärkt. Diese Präparate fördern die Standfestigkeit trotz hohen Düngemitteleinsatzes und verbessern die Druscheigenschaften.

Pflanzenschutzmittel werden bereits bei der *Saatgutbehandlung* eingesetzt. Fungizide dienen hier zur Bekämpfung von infizierenden pilzlichen Krankheitserregern. Insektizide beugen dem Befall durch Elateridenlarven vor.

Zur *Bodenbehandlung* werden insektizide, nematizide und z.T. auch fungizide Wirkstoffe eingebracht, um unterirdische Pflanzenteile vor den entsprechenden Zielorganismen (Insekten, Würmern, Pilzen) zu schützen. Bei systemisch wirkenden Verbindungen wird der Stoff in seiner Wirkform von der Pflanze aufgenommen, so daß die Zielorganismen auch bei Befall der oberirdischen Pflanzenteile erreicht werden.

Während der Vegetationsperiode erfolgt die *Pflanzenbehandlung.* Hier bekämpft man mit Fungiziden die Pilzkrankheiten (Mehltau, Rostarten) und mit Insektiziden z.B. den Befall mit Blattläusen, Weizengallmücken und Maiszünsler oder mit Nematiziden den Nematodenbefall. Wachstumsregler werden zur Halmverkürzung ausgebracht. Mit Herbiziden bekämpft man unerwünschte Kräuter und Gräser, um die Druscheigenschaften des Getreidebestandes zu verbessern und die Kultur nicht zu gefährden.

Pflanzenschutzmittel werden auch eingesetzt im Zusammenhang mit der *Lagerung des Erntegutes.* So können leere Lagerräume und Transportbehälter mit Insektiziden entwest werden. Auch behandelt man im Vorratsschutz das Erntegut selbst mit Insektiziden z.B. gegen Kornkäferbefall, oder man bekämpft den Schimmelpilzbefall mit Fungiziden.

3.2.2 Rechtliche Regelung zur Verwendung von Pflanzenschutzmitteln

Gesetzliche Grundlage der Anwendung von Pflanzenschutzmitteln ist das Gesetz zum Schutz der Kulturpflanzen, kurz Pflanzenschutzgesetz von 1986.

Zweck dieses Gesetzes ist es u. a., Kulturpflanzen und Pflanzenerzeugnisse vor Schadorganismen zu schützen und Gefahren abzuwenden, die durch die Anwendung von Pflanzenschutzmitteln insbesondere für die Gesundheit von Mensch und Tier und für den Naturhaushalt entstehen können.

Nach dem Pflanzenschutzgesetz müssen Pflanzenschutzmittel von der Biologischen Bundesanstalt für Land- und Forstwirtschaft in Braunschweig zugelassen sein. Die Zulassung erfolgt auf Antrag. Dieser muß verschiedene Angaben zum Präparat enthalten und ist bei der Biologischen Bundesanstalt einzureichen. Die Angaben beziehen sich unter anderem auf die Analytik des Wirkstoffes, das Rückstandsverhalten in der Pflanze, in Lebens- und in Futtermitteln sowie auf das Verhalten in Wasser und Boden. Erforderlich sind auch Angaben zur Phytotoxizität und zur Wirkung auf Nutztiere, Honigbienen und Kulturpflanzen. Zur Abschätzung möglicher Wirkungen auf die Gesundheit von Mensch und Tier sind Angaben zur akuten Toxizität, zum 90-Tage-Fütterungsversuch an Ratten und Hunden und zur chronischen Toxizität auf der Basis eines Langzeitfütterungsversuchs über 2 Jahre an Ratten erforderlich. Weiter müssen Angaben zum Metabolismus und zur Aufnahme, Verteilung und Ausscheidung im Säugerorganismus wie auch zur Frage der teratogenen, mutagenen und kanzerogenen Wirkung gemacht werden.

Die Biologische Bundesanstalt beurteilt im Zulassungsverfahren, ob das vorgesehene Mittel für die beantragte Anwendung hinreichend wirksam ist, während für den Schutz der Gesundheit von Mensch und Tier das Bundesgesundheitsamt und für Fragen der Belastung von Wasser und Luft das Umweltbundesamt zuständig ist. Das Bundesgesundheitsamt hat insbesondere zu prüfen

- ob und gegebenenfalls durch welche Auflagen und Gebrauchsvorschriften eine ausreichende Sicherheit für die Anwender von Pflanzenschutzmitteln gegeben ist;
- ob Schäden für Wild- und Nutztiere zu befürchten sind, die gegebenenfalls bestimmte Anwendungen ausschließen;
- welche Art und welche Mengen von Rückständen unter Berücksichtigung guter landwirtschaftlicher Praxis zu erwarten sind und ob von diesen gesundheitliche Risiken ausgehen können;
- wie sich die Stoffe im Boden verhalten, ob sie ins Gundwasser übergehen etc.

Durch Anwendungsvorschriften wird die jeweilige gute landwirtschaftliche Praxis definiert und damit auf Entstehen und Konzentration von

Rückständen Einfluß genommen. In ihr werden u. a. Wartezeiten bzw. zeitliche Abstände zwischen letzter Anwendung und Ernte festgelegt, aber auch anzuwendende Mengen pro Flächeneinheit oder Anwendungsbeschränkungen genannt. In dem Pflanzenschutzmittel-Verzeichnis der Biologischen Bundesanstalt (Hrsg.) sind diese Angaben neben den zugelassenen Pflanzenschutzmitteln aufgeführt.

Seit 1987 ist eine Pflanzenschutz-Sachkundeverordnung gültig, nach der ein Nachweis über bestimmte fachliche Kenntnisse sowohl bei der Anwendung (Landwirte, Gärtner) als auch bei der Abgabe (Händler) von Pflanzenschutzmitteln erforderlich ist.

3.2.3 Rechtliche Regelungen zum Vorkommen der Rückstände von Pflanzenschutzmitteln in und auf Lebensmitteln und im Trinkwasser

Die Herstellung von und der Handel mit Lebensmitteln unterliegt gesetzlichen Regelungen, die insbesondere auch auf den Gesundheitsschutz abzielen. Nach § 8 des Lebensmittel- und Bedarfsgegenständegesetzes ist es verboten, Lebensmittel in Verkehr zu bringen, wenn ihr Verzehr geeignet ist, die Gesundheit zu schädigen. Dieser Passus wurde bereits vor mehr als 100 Jahren als Bestandteil des Nahrungsmittelgesetzes aufgenommen.

Nach § 14 LMBG werden Lebensmittel vom Verkehr ausgeschlossen, wenn sie Rückstände von Pflanzenschutzmitteln enthalten, die bestimmte, für die einzelnen Stoffe festzulegende Höchstmengen überschreiten. Wirkstoffe, die in der Bundesrepublik als Pflanzenschutzmittel nicht zugelassen sind, dürfen überhaupt nicht in oder auf Lebensmitteln nachweisbar sein, es sei denn es ist im Einzelfall eine Höchstmenge festgesetzt.

Die auf der Grundlage von § 14 LMBG erlassene Pflanzenschutzmittel-Höchstmengenverordnung wurde zuletzt 1984 überarbeitet. Sie enthält 464 Stoffe, die nicht in höherer Konzentration in den Lebensmitteln vorliegen dürfen, als es die festgesetzten Höchstmengen in dieser Verordnung angeben. Die Höchstmengen liegen mit meist deutlichem Abstand unterhalb jener Werte, die nach dem Kenntnisstand aus toxikologischer Sicht zur Vermeidung einer Gefahr für die Gesundheit noch duldbar wären (vgl. 1.5.1). Die Höchstmengen der Pflanzenschutzmittel-Höchstmengenverordnung sind also überwiegend keine toxikologisch begründeten Grenzwerte, sondern Werte, die bei guter landwirtschaftlicher Praxis (GLP) eingehalten oder unterschritten werden können. Mit guter landwirtschaftlicher Praxis ist z. B. gemeint, daß nur die empfohlene Menge eines Mittels ausgebracht und der Mindestabstand zwischen letzter Anwendung und Ernte eingehalten wird. Für Stoffe, deren Rückstände trotz Einhaltung der Regeln der GLP die

Grenze des aus toxikologischer Sicht gesundheitlich Vertretbaren erreichen könnten, wäre die Voraussetzung einer Zulassung nach dem Pflanzenschutzgesetz nicht gegeben. Daraus folgt auch, daß ein gelegentliches Überschreiten der Höchstmenge nicht mit einer Gesundheitsgefahr gleichzusetzen ist.

Beim Auftreten von Pflanzenschutzmitteln im Trinkwasser handelt es sich definitionsgemäß um Verunreinigungen, da diese Stoffe ja nicht gezielt bei der Gewinnung dieses Produktes verwendet werden. Die *Trinkwasserverordnung* von 1986 begrenzt das Vorkommen von Pflanzenschutzmitteln im Trinkwasser. Danach dürfen chemische Stoffe zur Pflanzenbehandlung und Schädlingsbekämpfung einschließlich der toxischen Abbauprodukte insgesamt die Konzentration von 0,0005 mg/l im Trinkwasser nicht überschreiten. Für Einzelsubstanzen liegt der Grenzwert bei 0,0001 mg/l. Da die analytischen Methoden in diesem niedrigen Konzentrationsbereich für die große Zahl von Wirkstoffen und Metaboliten noch nicht vollständig erarbeitet wurden, hat der Gesetzgeber die Umsetzung dieses Verordnungsteiles bis zum 1. Okt. 1989 aufgeschoben. Diese Grenzwerte für das Vorkommen von Pflanzenschutzmitteln im Trinkwasser sind wie die Höchstmengen in Lebensmitteln ebenfalls keine toxikologisch begründeten Werte. Sie dienen vielmehr dem Ziel, das Trinkwasser von dieser Kontamination praktisch freizuhalten.

3.2.4 Abschätzung Duldbarer Täglicher Aufnahmemengen von Pflanzenschutzmitteln

Für eine Reihe von Pflanzenschutzmitteln hat eine Expertengruppe der Weltgesundheitsorganisation (WHO) Duldbare Tägliche Aufnahmemengen (DTA; englisch: **A**cceptable **D**aily **I**ntake, ADI) vorgeschlagen. Diese geben Mengen eines Stoffes in mg/kg Körpergewicht an, deren täglicher und lebenslanger Verzehr auf der Basis des vorhandenen Wissensstandes kein erkennbares gesundheitliches Risiko darstellt (vgl. 1.5.1).

Für die in der Bundesrepublik zugelassenen Pflanzenschutzmittel hat die Arbeitsgruppe Toxikologie der Senatskommission für Pflanzenschutz-, Pflanzenbehandlungs- und Vorratsschutzmittel der Deutschen Forschungsgemeinschaft (DFG) Kriterien zur toxikologischen Bewertung empfohlen. Auf der Grundlage dieser Kriterien wurden von der Arbeitsgruppe für solche Stoffe, für die das WHO-Gremium noch keine DTA aufgestellt hat, vergleichbare Werte ebenfalls in mg/kg Körpergewicht in Vorschlag gebracht. Die entscheidende Bezugsgröße zur Abschätzung von Werten für die DTA ist die in Tierversuchen ermittelte höchste Dosis ohne beobachtete Wirkung (NOEL, vgl. 1.5.1). Sie gibt die tierexperimentell festgestellte höchste Dosis an, mit der im empfindlichsten Test keine Wirkung mehr nachweisbar war. Der NOEL ist nicht vergleichbar mit einer physikalischen oder chemischen Stoffkonstante, sondern ist bestimmt durch den jeweiligen Stand der wissenschaftlichen Kenntnis und Methodik. Dieser NOEL wird durch einen Sicherheitsfaktor, der je nach Datenlage variiert, meist jedoch 100 beträgt, dividiert. Der Quotient liefert den Wert für die DTA.

Mit dem Sicherheitsfaktor sollen jene Größen und Variablen berücksichtigt werden, die bei der Übertragung der tierexperimentell ermittelten Ergebnisse auf die Bevölkerung zu beachten sind (vgl. 1.5.1). Über diese Faktoren liegen jedoch meist keine ausreichenden Erkenntnisse vor, weshalb sie als das nicht bestimmbare Risiko zusammengefaßt wurden (vgl. 1.6). So kann der Mensch empfindlicher sein als die im Experiment verwendeten Tierspezies. Gesundheitszustand, Ernährungszustand und schließlich die breitere biologische Streuung hinsichtlich Metabolismus und Empfindlichkeit innerhalb des umfangreichen Bevölkerungskollektivs sind weitere zu beachtende Einflußgrößen, die vom Sicherheitsfaktor abgedeckt werden sollen. Da der Quantifizierung des Sicherheitsfaktors die gesicherte wissenschaftliche Basis fehlt, ist er als ein auf Erfahrung beruhender Schätzwert zu verstehen.

Die Abschätzung der Duldbaren Täglichen Aufnahmemenge kann also nicht regelhaft oder schematisch erfolgen, sondern erfordert hohen Sachverstand. Es lassen sich nämlich leicht Beispiele dafür finden, daß die unterschiedliche Sensitivität verschiedener Spezies durchaus im Bereich des Faktors 100 liegen kann. So beträgt die häufig als Anhalt für die akute Giftigkeit verwendete LD_{50} nach oraler Aufnahme, d. h. die Dosis, die für 50 % der Tiere tödlich ist, für 2,3,7,8-Tetrachlor-dibenzodioxin (TCDD) 3,1 µg/kg Körpergewicht, wenn man Meerschweinchen als Versuchstiere nimmt. Bei Verwendung von Mäusen wurde dagegen ein Wert von 320 µg/kg Körpergewicht ermittelt. Auch für die Entfernung eines Stoffes aus dem Organismus durch Stoffwechsel und Ausscheidung werden zum Teil deutlich unterschiedliche Geschwindigkeiten gefunden. So beträgt die biologische Halbwertszeit für TCDD beim Rhesusaffen 8 Tage, während der entsprechende Wert beim Menschen im Bereich von 1 bis 3 Jahren liegen dürfte. Erhebliche Unterschiede in der Empfindlichkeit gegenüber einem toxischen Stoff lassen sich in bestimmten Fällen auch innerhalb einer Spezies feststellen. So führt Natriumnitrit beim Erwachsenen erst in höherer Dosis (in mg/kg Körpergewicht) zu Vergiftungserscheinungen (Methämoglobinämie) als bei Säuglingen. Diese unterschiedliche Wirkungsstärke ließ sich auf Differenzen in der Aktivität der das Methämoglobin reduzierenden Enzyme in den Erythrozyten zurückführen. Entsprechend ist in Gegenwart von Nitrit die Oxidationsgeschwindigkeit von Hämoglobin zum Methämoglobin im Neugeborenenblut gegenüber Erwachsenenblut etwa verdoppelt. Zur Festlegung der DTA ist noch kritisch anzumerken, daß die zugrundeliegenden Daten in der Regel auf die tierexperimentelle Prüfung von Einzelsubstanzen zurückgehen. Die Frage des Wirkungsprofiles beim Zusammentreffen verschiedener Stoffe (Kombinationswirkung) bleibt in diesem Konzept unberücksichtigt (vgl. 1.4.2.5). Die Verfahrensgrundsätze, nach denen die oben genannte, von der DFG berufene Arbeitsgruppe Sicherheitsfaktoren wählt, sind z. B. in der »Datensammlung zur Toxikologie der Herbizide« (Deutsche Forschungsgemeinschaft (Hrsg.), VCH Verlagsgesellschaft mbH, Weinheim 1986) ausführlich beschrieben.

Sind die erforderlichen Daten zur Abschätzung der DTA nicht ausreichend oder lückenhaft, fehlen z. B. Ergebnisse aus Langzeitfütterungsversuchen, so wird nur eine »vorläufige DTA« festgelegt (vgl. 2.3). Für Stoffe, mit denen in Kanzerogenitäts- oder Mutagenitätsversuchen eindeutig positive Ergebnisse erzielt wurden, wird kein Wert für die DTA angegeben (vgl. 1.5.2).

3.2.5 Wirkstoffgruppen

Es ist unmöglich, im Rahmen eines kurzen Lehrbuchs der Lebensmitteltoxikologie alle Wirkstoffgruppen, die in der Landwirtschaft und im Vorratsschutz als Pflanzenschutzmittel Verwendung finden, geschweige denn alle Wirkstoffe, systematisch abzuhandeln. Statt dessen wird in den folgenden Abschnitten am Beispiel einiger ausgewählter Gruppen von Wirkstoffen gezeigt, wie und auf der Basis welcher Daten die gesundheitliche Risikoabschätzung erfolgt.

Die hier vorgenommene hygienisch-toxikologische Bewertung von Pflanzenschutzmittel-Rückständen stützt sich auf die in der Fachliteratur veröffentlichten Untersuchungsergebnisse. Die im Zusammenhang mit dem Zulassungsverfahren dieser Stoffe vorgelegten, aber nicht publizierten Versuchsdaten und Sachverständigengutachten sind nicht allgemein zugänglich und bleiben daher unberücksichtigt. Auch die Arbeitsgruppe Toxikologie der Kommission für Pflanzenschutz-, Pflanzenbehandlungs- und Vorratsschutzmittel stützt sich bei der Festlegung der Werte für die DTA auf veröffentlichte Daten. Aufgrund der unterschiedlichen Datengrundlage ist es verständlich, daß die hier erfolgte Bewertung nicht in jedem Fall die für die Zulassung erforderliche toxikologische Unbedenklichkeit bestimmter Rückstandsmengen bestätigen kann und daß ein Widerspruch zwischen der hier vorgenommenen Bewertung einerseits und den Bedingungen der Zulassung eines Wirkstoffes andererseits erkennbar werden kann.

3.2.5.1 Chlorierte Kohlenwasserstoffe

3.2.5.1.1 Persistenz; Anwendungsverbote

Mehrere Wirkstoffe aus der Gruppe der insektiziden und auch fungiziden chlorierten Kohlenwasserstoffe erwiesen sich als schwer abbaubar (persistent). Dies führt dazu, daß sie im Boden verbleiben und bei wiederholter Ausbringung dort auch akkumulieren. Sie sind ausgeprägt fettlöslich und werden in der Nahrungskette Pflanzen–Tiere–Mensch angereichert. Sie werden im menschlichen Fettgewebe gespeichert und sind daher auch in der Frauenmilch in entsprechend hoher Konzentration vorhanden.

Zwischen 1972 und 1982 wurden die persistenten Wirkstoffe dieser Gruppe entweder gemäß dem Pflanzenschutzgesetz nicht mehr zugelassen oder mit einem Anwendungsverbot versehen. DDT wurde sogar durch ein eigenes Gesetz verboten. Dieses Gesetz wurde als eine der ersten direkten Folgen von Rachel Carsons Buch »Der stumme Frühling« seinerzeit verabschiedet. Dennoch sind einige dieser Wirkstoffe in toxikologisch beachtenswerten Mengen weiterhin in Lebensmitteln nachweisbar. Sie sind jedoch nunmehr als Verunreinigungen und nicht als Rückstände zu betrachten (vgl. daher 4.3.2.1). Folgende Stoffe dieser Gruppe waren in der Bundesrepublik als Pflanzenschutzmittel zugelassen, dürfen jedoch heute nicht mehr angewendet werden: Aldrin, Dieldrin, Camphechlor (Toxaphen), Chlorbenzilat, Chlordan, DDT, DDD, Endrin, Heptachlor und Hexachlorbenzol. Lindan und Methoxychlor, die nicht zu den persistenten Verbindungen zählen, sind noch zugelassene Pflanzenschutzmittel dieser Gruppe.

3.2.5.1.2 γ-Hexachlorcyclohexan, Lindan

Das Insektizid Lindan (γ-Hexachlorcyclohexan, HCH) wird nicht nur in der Landwirtschaft zur Pflanzenbehandlung, sondern auch als Holzschutzmittel im Bau- und Möbelgewerbe und in der Veterinärmedizin zur Behandlung von Ektoparasiten eingesetzt. Das bei der kommerziellen Herstellung synthetisierte HCH besteht aus 5 Isomeren, die α-, β-, γ-, δ- und ε-HCH genannt werden und sich durch die räumliche Anordnung der Cl-Atome im Molekül voneinander unterscheiden. In ihren chemischen, physikalischen und auch biochemischen Eigenschaften weisen die Isomeren z.T. deutliche Unterschiede auf. Von diesen Isomeren ist nur das γ-HCH insektizid wirksam, das nach dem Entdecker der Isomeren van der Linden unter der Bezeichnung Lindan geführt wird. Alle HCH-Isomeren besitzen eine geringe Wasserlöslichkeit und hohe Löslichkeit in Fett und organischen Lösungsmitteln. Mit etwa 10 mg/l hat das Lindan die beste Wasserlöslichkeit unter den Isomeren, während die von β-HCH bei 0,2 mg/l liegt. Die Halbwertszeiten im Boden werden für α-HCH und γ-HCH auf etwa 1 Jahr und für β-HCH auf 8 Jahre geschätzt.

Diese Halbwertszeiten in Böden sind abhängig vom Humusgehalt, Pflanzenaufwuchs, Wassereintrag usw. So erniedrigte sich in humusreichem Boden die Halbwertszeit für α-HCH auf etwa 100 Tage, und in einem befeuchteten Reaktionsgefäß mit Ackererde wurde für Lindan eine Halbwertszeit von 50 Tagen ermittelt. Aus solchen Versuchen wird gefolgert, daß bei Verwendung von Lindan zum Pflanzenschutz unter Normalbedingungen kein Aufbau eines Depots im Boden erfolgt. In diesen Versuchen wurde weiter gezeigt, daß eine geringe Isomerisierung von γ- nach α-HCH durch mikrobielle Aktivität im Boden möglich ist. In der Pflanze (z. B. Möhren, Spinat) werden etwa 50 % des mit den Wurzeln aufgenommenen Lindans metabolisiert. Wichtige Metabolite sind Tri-, Tetra- und Pentachlorphenol. Lindan wird offenbar auch im Pansen der Kühe relativ rasch abgebaut. In-vitro-Versuche mit inkubiertem Pansensaft ergaben eine Halbwertszeit von 12 Stunden. Auch α-HCH wird hier abgebaut, während bei β-HCH keine nennenswerte Konzentrationsabnahme zu beobachten war.

Technisches HCH enthält nur einen Anteil von maximal 15 % γ-HCH, ca. 70 % entfallen auf α- und 10 % auf β-HCH. Um den Eintrag dieser relativ beständigen Stoffe in die Ökosphäre zu reduzieren und ihre Anreicherung in der Nahrungskette zu verringern, wurde 1974 in der Bundesrepublik Deutschland die Anwendung von technischem HCH in der Landwirtschaft verboten. Später wurde technisches HCH auch im Forstbereich und in der Veterinärmedizin aufgegeben. Trotz dieser Anwendungsverbote für das technische Produkt treten die α- und β-Isomeren aufgrund ihrer Beständigkeit weiterhin in Lebensmitteln auf und sind von toxikologischer Bedeutung.

Aufnahme, Metabolismus, Ausscheidung: Die HCH-Isomeren werden nach oraler Aufnahme aus dem Magen-Darm-Trakt, aber auch durch die Haut gut resorbiert. Gegenüber der Konzentration im Blut wird α-HCH in Leber, Gehirn und Depotfett um die Faktoren 4:5 und 124 angereichert. Für β-HCH wurden entsprechende Anreicherungsfaktoren von 15:3 und 363 und für γ-HCH die Faktoren 3:4 und 83 ermittelt. Die tierexperimentell ermittelten biologischen Halbwertszeiten betragen je nach Isomeren mehrere Tage bis Wochen. Da die HCH-Isomeren bevorzugt im Fettgewebe deponiert werden, sind auch die Konzentrationsabnahmen in diesem Gewebe maßgebend für die Halbwertszeit des Stoffes im gesamten Organismus. Bei der Ratte beträgt die Halbwertszeit von Lindan im Depotfett 1 bis 2 Tage, α-HCH wird je nach Geschlecht innerhalb von 2 bis 7 Tagen zur Hälfte eliminiert, und für β-HCH liegt die Halbwertszeit bei der Ratte zwischen 3 und 10 Wochen. Beim Menschen dürfte aufgrund arbeitsmedizinischer Untersuchungen die Halbwertszeit für β-HCH im Bereich von mehreren Monaten bis Jahren liegen. Die Elimination von α- und γ-HCH erfolgt durch Exkretion der unveränderten Substanz mit den Faeces (etwa 15 % der Dosis) und durch Ausscheidung harnfähiger Metabolite mit dem Urin.

Ein nennenswerter Metabolismus ist bei β-HCH nicht zu beobachten, die Ausscheidung erfolgt vermutlich größtenteils in unveränderter Form mit den Faeces. Beim laktierenden Säuger wird β-HCH in größerem Umfang über die Milch ausgeschieden. Untersuchungen von Fettgewebsproben und Milchproben stillender Frauen ergaben, daß die Konzentrationen von β-HCH im Fettanteil der Frauenmilch etwa mit denen im entsprechenden Fettgewebe übereinstimmen. Andererseits besteht zwischen der Serumkonzentration von β-HCH und dem Anteil im Fettgewebe eine lineare Korrelation in der Weise, daß die Konzentrationen im Fettgewebe ewa 200- bis 300mal höher sind als die entsprechenden Plasmakonzentrationen. Tierexperimentell stiegen die Plasmakonzentrationen von β-HCH um ein Mehrfaches an, wenn durch Futtereinschränkung ein Abbau der Fettdepots und damit eine Freisetzung des gespeicherten β-HCH erzwungen wurde. Dadurch wird die pharmakologisch wirksame Konzentration im übrigen Gewebe vorübergehend erhöht. Insbesondere während der Stillperiode sollten daher Frauen von einer beabsichtigten Abmagerungskur absehen, um die Milch nicht zusätzlich mit den aus den Depots freiwerdenden HCH zu belasten. Bei kontinuierlicher Zufuhr von α- und γ-HCH kommt es nach einigen Wochen oder Monaten zu einem Gleichgewicht zwischen Aufnahme und Ausscheidung. Wie Untersuchungen an Beschäftigten der HCH-Produktion ergaben, überwiegt bei β-HCH jedoch auch nach über 10jähriger Exposition die Zufuhr gegenüber der Ausscheidung; demnach waren die Depots entsprechend den oben angegebenen Konzentrationsverhältnissen offenbar noch nicht aufgefüllt.

Akute und chronische Toxizität: Bei akuten Vergiftungen mit technischem HCH oder mit Lindan stehen die neurotoxischen Wirkungen im Vordergrund. Es treten Kopfschmerzen, Leibschmerzen, Erbrechen, Zittern, Bewußtlosigkeit und Krämpfe auf. Die für den Menschen tödliche orale Dosis von Lindan liegt bei 10 bis 20 mg/kg Körpergewicht. Das akut toxische Potential von Lindan ist erheblich stärker ausgeprägt als das der übrigen Isomeren.

Die chronische Wirkung bezieht sich vorwiegend auf eine gesteigerte Bildung von Leberenzymen, wobei in dieser Hinsicht α- und β-HCH stärkere Wirkung haben als γ-HCH. Dadurch ist die Aktivität von Enzymen wie Monooxigenasen, Esterasen und Glutathion-Transferasen gesteigert. Als Folge davon werden Fremdstoffe (z. B. Pharmaka), aber auch körpereigene Stoffe wie Geschlechtshormone beschleunigt abgebaut. Im Tierexperiment stimulieren α- und β-HCH und γ-HCH das Leberwachstum. Die Verfütterung hoher Dosen von α-HCH führte in Langzeitversuchen mit bestimmten Mäusestämmen zu häufigerem Auftreten von Lebertumoren. HCH besitzt jedoch nach dem derzeitigen Wissensstand kein gentoxisches Potential. Vielmehr wird das häufigere Auftreten von Lebertumoren auf einen sogenannten epigenetischen Mechanismus zurückgeführt. Danach wirkt HCH nicht tumorigen durch direkte Interaktion mit der DNS, sondern nach Art eines Promotors (vgl. 1.5.2).

Neben der tumorpromovierenden Wirkung ist zu beachten, daß relativ hohe Plasmakonzentrationen von HCH eine Schwächung der zellulären und humoralen Immunreaktion bewirken. So beobachtete man bei beruflich gegenüber HCH Exponierten einen Abfall der Lymphozytenzahl.

Bewertung der Rückstände in Lebensmitteln: Das Vorkommen von Rückständen von Lindan und den übrigen HCH ist aufgrund der amtlichen Untersuchungen im Rahmen der Lebensmittelüberwachung gut dokumentiert. Für einige ausgewählte Lebensmittel tierischer Herkunft sind die ermittelten Rückstandswerte aus dem Zeitraum von 1978 bis 1982 in Tabelle 3.1 aufgeführt. Bei Produkten tierischen Ursprungs bezieht man diese Rückstandsmengen in mg auf den Fettanteil in kg.

Zunächst fällt bei der Betrachtung dieser Tabelle auf, daß die Rückstandsmengen in mehr als der Hälfte der Proben der verschiedenen Nahrungsmittel kleiner als 0,001 mg/kg (Fettbasis) waren.

Die gesetzlichen Höchstmengen bei Fleisch und tierischen Fetten betragen für die Summe von α- und β-HCH 0,3 mg/kg und 2,0 mg/kg für γ-HCH (Fettbasis). Bei Milch liegt die Höchstmenge für β-HCH bei 0,05 mg/kg (Fettbasis), für die Summe aus β- und α-HCH bei 0,1 mg/kg und für γ-HCH bei 0,2 mg/kg.

Ein Vergleich der in der Tabelle aufgelisteten *Mittelwerte* mit den Höchstmengen macht deutlich, daß die Höchstmengen in nahezu allen Fällen wesentlich, meist um den Faktor 10, unterschritten werden. Nur die mittleren Rückstandsmengen von α- und β-HCH beim Hauskaninchen überschreiten die Höchstmengen. Jedoch überschreiten die gefundenen maximalen Werte von α-HCH bei allen hier aufgelisteten Lebensmitteln die Höchstmengen. Bei β-HCH bleiben nur bei Schweinefett alle Proben unterhalb der Höchstmenge; die Maximalwerte der übrigen Produkte überschreiten ebenfalls die Höchstmengen. In bezug auf γ-HCH wurden Überschreitungen der Höchstmenge nur bei Milch und Schaffleisch gefunden. Die Analyse dieser Daten ergibt also, daß die Rückstandsmengen an α-, β- und γ-HCH in der Regel mit deutlichem Abstand unterhalb der Höchstmengen liegen, in seltenen Fällen aber auch nennenswerte Überschreitungen vorkommen. Zur gesundheitlichen Beurteilung der gefundenen Rückstandsmengen lassen sich die Werte für die DTA heranziehen, die auf der Basis des NOEL (vgl. 1.5.1) ermittelt wurden. Die DTA beträgt für α-HCH 0,005 mg/kg Körpergewicht, für β-HCH 0,001 mg/kg und für γ-HCH 0,01 mg/kg Körpergewicht. Multipliziert man diese Werte mit 365 (Anzahl der Tage im Jahr) und 70 (geschätztes Gewicht des Erwachsenen in kg), so erhält man die Summe der DTA eines Erwachsenen über den Zeitraum eines Jahres. In Tabelle 3.2 sind diese Werte jenen Aufnahmemengen gegenübergestellt, die sich aus den gemessenen Mittelwerten und Höchstwer-

Tab. 3.1. HCH-Rückstandsmengen ausgewählter Lebensmittel tierischer Herkunft*

Lebensmittel	Anzahl der Proben	Anzahl der Proben mit Rückständen < 0,001 mg/kg	Rückstandsmengen in mg/kg (Fettbasis)	
			Mittelwert	Maximalwert
		α-Hexachlorcyclohexan		
Schweinefleisch	259	173	0,0135	1,463
Rindfleisch	777	444	0,0401	9,255
Schaffleisch	270	206	0,0119	0,85
Hauskaninchen	36	24	0,3618	2,92
Schweinefett	4009	2789	0,0065	0,81
Rinderfett	2584	1554	0,0148	1,11
Milch	8810	4557	0,0114	1,067
		β-Hexachlorcyclohexan		
Schweinefleisch	269	210	0,0207	2,304
Rindfleisch	825	650	0,0211	1,850
Schaffleisch	350	302	0,0160	1,200
Hauskaninchen	39	29	0,6618	6,821
Schweinefett	2222	2157	0,0006	0,051
Rinderfett	1468	1390	0,0057	1,945
Milch	8275	4742	0,0066	0,302
		γ-Hexachlorcyclohexan		
Schweinefleisch	242	172	0,0112	0,462
Rindfleisch	673	448	0,0281	2,117
Schaffleisch	282	206	0,0694	5,773
Hauskaninchen	49	34	0,0958	1,365
Schweinefett	3373	2500	0,0058	0,600
Rinderfett	2371	1564	0,0143	2,572
Milch	8660	4597	0,0155	14,000

* Aus P. Weigert, J. Müller, R. Hans und K.P. Zufelde: Rückstände von Pflanzenbehandlungsmitteln in Lebensmitteln. I. Mitteilung: Organochlorverbindungen. Dietrich Reimer Verlag, Berlin 1983.

Tab. 3.2. Ausgewählte, mit den Rückstandsmengen aus Tabelle 3.1 errechnete Aufnahmemengen pro Person und Jahr von α-, β- und γ-HCH und Vergleich mit der Summe der DTA für 1 Jahr. Es wurde der durchschnittliche Jahresverbrauch von Fleisch, Schlachtfett und Milch zugrunde gelegt.

	α-HCH		β-HCH		γ-HCH	
Summe der DTA pro Person und Jahr in mg	127,75		25,55		255,5	
	Aufnahmemengen in mg					
Lebensmittel	Mittelwert	Höchstwert	Mittelwert	Höchstwert	Mittelwert	Höchstwert
Schweinefleisch (50 kg, 22 % Fett)	0,15	16,09	0,23	25,34	0,12	5,08
Rindfleisch (18 kg, 13 % Fett)	0,03	3,42	0,05	5,39	0,07	4,95
Schlachtfett (6 kg, Schwein)	0,04	4,86	0,004	0,31	0,03	3,60
Milch (65 l, 3 % Fett)	0,02	2,08	0,01	0,59	0,03	27,30

ten der Tabelle 3.1 und der durchschnittlichen jährlichen Nachfrage an Fleisch (= Verbrauch) pro Person errechnen lassen. Die Tabelle zeigt, daß die aufgenommenen Rückstandsmengen nur einen Bruchteil der duldbaren Mengen bilden, wenn die durchschnittlichen Rückstände zugrunde gelegt werden. Deutliche Überschreitungen der duldbaren Mengen werden jedoch auf der Basis der Maximalwerte von β-HCH ermittelt. Es ist darauf hinzuweisen, daß mit dem Verzehr von Fisch (Höchstmenge für β-HCH: 0,5 mg/kg), Gemüse, Obst, Getreide- und Milcherzeugnissen weitere Rückstandsmengen aufgenommen werden. Auch auf der Basis der Mittelwerte sämtlicher verzehrter Lebensmittel sind Überschreitungen der DTA kaum zu erwarten. Man könnte argumentieren, daß der Verzehr mehrerer Lebensmittel mit überdurchschnittlichen oder gar extrem hohen Rückstandsmengen über längere Zeit hin sehr unwahrscheinlich ist. Im Falle von Fleisch und Schlachtfett entspricht es jedoch durchaus den Gepflogenheiten, daß z. B. bei Hausschlachtung oder Großeinkäufen der ganze Schlachtkörper von einer Familie verzehrt wird. So sind es in der Bundesrepublik ca. 2 Mio. Schweine pro Jahr, die im Rahmen von Hausschlachtungen zur Gewinnung von Fleischwaren dienen. Demnach stellt sich die gegenwärtige Situation so dar, daß von einem kleinen Teil der Bevölkerung derzeit Rückstandsmengen an β-HCH aufgenommen werden, die die DTA über einen längeren Zeitraum überschreiten.

Daß aufgrund der amtlichen Überwachung nach dem Fleischhygienegesetz (vgl. 3.3.2) die Lebensmittelpartien mit Höchstmengenüberschreitungen hinreichend erfaßt und zurückgehalten werden, ist nicht gewährleistet. Werden z. B., wie im Fleischhygienegesetz vorgesehen, 0,5 % der Schlachtkörper von Schweinen auf Rückstände untersucht und sind erwartungsgemäß die Höchstmengenüberschreitungen im Stichprobenumfang genauso häufig wie in der Grundgesamtheit, dann werden folglich 99,5 % der Schlachtkörper mit Höchstmengenüberschreitungen nicht erkannt und somit auch nicht aus dem Handel genommen. Nur eine intensive Überwachung, die allerdings aufgrund des personellen und finanziellen Aufwandes kaum durchführbar ist, könnte die Einhaltung der gesetzlichen Vorgaben sicherstellen und auch die gesundheitlichen Zielsetzungen realisieren. Die gegenwärtige Untersuchungspraxis dürfte also in dieser Hinsicht als nicht effektiv gelten. Auch trifft die abschreckende Wirkung gesetzlicher Sanktionen, wie sie möglicherweise hinsichtlich der Mißachtung von Wartezeiten nach Antibiotikabehandlung zu beobachten ist, hier ins Leere, da die Rückstandsmengen von β-HCH und einer Reihe weiterer Organochlor-Verbindungen kaum vom Produzenten beeinflußbar sind. Alter der Tiere, Futterzusammensetzung und wahrscheinlich individuelle physiologische Parameter sind hier die maßgebenden Einflußgrößen.

Im Folgenden soll noch eine Bewertung der β-HCH-Aufnahmemengen bei gestillten Säuglingen vorgenommen werden. Die Datenlage zum

Vorkommen von HCH-Rückständen in Frauenmilch ist in der Mitteilung XII der Kommission zur Prüfung von Rückständen in Lebensmitteln mit dem Titel »Rückstände und Verunreinigungen in Frauenmilch« (DFG (Hrsg.), Verlag Chemie, Weinheim 1984) ausführlich dargestellt. In dieser Dokumentation werden u.a. Duldbare Konzentrationen für β-HCH in Frauenmilch angegeben. So ergeben sich für einen Säugling in den ersten vier Wochen Duldbare β-HCH-Konzentrationen in mg/kg Milchfett von 0,021, 0,21 bzw. 2,1 je nachdem, ob bei der Umrechnung aus dem tierexperimentell bestimmten NOEL der Sicherheitsfaktor 1000, 100 oder 10 benutzt wurde. Der Medianwert für die tatsächlich auftretenden Konzentrationen an β-HCH in Frauenmilch liegt nun bei 0,25 mg/kg Milchfett. Demnach entsprechen die aufgenommenen Mengen an β-HCH nur bei etwa 50 % der gestillten Säuglinge einer mit dem Sicherheitsfaktor 100 berechneten DTA. Bei 2 % der Milchproben von 1873 Frauen lagen die β-HCH-Rückstandsmengen zwischen 2,19 und 9,10 mg/kg Milchfett. In diesen Fällen wird also nicht einmal der Sicherheitsfaktor 10 eingehalten, so daß sich die täglichen Aufnahmemengen dem tierexperimentellen NOEL nähern. Auch die obengenannte Kommission hält solche Rückstandsmengen für »nicht mehr akzeptabel«. Sicher aus guten Gründen und mit Hinweis auf die unbestrittenen Vorteile des Stillens wird von dieser Kommission die ausschließliche Ernährung mit Muttermilch bis zum Säuglingsalter von 4 Monaten dennoch uneingeschränkt empfohlen. (vgl. aber auch 4.5.2). Bewertet man die β-HCH-Rückstandssituation unter dem Aspekt, daß alle Mütter ohne potentielles toxikologisches Risiko ihre Säuglinge stillen können sollten, dann müssen weitere Maßnahmen zur Herabsetzung der Aufnahmemengen des heranwachsenden und erwachsenen Menschen getroffen werden. Das Verbot bestimmter Organochlor-Verbindungen, z. B. des technischen HCH, hat in den letzten 10 Jahren nur teilweise zu einem Rückgang der Kontamination geführt. Da viele Organochlor-Verbindungen wie auch technisches HCH wegen ihres niedrigen Preises im außereuropäischen Ausland weiterhin angewendet werden und preiswerte Futtermittel aus diesen Ländern bei uns im Rahmen der Intensivhaltung von Nutztieren verbreitet eingesetzt werden, sind weitergehende besondere gesetzliche Regelungen im Rahmen der Höchstmengen-Regelung bei Futter- und Lebensmitteln erforderlich. Konsequentes Beharren auf gesundheitsorientierten Zielvorgaben sollte dort oberstes Gebot sein, wo potentielle Risiken die breite Bevölkerung treffen, langfristig und dann unentrinnbar präsent bleiben und den einzelnen unverschuldet erfassen (vgl. auch Kap. 4).

3.2.5.2 Organophosphor-Verbindungen

Zur Gruppe der insektiziden Organophosphor-Verbindungen zählen über 100 Stoffe. Ihre kommerzielle Herstellung und Verwendung setzte nach 1945 ein. Diese Stoffe werden zur Abtötung von Insekten, Spinnmilben und Nematoden in Ackerbau und Tierhaltung verwendet. In Abhängigkeit von der Dosis sind sie auch für den Säuger akut toxisch. Sie haben gegenüber Lindan den Vorteil, daß sie biologisch rascher abgebaut und nicht im Organismus gespeichert werden. Ein Nachteil ist ihre hohe akute Toxizität.

Die insektiziden Organophosphor-Verbindungen sind Ester und Thiolderivate der Phosphorsäure und Phosphonsäure. Bei Phosphaten sind die Alkyl- oder Arylgruppen R_1 und R_2 über eine Sauerstoffbrücke an den Phosphor gebunden, während im Falle der Phosphonate ein Rest direkt, der andere über –O– an den Phosphor bindet. Wird der doppelbindige Sauerstoff durch Schwefel ersetzt, so resultieren Phosphorthionate (Thiophosphate) bzw. Phosphonothionate. Wird ein weiteres Sauerstoff-Atom durch Schwefel ersetzt, so entstehen Dithionate. Die Phosphorthionate werden im Zielorganismus (Insekt), aber auch im Menschen durch eine oxidative Entfernung des Schwefels aktiviert und somit in die toxische Wirkform überführt. Das Symbol X steht für eine leicht abspaltbare (labile) organische oder anorganische Gruppe (siehe untenstehende Abb.).

Die Wasserlöslichkeit der Organophosphor-Verbindungen variiert je nach Struktur von gering bis gut, sie liegt im allgemeinen jedoch unter 1 g/100 ml bei 20 °C. Die Löslichkeit in den gebräuchlichsten organischen Lösemitteln ist im allgemeinen gut. Von Stoff zu Stoff unterschiedlich ist auch die Stabilität gegenüber Licht- und Luftsauerstoffeinwirkung und gegenüber der Hydrolyse in Wasser. Dieser ist vom pH-Wert abhängig und erfolgt im alkalischen Bereich meist rascher. Je nach Verbindung variieren auch Schmelzpunkt, Siedepunkt und Dampfdruck. Hieraus ergeben sich in der Praxis je nach Wirkstoff unterschiedliche bevorzugte Anwendungsgebiete.

Anfang der 80er Jahre wurden in der Bundesrepublik über 660 Tonnen Organophosphor-Verbindungen pro Jahr abgesetzt. Sie haben unter den Insektiziden quantitativ die größte Bedeutung und werden auf Obst- und Ackerbaukulturen angewendet. In der Bundesrepublik zugelassene Wirkstoffe dieser Gruppe sind z.B.: Azinophos-ethyl, Bromophos, Chlorpyrifos, Demeton-S-methyl, Diazinon, Dimethoat,

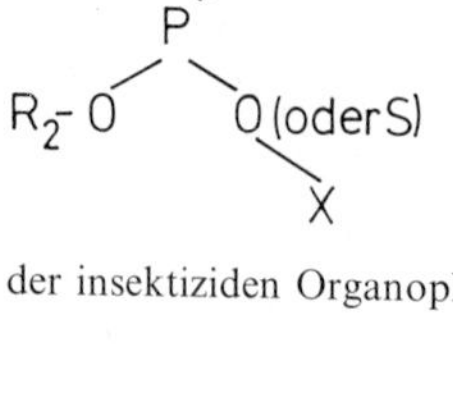

Chemisches Grundgerüst der insektiziden Organophosphor-Verbindungen.

Fenthion, Malathion, Methidathion, Omethoat, Parathion, Phosphamidon, Phosalon und Triazophos. Je nach Wirkstoff und der zur Lebensmittelgewinnung dienenden Kultur betragen die Wartezeiten nach der Anwendung bis zur Ernte zwischen einigen Tagen und 8 Wochen. In der gebräuchlichen Anwendungsform werden die Organophosphor-Verbindungen als Emulsionsspritzmittel, Sprüh- und Gießmittel, als Spritzpulver, Stäubemittel, als Granulat zur Einarbeitung in den Boden und in Tauchbädern (Veterinärhygiene) eingesetzt. Die Organophosphor-Verbindungen können als Kontakt-, Fraß- oder Atemgift wirken. Es dominiert jedoch die Anwendung als Kontaktgift. Die Wirkungsweise ist systemisch, wenn der Stoff von den Pflanzenwurzeln aufgenommen wird und dann mit dem Blattfraß in den Organismus der Insekten gelangt.

Aufnahme, Metabolismus und Ausscheidung: Die Aufnahme von Organophosphor-Verbindungen in den menschlichen Organismus kann über die Atemwege, durch die Haut oder aus dem Magen-Darm-Trakt erfolgen. Beim Spritzen von Obstkulturen ohne Schutzanzug können pro Stunde erhebliche Mengen auf die Haut aufgebracht werden und Befinden und Gesundheit beeinträchtigen. Die resorptive Aufnahme von Organophosphor-Verbindungen durch die Haut nimmt mit der Fettlöslichkeit der Wirkstoffe zu.

Die mikrosomalen Enzyme der Leberzellen, aber auch der Zellen von Niere, Lunge und Darm tragen in hohem Maße zum metabolischen Abbau der Organophosphor-Verbindungen im Säugerorganismus bei. Die Inaktivierung mittels mikrosomaler Enzyme wie Phosphatasen und Esterasen erfolgt durch Desalkylierung des Restes R_1 oder R_2, wodurch der Triester zum Diester wird. Im Gewebe und im Blutplasma gelöste Phosphatasen und Esterasen können auch die labile X-Gruppe hydrolytisch abspalten. Weitere Angriffspunkte stellen die Seitenketten selbst dar, die stufenweise oxydiert werden können.

Über die verschiedenen Stoffwechselwege erfolgt der Abbau der Organophosphor-Verbindungen meist sehr schnell. Innerhalb von zwei Tagen werden die Abbauprodukte größtenteils mit dem Urin ausgeschieden. Ein weiterer Teil wird mit den Faeces und der Atemluft eliminiert. Nach Aufnahme von Parathion werden im Harn z.B. p-Nitrophenol, Diethylthiophosphat und Diethylphosphat gefunden.

Der an sich rasch erfolgende Abbau der Organophosphor-Verbindungen in Blut und Gewebe kann durch Rückdiffusion des im Körperfett vorübergehend deponierten Anteils eine Verzögerung erfahren. So ließ sich nach Aufnahme einer hohen, zu akuten Vergiftungssymptomen führenden Dosis die Freisetzung des Wirkstoffs aus dem Fettgewebe über mehrere Tage verfolgen.

Die Organophosphor-Verbindungen bzw. ihre aktiven Metabolite werden auch kovalent an Proteine und Enzyme, bevorzugt Esterasen, gebunden, indem unter Abspaltung der labilen X-Gruppe deren Seitenketten wie die Hydroxylgruppen des Serins phosphoryliert werden. Diese Bindung ist zu Anfang reversibel. Innerhalb weniger Stunden wird sie in eine stabile irreversible Form überführt. Dieser Vorgang wird auch als Alterung bezeichnet. Auf solche Weise unwirksam gewordene Enzyme können nur durch Biosynthese de novo ersetzt werden.

Die Abbaumechanismen der Organophosphor-Verbindungen in Pflanzen, Insekten und Säugetieren sind in vielen Fällen die gleichen. Die Reaktionsgeschwindigkeiten der Aktivierung (PS nach PO) und der gleichzeitig einsetzenden Entgiftung z. B. durch enzymatische Hydrolyse variieren jedoch in den verschiedenen Systemen erheblich. Die hohe insektizide Selektivität bestimmter Organophosphor-Verbindungen beruht darauf, daß in Abhängigkeit von der Molekülstruktur die aktivierende Reaktion im Zielorganismus, z. B. der Stubenfliege, begünstigt wird, während im Organismus von Biene, Säugetier und Mensch die entgiftenden Reaktionen dominieren.

Schließlich können Organophosphor-Verbindungen mit nukleophilen Zentren reagieren und auf diese Alkylgruppen übertragen. Solche alkylierenden Eigenschaften ließen sich in vitro nachweisen. Sie sind im Hinblick auf ein mutagenes und kanzerogenes Potential dieser Stoffgruppe von Bedeutung.

Akute und chronische Toxizität: Die Hemmung des Enzyms Acetylcholinesterase stellt den gemeinsamen Wirkungsmechanismus der Organophosphor-Verbindungen dar. Hierbei wird unter Abspaltung der labilen X-Gruppe (Abb. 3.1) die Aminosäure Serin im Enzym phosphoryliert. Zwar kann die Bindung des Dialkylphosphorylrestes an der Acetylcholinesterase z.T. spontan oder enzymatisch wieder gelöst werden, doch ist der Anteil der gebundenen und damit inaktivierten Acetylcholinesterase, der auf diese Weise wieder frei und aktiv wird, in vivo unerheblich. Man spricht deshalb zu Recht davon, daß die Bindung und Inaktivierung der Acetylcholinesterase durch Organophosphor-Verbindungen irreversibel ist.

Acetylcholinesterase ist ein im Gewebe extra- und intrazellulär vorkommendes Enzym, das Acetylcholin in Cholin und Acetat spaltet. Acetylcholin selbst ist eine Überträger- oder Transmittersubstanz, die an der motorischen Endplatte der Skelettmuskulatur, in den Ganglien des vegetativen Nervensystems und an den Nervenenden des parasympathischen Nervensystems die Erregung vom Nerven auf das jeweilige Erfolgsorgan überträgt. Bei Erregung der motorischen Nerven wird an der motorischen Endplatte (Synapse), dem Ort der neuromuskulären Übertragung, Acetylcholin freigesetzt, das den Impuls auf die Muskelfaser überträgt. Der Bindung von Acetylcholin an den muskulären Rezeptoren folgt eine Permeabilitätssteigerung für Na^+ und K^+, eine Depolarisation der postsynaptischen Membran und eine Erregung der Muskulatur mit Muskelkontraktion. Bei allen Nerven des vegetativen Nervensystems, sympathischen wie parasympathischen, erfolgt eine

Übertragung des Impulses von einem ersten Nerv auf einen zweiten, die in sog. Ganglien ebenfalls von Acetylcholin vermittelt wird. Auch die Erregung der glatten Muskulatur, z. B. von Darm und Gefäßen durch das parasympathische Nervensystem, vermittelt Acetylcholin. Das zur Erregungsübertragung freigesetzte Acetylcholin wird jedoch durch die im Gewebe vorhandene Acetylcholinesterase rasch wieder gespalten, so daß die Erregungsübertragung entsprechend der Impulsdauer zeitlich begrenzt bleibt. Für die chemische Übertragung der Erregung wird etwa $^1/_{500}$ s benötigt.

Eine Hemmung der Acetylcholinesterase durch Organophosphor-Verbindungen erhöht an allen Übertragungsstellen das Acetylcholinangebot, da freigesetztes Acetylcholin nicht abgebaut wird. Die Folge ist eine Übererregung des vegetativen Nervensystems, vor allem der cholinergen Erfolgsorgane und der Muskelzellen, die schließlich infolge der dauernden Depolarisation der postsynaptischen Membran unerregbar werden. Hieraus resultiert ein typisches Vergiftungsbild.

Organophosphor-Verbindungen haben ein hohes *akut-toxisches Potential*, das in Abhängigkeit von der Verbindung im Dosisbereich vom mg bis g/kg Körpergewicht zur vollen Wirkung kommt. Die Schwere der Krankheitserscheinungen wird davon bestimmt, wie groß der Anteil der Acetylcholinesterase ist, der gehemmt wurde. Eine Verminderung der aktiven Acetylcholinesterase um 60% führt zu leichten Vergiftungserscheinungen, die meist innerhalb von 1 bis 3 Tagen abklingen. Eine Reduktion der Acetylcholinesterase-Aktivität um über 90% führt zu einem schweren Vergiftungsbild mit möglicherweise tödlichem Ausgang. Die Zeit zwischen Aufnahme des Stoffes und Auftreten erster Zeichen der Intoxikation (Latenzzeit) beträgt wenige Minuten bis mehrere Stunden. Erste Zeichen einer Vergiftung sind Kopfschmerzen, Benommenheit, Übelkeit, Erbrechen, Durchfall, vermehrter Speichel- und Tränenfluß, Verengung der Pupillen und asthmaartige Zustände. Bei schweren Vergiftungen kommt es zu Krämpfen und Bewußtlosigkeit. Solche Fälle sind vor allem nach suizidaler oder akzidenteller oraler Aufnahme bekannt geworden. Die Rückbildung psychomotorischer Störungen wie Beeinträchtigung des Reaktionsvermögens kann Wochen bis Monate dauern.

Bestimmte Organophosphor-Verbindungen (z. B. Trichlorfon, Chlorpyrifos) können nach einer akuten oder chronischen Intoxikation verzögert auftretende *neurotoxische Symptome* hervorrufen. Die resultierenden Lähmungserscheinungen und Empfindungsstörungen treten nach einigen Tagen oder Wochen vor allem an den Beinen auf und sind nur langsam und meist nicht vollständig rückbildungsfähig. Der zugrundeliegende biochemische Mechanismus besteht in einer Phosphorylierung bestimmter Proteine (Esterasen) der Nervenbahnen im ZNS. Die toxische Wirkung tritt auch hier durch einen als Alterung bezeichneten strukturellen Umbau ein. Erst sekundär und verzögert kommt es zu einer Schädigung der Myelinschicht der Nervenfaser und damit zu funktionellen Störungen der Nervenleitung. Versuche an Hühnern haben ergeben, daß die Schwellendosis für neurotoxische Wirkungen erreicht ist, wenn ca. die Hälfte der entsprechenden Esterase gehemmt wird. Die Fähigkeit zur Induktion der neurotoxischen Wirkung ist abhängig von der Struktur und der Dosis des Wirkstoffs. So nimmt z. B. mit zunehmender Kettenlänge der Gruppen R_1 und R_2 das neurotoxische Potential zu. Im Pflanzenschutz strebt man an, keine Verbindungen mit der Gefahr einer neurotoxischen Wirkung in den Handel zu bringen. Hierbei stützt man sich auf Ergebnisse aus tierexperimentellen Untersuchungen.

Da die Organophosphor-Verbindungen rasch im Organismus metabolisiert werden, kommt es nach Aufnahme kleiner Mengen zu keiner Anreicherung der Wirkstoffe im Organismus. Das Vergiftungsbild nach andauernder, wiederholter Zufuhr ähnelt einer abgeschwächten Form der akuten Symptomatik. Unter diesen Bedingungen können jedoch Summationseffekte insofern auftreten, als die Enzymhemmung pro Zeiteinheit größer sein kann als die Enzymneubildung und somit die klinischen Symptome mit der Expositionsdauer stärker oder erst deutlich werden. Interessant ist in diesem Zusammenhang auch die Frage, ob bei regelmäßiger Aufnahme kleiner und noch nicht zu Störungen des motorischen, sympathischen und parasympathischen Nervensystems führender Dosen andere Funktionen des ZNS als Ziel einer Wirkung betroffen sind. Tatsächlich beobachtete man tierexperimentell Hirnleistungsstörungen wie Koordinations- und Verhaltensstörungen, die sich auch meßtechnisch mit dem Elektroencephalogramm erfassen ließen, wenn man etwa 1 % der tödlichen Dosis über Monate täglich verfütterte.

Mutagenität, Teratogenität, Kanzerogenität: Einige Organophosphor-Verbindungen wie z. B. Acephat, Diazinon und Trichlorfon erwiesen sich in verschiedenen In-vitro-Testsystemen mit Zellen von Bakterien, Hefen oder Säugern als gentoxisch. Auch in Tierversuchen ließen sich gentoxische Effekte, z. B. Veränderungen an Chromosomen, induzieren. In vivo dominiert jedoch die enzymatisch vermittelte Phosphorylierung, die auch zur Hemmung der Acetylcholinesterase führt, gegenüber einer nichtkatalytischen Alkylierung um mehrere Größenordnungen, so daß eine Alkylierung der DNS als Elementarereignis der chemischen Kanzerogenese oder Mutagenese (vgl. 1.5.2) bei Aufnahme niedriger Dosen unwahrscheinlich wird.

Zur Beurteilung des kanzerogenen Wirkungspotentials liegen für verschiedene Organophosphor-Verbindungen Ergebnisse aus tierexperimentellen Untersuchungen vor. Eine eindeutig kanzerogene Aktivität wurde nicht festgestellt. Teilweise positive Ergebnisse wurden jedoch mit Tetrachlorvinphos erzielt, so daß diese Verbindung von der WHO der Kategorie »limited evidence of carcinogenicity« zugeordnet wurde.

Tab. 3.3. Durchschnittliche tägliche Aufnahmemengen von Organophosphor-Verbindungen auf der Basis einer Warenkorbanalyse für die USA im Jahr 1980 und Vergleich mit den entsprechenden Werten für die DTA in µg pro kg Körpergewicht und Tag (Nach M.G. Gartrell et al. J. Assoc. Off. anal. Chem. 68, 1184, 1985).

Substanz	DTA	tägl. Aufnahmemenge
Chlorpyrifos	10	0,001
Diazinon	2	0,004
Dimethoat	20	0,001
Ethion	1	0,001
Fenitrothion	1	0,001
Fenthion	1	ND*
Malathion	20	0,203
Methidathion	5	0,001
Parathion	5	0,001
Phosalon	6	0,004

* ND = nicht nachgewiesen

Zur Abklärung des Verdachts einer kanzerogenen Wirkung sind weitere Untersuchungen erforderlich. In der Bundesrepublik ist dieser Wirkstoff nicht mehr zugelassen.

Teratogene Wirkungen im Sinne einer Induktion von fötalen Mißbildungen ließen sich bei den zum Pflanzenschutz zugelassenen Organophosphor-Verbindungen nicht nachweisen.

Bewertung von Rückständen: Die vom Verbraucher aufgenommenen Rückstände von Pflanzenschutzmitteln sind abhängig von den Rückstandskonzentrationen in den verschiedenen Lebensmitteln und von den Verzehrgewohnheiten. Demnach müßte man eine den verzehrten Speisen gleichende Probe zur Rückstandsuntersuchung heranziehen. Die Untersuchung solcher Proben, welche die Verzehrgewohnheiten repräsentativ wiedergeben, würde die Daten zur Bewertung der Rückstandssituation liefern. Nach einem anderen Verfahren wird der durchschnittliche Verzehr von Nahrungsmitteln pro Person und Tag zur Rückstandsanalyse herangezogen. Ähnlich geht man bei den sogenannten »total diet studies« (Warenkorbanalysen) vor. Hierbei bezieht man auf dem üblichen Markt Lebensmittelproben, stellt sie nach Art und Menge entsprechend dem durchschnittlichen täglichen Verzehr zusammen und analysiert die Rückstandsmengen. In dieser Weise muß eine größere Zahl von Proben verschiedener Märkte und aus verschiedenen Städten zusammengestellt werden, wenn man ein möglichst objektives

Bild von der Rückstandssituation entwerfen will. Größere Untersuchungen nach diesem Muster liegen für die Bundesrepublik nicht vor. Ergebnisse von »total diet studies« wurden für die Bevölkerung der USA vorgelegt. Aufgrund der engen internationalen Handelsbeziehungen und einer ähnlichen Gesetzgebung dürfte die Rückstandssituation in den USA tendenziell der Situation in der Bundesrepublik ähneln. In Tabelle 3.3 werden daher die Ergebnisse der amerikanischen Studie wiedergegeben. In dieser Untersuchung wurden die Nahrungsmittel einer typischen 14-Tage-Kost zusammengestellt und auf Rückstände untersucht. Insgesamt wurden 120 solcher Proben untersucht.

Die Tabelle zeigt, daß die durchschnittlichen Tagesaufnahmen für die verschiedenen Organophosphor-Verbindungen $1/100$ bis $1/1000$ der DTA-Werte betrugen. Auch wenn man aufgrund des gemeinsamen Wirkungsprofils die Aufnahmemengen summiert, wird der niedrigste Wert für die DTA der aufgelisteten Stoffe deutlich unterschritten. Ein gesundheitliches Risiko durch Aufnahme dieser Rückstandsmengen wird demnach nicht erkennbar. Ähnliche Resultate lieferte eine »total diet study« für die japanische Bevölkerung.

3.2.5.3 Carbamate

Carbamate sind N-substituierte Ester der Carbamidsäure mit der Grundstruktur $R_1NHC(O)OR_2$. Je nach Struktur der Substituenten R_1 und R_2 handelt es sich um Stoffe mit insektiziden, herbiziden oder fungiziden Eigenschaften. Bei den insektiziden Verbindungen ist R_1 eine Methylgruppe (N-Methyl- oder N-Dimethylcarbamate, wenn beide Wasserstoffatome des Stickstoffs durch eine Methylgruppe ersetzt sind). R_2 ist bei vielen insektiziden Carbamaten ein substituierter Arylrest, z.B. bei Bendiocarb, Dioxacarb, Ethiofencarb, Formetanat und Propoxur. Bei anderen insektiziden Carbamaten ist R_2 ein Alkylrest: Aldicarb, Methomyl, Oxamyl und Thiofanox. Im Fall der herbiziden Carbamate ist R_1 ein Aryl- und R_2 ein Alkylrest (Asulam, Carbetamid, Chlorpropham, Desmedipham, Phenmedipham, Propham), oder es ist umgekehrt R_1 ein Alkyl- und R_2 ein Arylrest (Karbutilat). Fungizide Carbamate tragen einen Benzimidazolring am Stickstoffatom (z.B. Benomyl und Carbendazim), während R_2 ein Alkylrest ist. Der weltweite Verbrauch von Carbamaten wurde 1985 auf 20000 bis 35000 t jährlich geschätzt. In der Bundesrepublik wurden über 500 t herbizide Carbamat-Wirkstoffe und über 170 t insektizide Carbamat-Wirkstoffe pro Jahr abgesetzt.

Aufnahme, Metabolismus, Ausscheidung: Die Carbamate werden aus dem Magen-Darm-Trakt und über die Lungen nahezu vollständig resorbiert. Durch die intakte Haut ist die Aufnahme meist weniger gut. Der metabolische Abbau erfolgt schnell. Die Metabolite werden größtenteils mit dem Urin oder den Faeces ausgeschieden; ein kleiner Teil wird vollständig abgebaut und als CO_2 abgeatmet. Die biologische Halbwertszeit beträgt bei den meisten Stoffen einige Stunden. Eine Akkumulation im Gewebe wird nicht beobachtet.

Dem Abbau durch mikrosomale Enzyme bieten Carbamate mit ihren verschiedenen funktionellen Gruppen mehrere Angriffspunkte. Hydroxylierung, N-Demethylierung und Desalkylierung werden ebenso beobachtet wie eine spontane oder durch Esterasen vermittelte hydrolytische Spaltung der Carbamatstrukturen selbst.

Die vorliegenden Kenntnisse über die Stoffwechselwege der verschiedenen Carbamate im Säugerorganismus, im Boden und in Pflanzen sind noch unzureichend. Erfahrungen über die intermediär entstehenden Stoffe sind aber besonders zur Abschätzung des sensibilisierenden, krebserzeugenden und fruchtschädigenden Wirkungspotentials erforderlich. Beispielsweise wird das fungizide Carbamat Benomyl in der Pflanze zu dem fungiziden Metaboliten Carbendazim und stufenweise weiter zu 2-Aminobenzimidazol, Benzimidazol, 2-Aminobenzonitril, o-Phenylendiamin und Anilin metabolisiert. Unter Beachtung der Aufnahmemenge, der Resorption, des Metabolismus und der Ausscheidung müßten nun diese Metabolite einer toxikologischen Bewertung zugeführt werden. Um eine derartig komplexe toxikologische Bewertung vornehmen zu können, fehlen jedoch in fast allen Fällen die wissenschaftlichen Daten über Vorkommen und Bedeutung der Metabolite und deren Persistenz.

Akute und chronische Toxizität: Die Hauptwirkung der insektiziden Methylcarbamate nach oraler, inhalativer oder bei einigen Stoffen auch nach dermaler Aufnahme besteht in einer reversiblen Hemmung der Acetylcholinesterasen im Blut und im Gewebe. Die Wirkung ist somit der von Organophosphor-Verbindungen qualitativ ähnlich. Im Vergleich zu Organophosphor-Verbindungen erfolgt jedoch die Regeneration der durch Methylcarbamate gehemmten Acetylcholinesterase relativ rasch. Zeichen *akuter Vergiftung* sind Speichel- und Tränenfluß, Pupillenverengung, Durchfall, Zittern und Krämpfe. Aufgrund der raschen reversiblen Hemmung der Acetylcholinesterase ist bei Methylcarbamaten der Dosisbereich zwischen beginnender Vergiftungssymptomatik und lebensbedrohlicher Wirkung erheblich größer als bei Vergiftungen mit Organophosphor-Verbindungen. Nach Aufnahme toxischer Dosen wird bei den Methylcarbamaten, ebenfalls im Gegensatz zu einigen Organophosphor-Verbindungen, keine verzögert eintretende neurotoxische Wirkung beobachtet.

Die in Langzeit-Fütterungsversuchen mit toxisch wirkenden Dosen der insektiziden, herbiziden und fungiziden Carbamate erzielten Effekte werden von der speziellen chemischen Struktur und dem Metabolismus des einzelnen Wirkstoffs und nicht von seinem Verwendungszweck bestimmt. Die zu Organschäden führenden Futterkonzentrationen liegen in diesen Versuchen etwa zwischen 20 und 500 mg/kg Körpergewicht. Nach wiederholter Aufnahme entsprechend hoher Dosen wurden beobachtet: Veränderungen an Milz und Nieren (Methomyl), Leberzirrhose und degenerative Veränderungen der Hoden (Benomyl), Anämie und Methämoglobinämie (Pirmicarb), sowie Erhöhung der Gewichte von Leber und Herz und Erniedrigung des Hämoglobingehaltes (Chlorpropham).

Mutagenität, Kanzerogenität, Teratogenität: Die insektiziden Methylcarbamate hatten in Untersuchungen in vitro oder in vivo kein eindeutig mutagenes Potential. Mit einigen Stoffen (z. B. Aldicarb, Carbofuran) wurden zwar in einzelnen Versuchen auch positive Ergebnisse erzielt, die Effekte waren jedoch schwach und ließen sich nicht eindeutig bestätigen. In diesen Fällen sind zur Abklärung weitere Untersuchungen erforderlich. Auch die Untersuchungen zur Frage der kanzerogenen Wirkung erbrachten bei den insektiziden Carbamaten keinen positiven Befund. Ohne Nachweis eines mutagenen oder kanzerogenen Potentials verliefen die Prüfungen der herbiziden Carbamate. Dagegen erwiesen sich die fungiziden Carbamate Benomyl und Carbendazim in einigen Untersuchungen in vitro als mutagen; diesen Befunden sind aber eine Reihe von Berichten mit negativen Ergebnissen gegenüberzustellen, so daß auch hier zur Abklärung weitere Untersuchungen erforderlich erscheinen. Ähnliches gilt für das kanzerogene Potential dieser Stoffe und deren Metabolite.

Aufgrund der vorliegenden Untersuchungen werden die insektiziden, herbiziden und fungiziden Carbamate nicht als teratogen eingestuft. Wenn fetale Mißbildungen unter für die Muttertiere toxischen Dosen zu beobachten waren, so werden solche Effekte als Folge der allgemeinen Stoffwechselstörungen betrachtet und nicht einem spezifischen teratogenen Potential zugeschrieben.

Vorkommen und Bewertung der Carbamatrückstände in Lebensmitteln: Eine Datensammlung über das Vorkommen von Carbamatrückständen in Lebensmitteln ist für das Gebiet der Bundesrepublik nicht erstellt worden. Die Überwachungsbehörden sind zwar gehalten, Lebensmittel auf Rückstände von Pflanzenschutzmitteln zu untersuchen und das Einhalten der geltenden Höchstmengen zu überwachen, die erhobenen Daten werden jedoch nicht im Detail veröffentlicht. Damit fehlt die Voraussetzung zu einer kritischen Bewertung der Rückstandssituation.

Um eine orientierende Abschätzung und Bewertung der theoretisch möglichen Aufnahmemengen vornehmen zu können, werden in Tabelle 3.4 die von den Sachverständigenausschüssen der WHO empfohlenen DTA den nach der Verordnung zulässigen Höchstmengen in der Bundesrepublik gegenübergestellt.

Aus der Tabelle wird ersichtlich, daß sich die zugelassenen Höchstmengen nicht nur an der DTA, sondern auch an der landwirtschaftlichen Praxis orientieren. Damit läßt sich erklären, daß die zugelassenen

Tab. 3.4. Vergleich der Duldbaren Täglichen Aufnahmemenge (WHO) einiger Carbamate mit den in der Bundesrepublik zulässigen Höchstmengen

Wirkstoff	DTA (mg/kg Körpergew.)		Höchstmenge im Lebensmittel (mg/kg)	
Aldicarb	0,005		0,1	Bohnen, Rohkaffee, Zitrusfrüchte
			0,05	Erdbeeren, Zwiebeln u.a.
			0,01	Lebensmittel tierischer Herkunft
Benomyl	0,02	insgesamt berechnet als Carbendazim	7,0	Zitrusfrüchte
Carbendazim	0,01		3,0	Weintrauben
Thiophanat-Methyl	0,08		2,0	Ananas, Kernobst
			1,5	Beerenobst
			0,2	Bananen
			0,1	Blatt-, Sproß-, Wurzelgemüse
Chlorpropham	keine DTA	insges.	5,0	Kartoffeln mit Schale
			0,5	Kartoffeln ohne Schale
Propham	keine DTA		0,2	Möhren, Sellerie u.a.
			0,1	andere pflanzl. Lebensmittel
Ethiofencarb	0,1		10,0	Kirschen, Salat
			5,0	Artischocken, Aprikosen u.a.
			3,0	Kernobst, Kohl
			2,0	Auberginen, frische Bohnen
			1,0	Blumenkohl, Gurken
			0,5	Kartoffeln
			0,05	andere pflanzl. Lebensmittel

Höchstmengen für denselben Wirkstoff, aber verschiedene Lebensmittel um mehrere Größenordnungen variieren. Eine Abschätzung der tatsächlichen Aufnahmemenge ist mit diesen Angaben nicht möglich.

3.2.5.4 Chlorierte Phenoxycarbonsäuren

Chlorierte Phenoxycarbonsäuren werden als Herbizide eingesetzt. Nach 1945 kamen zunächst 2,4-D, 2,4,5-T und MCPA auf den Markt, später folgten weitere Verbindungen wie 2,4-DP, Silvex und MCPB. Mischungen aus 2,4-D und 2,4,5-T wurden von den USA als »agent orange« zur Entlaubung des Dschungels im Vietnamkrieg 1961 bis 1971 angewendet. Die chlorierten Phenoxycarbonsäuren kommen vorwiegend als Salze oder Ester in den Handel und werden allein oder in Kombination mit anderen Herbiziden verwendet.

Im Boden werden Phenoxycarbonsäuren durch mikrobiologische Aktivität abgebaut. Auch in Pflanzen werden sie metabolisiert. Als Metabolit des 2,4-D wurde 2,5-Dichlorphenol nachgewiesen. Hinweise für eine Anreicherung der chlorierten Phenoxycarbonsäuren in der Nahrungskette gibt es nicht.

Das Bekanntwerden der Verunreinigung von 2,4,5-T mit dem toxischen 2,3,7,8-Tetrachlordibenzodioxin (TCDD) reduzierte den weltweiten Verbrauch von 2,4,5-T in den 70er Jahren erheblich. Seit 1985 ist 2,4,5-T in der Bundesrepublik nicht mehr auf dem Markt.

Chlorierte Phenoxycarbonsäuren wie 2,4-D, Dichlorprop, Mecoprop und MCPA sind die in der Bundesrepublik mit Abstand am häufigsten verwendeten Herbizide. Über 7500 t werden davon jährlich abgesetzt.

Aufnahme, Metabolismus, Ausscheidung: Chlorierte Phenoxycarbonsäuren werden nach oraler Aufnahme nahezu vollständig aus dem Magen-Darm-Trakt aufgenommen. Unter den Bedingungen der landwirtschaftlichen Praxis erfolgt die Aufnahme jedoch vorwiegend über Hautresorption und Inhalation. Die biologische Halbwertszeit beträgt im Tierexperiment je nach Substanz und Tierspezies mehrere Stunden bis zu einigen Tagen. Die Ausscheidung erfolgt vorzugsweise mit dem Urin in meist unveränderter Form. Ein kleiner Teil wird mit den Faeces eliminiert. In Versuchen mit Freiwilligen wurde eine nahezu vollständige Resorption von 2,4-D aus dem Magen-Darm-Trakt beobachtet. Die Ausscheidung der größtenteils unveränderten Substanz erfolgte hauptsächlich mit dem Urin. Die biologische Halbwertszeit von 2,4-D für den Menschen wird auf 1 Tag geschätzt.

Akute und chronische Toxizität: Werden chlorierte Phenoxycarbonsäuren in Dosen aufgenommen, die zu akut-toxischen Wirkungen führen, so beobachtet man Muskelsteifigkeit und neurologische Symptome wie ungeordnete Bewegungsabläufe und Krämpfe. Leber- und Nierenveränderungen lassen sich ebenfalls nachweisen. Bei subakuter, über mehrere Wochen anhaltender Exposition kommt es zusätzlich zur Verminderung der Erythrozytenzahl und des Hämoglobingehaltes und zu Schilddrüsenveränderungen.

Mutagenität und Teratogenität: Untersuchungen von chlorierten Phenoxycarbonsäuren mit den üblichen In-vitro-Testsystemen erbrachten keine eindeutigen Hinweise für das Vorliegen eines mutagenen Potentials. Wenn chlorierte Phenoxycarbonsäuren ein gentoxisches Potential besitzen, so dürfte es als schwach einzustufen sein. Die bisher durchgeführten Untersuchungen z. B. mit 2,4-D und 2,4,5-T ließen nur in wenigen der insgesamt durchgeführten In-vitro-Tests eine schwache gentoxische Wirkung erkennen. Eine abschließende Bewertung des mutagenen Potentials der Phenoxycarbonsäuren ist derzeit nicht möglich.

Nur wenige zur Frage der *Kanzerogenität* von chlorierten Phenoxyverbindungen durchgeführte tierexperimentelle Untersuchungen genügen den heutigen wissenschaftlichen Anforderungen hinsichtlich Größe der Tiergruppen, Beobachtungszeit und weiteren Versuchsbedingungen, so daß eine abschließende Bewertung dieses Wirkungsspektrums nicht möglich ist.

Im Hinblick auf die nicht unerhebliche und bis in die 70er Jahre reichende Kontamination von 2,4,5-T mit TCDD, das im Tierexperiment eindeutig Tumoren induziert, wurden auch mehrere epidemiologische Studien durchgeführt. Sie sollten darüber Aufschluß geben, ob ein Zusammenhang zwischen der Exposition gegenüber 2,4,5-T und der Inzidenz von Krebserkrankungen besteht. Hinweise für ein vermehrtes Auftreten von Tumoren (Weichteilsarkomen und malignen Lymphomen) bei beruflich gegenüber 2,4,5-T exponierten Personen ergaben sich zunächst in schwedischen Studien.

Inzwischen liegen mehrere Untersuchungen zur Häufigkeit dieser Tumoren in Abhängigkeit von der beruflichen Exposition gegenüber Phenoxycarbonsäuren vor. In den meisten Studien wird ein im Vergleich zur Kontrollgruppe häufigeres Auftreten dieser Tumoren, des malignen Lymphoms, bei den in der Landwirtschaft tätigen Personen festgestellt. Der ursächliche Zusammenhang ließ sich bisher jedoch nicht präzisieren, denn neben der Exposition gegenüber Phenoxycarbonsäuren müssen auch andere in der Landwirtschaft eingesetzte Chemikalien (Pflanzenschutzmittel, Düngemittel) berücksichtigt werden. Sogar die Übertragung bestimmter z. B. bei Rindern häufig auftretender Viren wird als kausales Prinzip erörtert. Der Zusammenhang zwischen Exposition gegenüber Phenoxycarbonsäuren und vermehrtem Auftreten bestimmter Tumoren gewinnt dann an Evidenz, wenn eine Dosisabhängigkeit festgestellt werden kann. In diese Richtung weist eine Studie an amerikanischen Farmern: im Vergleich zur Kontrollgruppe stieg die Tumorrate für das maligne Lymphom, wenn die Anzahl der Arbeitstage pro Jahr mit Herbizidanwendung zunahm, wenn vorgesehene Schutzmaßnahmen vor der Exposition unterblieben und wenn das Ausbringen mit tragbaren Sprühgeräten erfolgte. Bekanntlich ist unter diesen Bedingungen die aufgenommene Menge erheblich größer als bei Verwendung von Anbaugeräten für die Zugmaschine. Kein vermehrtes Auftreten von Weichteiltumoren beobachtete man bei Untersuchungen an ehemaligen Soldaten des Vietnamkrieges, in dem Phenoxycarbonsäuren zur Entlaubung eingesetzt wurden. Wie in vielen epidemiologischen Untersuchungen fehlten hier genaue Angaben zur Exposition. Auch dürfte die bisher verstrichene Zeit nach dem Einsatz zu kurz sein. Bei vielen krebserzeugenden Stoffen liegen Jahrzehnte zwischen Exposition und Auftreten des Tumors.

Verschiedene Phenoxycarbonsäuren induzierten in hohen Dosen (z. B. 50 bis 100 mg 2,4-D pro kg Körpergewicht), die trächtigen Ratten gegeben wurden, fetale *Mißbildungen.* Von den Muttertieren wurden diese Dosen ohne Schäden vertragen. Vor allem Skelettmißbildungen und Gaumenspalten wurden bei den Feten beobachtet. Diese Befunde und die tierexperimentell mit TCDD induzierten teratogenen Effekte haben zu intensiven epidemiologischen Nachforschungen geführt. In den Untersuchungen, z. B. an exponierten Soldaten des Vietnamkrieges, an Landwirten und exponierten Landarbeitern in Neuseeland oder an Bevölkerungsgruppen aus Gebieten mit intensiver Anwendung von Phenoxycarbonsäureherbiziden, konnte kein statistisch gesicherter Zusammenhang zwischen Herbizidanwendung und Mißbildungshäufigkeit festgestellt werden.

Bewertung von Rückständen von Phenoxycarbonsäuren in Lebensmitteln: Über das Vorkommen von entsprechenden Rückständen in Lebensmitteln liegen nur Einzelbefunde vor, die jedoch kein vollständiges Bild von der Rückstandssituation in der Bundesrepublik vermitteln können. So wurden in Untersuchungen an Getreidemustern des Jahres 1983 bei 10 % der Proben Rückstände von Dichlorprop zwischen 0,006 und 0,011 mg/kg festgestellt. Rückstände von 2,4-D und 2,4,5-T waren nicht nachweisbar. Einige Höchstmengen für Phenoxycarbonsäuren sind in Tab. 3.5 aufgeführt.

Die DTA beträgt für 2,4-D 0,1 mg/kg Körpergewicht, für Mecoprop 0,05 mg/kg und für MCPA 0,0025 mg/kg Körpergewicht. Die DTA für MCPA ist vorläufig, da Ergebnisse aus Langzeit-Fütterungsversuchen fehlen. Aufgrund der mangelhaften Datenlage wurde bei Dichlorprop bisher keine DTA festgelegt.

Da Herbizide vor der Aussaat oder in der frühen Wachstumsphase eingesetzt werden, sind keine die Höchstmengen überschreitenden Rückstandsmengen zu erwarten. Solange jedoch die Bedenken in Bezug auf das Vorliegen eines kanzerogenen Potentials dieser Stoffe nicht ausgeräumt sind, ist ein Verzicht auf diese Herbizide anzustreben, da

Tab. 3.5. Zulässige Höchstmengen einiger chlorierter Phenoxycarbonsäuren in Lebensmitteln

Wirkstoff	Höchstmenge (in mg/kg)	in oder auf folgenden Lebensmitteln
2,4-D	2,0	Zitrusfrüchte
	0,1	andere pflanzl. Lebensmittel
		Zitrusfrüchte ohne Schale
Dichlorprop	0,2	Getreide
	0,05	andere pflanzl. Lebensmittel
Mecoprop	0,1	alle pflanzl. Lebensmittel
MCPA	0,1	alle pflanzl. Lebensmittel

eine untere Schwellendosis für eine solche Wirkung nicht angegeben werden kann. Bereits 1983 war 2,4,5-T in den USA nicht mehr zugelassen. Auch in Schweden, den Niederlanden, der Sowjetunion, Australien und der Bundesrepublik wird 2,4,5-T nicht mehr eingesetzt. Dieses Beispiel zeigt, daß auch heute eine wissenschaftliche Bewertung nicht endgültig sein kann und daß selbst leicht abbaubare und zunächst wenig toxisch erscheinende Wirkstoffe infolge neuer Befunde als nicht mehr akzeptabel bewertet werden können.

3.2.5.5 Harnstoffverbindungen

Bestimmte Harnstoffverbindungen werden sowohl als selektive Herbizide in der Landwirtschaft als auch als Totalherbizid vor allem auf Nichtkulturland eingesetzt. 1981 wurden in der Bundesrepublik ca. 3300 t dieser Wirkstoffe abgesetzt. Als N-substituierte Harnstoffverbindungen haben sie folgende Grundstruktur: R_1—NH—CO—N(R_2)(R_3). Dem Substituenten R_1 liegt meist ein halogenierter Benzolring zugrunde (z. B. bei Diuron, Monolinuron, Linuron). R_2 und R_3 sind Alkylgruppen, häufig Methylgruppen. Wichtige Wirkstoffe dieser Gruppe sind: Chlortoluron, Linuron, Methabenzthiazuron, Monuron, Monolinuron und Metobromuron.

Diese Wirkstoffe sind wenig wasserlöslich und haben einen niedrigen Dampfdruck. Die zur selektiven Unkrautbekämpfung eingesetzten Wirkstoffdosen werden im Boden innerhalb von 3 bis 6 Monaten soweit abgebaut, daß eine herbizide Wirkung dann nicht mehr nachweisbar ist. Von den Metaboliten hat das 3,4-Dichloranilin eine hohe Fischtoxizität. Die maximal akzeptable Konzentration für Oberflächenwasser wird mit 5 bis 7 µg/l 3,4-Dichloranilin angegeben.

Aufnahme, Metabolismus, Ausscheidung: Die herbiziden Harnstoffverbindungen werden bei oraler oder inhalativer Aufnahme gut resorbiert. Die dermale Resorption ist dagegen gering. Im Säugerorganismus werden sie unter Beibehaltung der Harnstoffstruktur weitgehend metabolisiert. Durch N-Demethylierung oder Demethoxylierung der Reste R_1 und R_2 und durch Hydroxylierung des Benzolrings entstandene Metabolite erscheinen größtenteils im Urin und zum kleinen Teil auch in den Faeces innerhalb von 48 Stunden nach der Applikation. Anilinabkömmlinge wie z. B. 3,4-Dichloranilin werden in geringem Umfang metabolisch gebildet und mit dem Harn ausgeschieden. Die herbiziden Harnstoffverbindungen werden im Organismus nicht gespeichert.

Akute und chronische Toxizität: Die herbiziden Harnstoffverbindungen besitzen nur eine relativ schwache *akute Toxizität.* In hohen Konzentrationen auf Haut oder Schleimhaut aufgebracht, können sie leichte Reizungen verursachen. Im Tierexperiment üben hohe orale Dosen auf das zentrale Nervensystem eine dämpfende (sedierende) Wirkung aus.

In mehrere Wochen dauernden Fütterungsversuchen mit Ratten oder Hunden werden bei einer Dosis von 100 bis 1000 mg/kg Futter Gewichtsabnahmen oder Wachstumsverzögerungen beobachtet. Infolge metabolisch gebildeter Anilinderivate kommt es zu einer toxischen Anämie mit Abnahme des Hämoglobingehaltes, Verminderung der Erythrozytenzahl und Methämoglobinbildung. Auch werden Atrophie (Rückbildung) von Milz, Thymus und Hoden mit Hemmung der Spermiogenese beobachtet. Die Aktivität mikrosomaler Leberenzyme ist gesteigert.

Mutagenität, Kanzerogenität, Teratogenität: Die herbiziden Harnstoffverbindungen erwiesen sich in den vorliegenden Untersuchungen nicht als mutagen. Mit einigen Verbindungen wie z. B. Monuron waren allerdings schwach mutagene Wirkungen nachweisbar, die jedoch in anderen Untersuchungen nicht bestätigt wurden. Zur Abklärung sind hier weitere Untersuchungen erforderlich, die vor allem auch die im Boden und in der Pflanze entstehenden Metaboliten berücksichtigen sollten. So zeigte 4-Chloranilin, ein Metabolit des Monolinurons, in vitro gentoxische Eigenschaften.

Hinweise für ein krebserzeugendes Potential ergaben sich bei Monuron, das in Versuchen mit Ratten in der maximal tolerierten Dosis zu einem Anstieg von Lungen- und Lebertumoren führte. Für diesen Wirkstoff konnte daher keine Duldbare Tägliche Aufnahmemenge (DTA) festgesetzt werden. Er ist auch in der Bundesrepublik nicht mehr zugelassen.

Ein Fütterungsversuch mit Methabenzthiazuron erbrachte keinen Nachweis eines krebserzeugenden Potentials. Entsprechende tierexperimentelle Untersuchungen mit Chlortoluron, Monolinuron und Metobromuron liegen nicht vor, oder sie entsprechen nicht mehr den wissenschaftlichen Anforderungen z. B. hinsichtlich Zahl der Versuchstiere pro Gruppe.

In diesem Zusammenhang ist auch den Metaboliten der herbiziden Harnstoffverbindungen eine besondere Beachtung entgegenzubringen. Von ihnen stehen die Anilinderivate wie 4-Chloranilin (Metabolit von Monolinuron und Monuron), 4-Bromanilin (von Metobromuron) und 3,4-Dichloranilin (von Diuron und Linuron) unter Verdacht einer krebserzeugenden Wirkung. Diese Metabolite erscheinen im Urin allerdings meist nur in geringen Konzentrationen, wenn der herbizide Wirkstoff in relativ hoher Dosis tierexperimentell eingesetzt wurde.

Sehr hohe Dosen führten in einigen Fällen zu teratogenen Effekten. So hatten die Nachkommen bei Mäusen häufiger Gaumenspalten, wenn die Muttertiere eine tägliche Dosis von mehr als 100 mg/kg Körpergewicht Monolinuron erhalten hatten. Keine Mißbildungen induzierte im Tierexperiment Metabenzthiazuron, während bei Chlortoluron, Metobromuron und Linuron die experimentellen Grundlagen mangelhaft sind oder völlig fehlen, so daß eine Bewertung nicht möglich ist.

Tab. 3.6. Höchstmengen und Werte für die DTA von verschiedenen herbiziden Harnstoffverbindungen

Wirkstoff	DTA (mg/kg Körpergewicht)	Höchstmenge (mg/kg)	
Chlortoluron	0,06*	0,1	Getreide
		0,05	andere pflanzliche Lebensmittel
Linuron	0,00625	als 3,4-Dichloranilin berechnet:	
		1,0	Spargel
		0,5	Blatt- und Knollensellerie
		0,2	Getreide, Möhren
		0,1	andere pflanzliche Lebensmittel
Methabenzthiazuron	0,2	0,1	alle pflanzlichen Lebensmittel
Monolinuron	0,004*	als 4-Chloranilin berechnet:	
		1,0	Spargel
		0,2	Gemüse, Kartoffeln, Obst
		0,05	andere pflanzliche Lebensmittel
Metobromuron	**	1,0	Salat
		0,1	frische Bohnen, frische Erbsen
		0,05	andere pflanzliche Lebensmittel

* vorläufige DTA
** DTA bisher nicht festgelegt

Bewertung der Rückstände von herbiziden Harnstoffverbindungen in Lebensmitteln: Über das Vorkommen von herbiziden Harnstoffverbindungen in Lebensmitteln als Folge der Pflanzenbehandlungsmaßnahmen gibt es keine publizierten Untersuchungsberichte.

Für einige Wirkstoffe dieser Gruppe sind in Tabelle 3.6 die Werte für die DTA und die geltenden Höchstmengen angegeben.

Eine Beurteilung potentieller Rückstände von herbiziden Harnstoffverbindungen in Lebensmitteln ist derzeit nicht möglich, weil die wissenschaftliche Klärung wichtiger Wirkungsbereiche wie des kanzerogenen Potentials bei den meisten Wirkstoffen und deren Metaboliten noch nicht abgeschlossen ist.

3.2.5.6 Triazine

Triazine werden meist in Verbindung mit anderen Wirkstoffen als selektive Herbizide in der Landwirtschaft und als Totalherbizid auf Wegen und Nichtkulturland eingesetzt. Bei den Triazinen handelt es sich

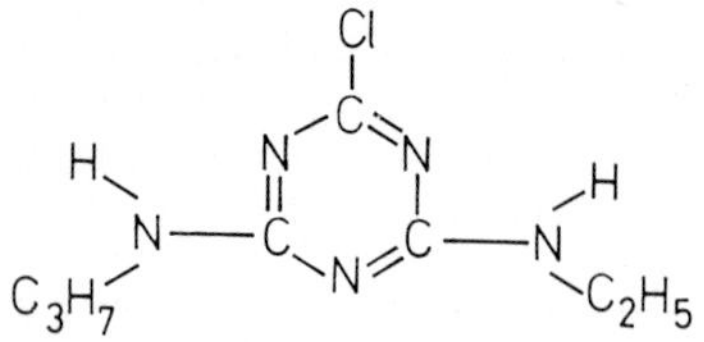

1,3,5-Triazin

um heterozyklische Verbindungen mit drei Stickstoffatomen im Sechs-Ring. Die Mehrzahl der als Herbizide eingesetzten Triazine leitet sich von dem symmetrischen 1,3,5-Triazin (siehe obenstehende Abb.) ab. Ein bekannter Vertreter dieser Gruppe ist das Atrazin, das in großem Umfang im Maisanbau verwendet wird. Der Absatz von Triazinen beträgt in der Bundesrepublik ca. 4000 t pro Jahr.

Atrazin wird in letzter Zeit zunehmend in Grund- und Oberflächengewässern gefunden, die auch der Trinkwassergewinnung dienen.

Aufnahme, Metabolismus, Ausscheidung: Triazine werden aus dem Magen-Darm-Trakt des Säugerorganismus gut resorbiert. Die resorptive Aufnahme über die Haut ist im allgemeinen gering. Bei einigen Verbindungen lassen sich allerdings nach kutaner Exposition mit hohen Dosen Vergiftungserscheinungen induzieren. Triazine werden im Organismus rasch metabolisiert. Typisch ist eine N-Desalkylierung an einer oder beiden Aminogruppen. Die Metabolite werden innerhalb von zwei bis drei Tagen größtenteils mit dem Urin und zu ca. 20 bis 30 % mit den Faeces ausgeschieden. Sie werden im Säugerorganismus nicht gespeichert.

Akute und chronische Toxizität, Mutagenese, Teratogenese, Kanzerogenese: Bei akuten Vergiftungserscheinungen nach Aufnahme hoher Dosen stehen zentralnervöse Wirkungen wie Benommenheit, Apathie und Lähmungen im Vordergrund. In Langzeit-Fütterungsversuchen führten toxische Dosen bei Ratten zu Blutbildveränderungen (hypochrome Anämie), Gewichtsabnahme und Vergrößerung der Leber und der Nieren. Hinweise auf ein krebserzeugendes Potential ergaben sich nicht. In In-vitro-Testsystemen ließen sich keine mutagenen Wirkungen nachweisen, wie auch keine Mißbildungen der Jungtiere nach Behandlung trächtiger Versuchstiere beobachtet wurden.

Bewertung von Rückständen: Triazine wurden in einer größeren Zahl von Grundwasserproben aus verschiedenen Gebieten der Bundesrepublik auch in Konzentrationen nachgewiesen, die den zukünftig geltenden Grenzwert für Pflanzenschutzmittel von 0,0001 bzw. 0,0005 mg/l (vgl. 3.2.3) überschritten. Wenn auch ein durch diese Verunreinigung bedingtes gesundheitliches Risiko derzeit nicht erkennbar ist, so ist das Auftreten von Pflanzenschutzmitteln im Trinkwasser doch als unerwünscht zu bewerten.

3.2.5.7 1,3-Dichlorpropen

1,3-Dichlorpropen ist eine klare, leichtflüchtige Flüssigkeit mit scharfem, reizendem Geruch. Es hat die Formel $Cl{-}CH_2{-}CH{=}CHCl$. Das im Pflanzenschutz eingesetzte Produkt ist ein Isomerengemisch, das zu etwa gleichen Teilen aus cis- und trans-1,3-Dichlorpropen besteht. Als Zusatz enthält es meist den Stabilisator Epichlorhydrin, der sich im Tierexperiment eindeutig als krebserzeugend erwies. 1,3-Dichlorpropen wird zur Bodenbehandlung gegen Pflanzennematoden eingesetzt. Aus toxikologischer Sicht ist die Verwendung von 1,3-Dichlorpropen problematisch. Deswegen darf nach der Änderung der Pflanzenschutz-Anwendungsverordnung von 1983 1,3-Dichlorpropen nur mit Zustimmung der zuständigen Behörde eingesetzt werden.

Aufnahme, Metabolismus, Ausscheidung: Die Untersuchungen zum Stoffwechsel von 1,3-Dichlorpropen wurden hauptsächlich an der Ratte durchgeführt. Nach oraler Aufnahme und nahezu vollständiger Resorption im Magen-Darm-Trakt werden die Isomeren vorwiegend durch Leberenzyme um- und abgebaut. Die Metabolite erscheinen nach 24 bis 48 Stunden größtenteils im Urin; ein kleinerer Teil wird auch bis zum CO_2 abgebaut und ausgeatmet.

Akute und chronische Toxizität: Akute Intoxikationen führen beim Menschen zu lokalen und systemischen Wirkungen wie Haut- und Schleimhautreizungen, Schwindel, Erbrechen, Leberschäden und Bewußtlosigkeit. In tierexperimentellen Untersuchungen führen toxische Dosen nach chronischer oraler Aufnahme zu Nieren- und Leberschädigung und zur Induktion von Tumoren.

Mutagenität, Kanzerogenität: In verschiedenen Untersuchungen mit unterschiedlichen Testsystemen zeigte das technische Produkt von 1,3-Dichlorpropen eindeutige mutagene Eigenschaften. Zudem induzierte der Wirkstoff tierexperimentell nach oraler Zufuhr Tumoren an verschiedenen Organen (Harnblase, Lunge).

Bewertung von Rückständen in Lebensmitteln: Die festgesetzte Höchstmenge von 1,3-Dichlorpropen beträgt 0,05 mg/kg für alle pflanzlichen Lebensmittel. Da 1,3-Dichlorpropen nur zur Bodenbehandlung im Herbst oder im Frühjahr zugelassen ist, sind Rückstände im Erntegut nicht zu erwarten. Schließlich ist seit 1986 für jede Behandlung eine behördliche Genehmigung erforderlich, die im Hinblick auf das gesundheitliche Risiko nur selten erteilt werden dürfte. Allerdings wurden noch 1985 1,3-Dichlorpropen-Mengen bis zu 3696 µg/l im Grundwasserbereich von Kartoffelfeldern nachgewiesen.

3.2.6 Beurteilung der Datenlage über Rückstände von Pflanzenschutzmitteln

Für die meisten der hier behandelten Wirkstoffe ließ sich das Vorkommen von Rückständen in Lebensmitteln wegen unzureichender Datenlage nicht bewerten. Die Gründe dafür liegen zum Teil in der Struktur der Lebensmittelüberwachung. Nach § 40 LMBG sind die Länder für die Überwachungsmaßnahmen zuständig. Dies hat zur Folge, daß je nach Bundesland die zuständigen Überwachungsbehörden unterschiedlichen ministeriellen Ressorts zugeordnet sind, z. B. dem Gesundheitsministerium, dem Landwirtschaftsministerium oder dem Innenministerium. In einigen Bundesländern sind die verschiedenen Bereiche der Lebensmittelüberwachung mehreren Ministerien unterstellt. Hieraus ergeben sich erhebliche Schwierigkeiten bei der Koordination und Abstimmung der Untersuchungsmaßnahmen. Die unzureichende Datenlage zur Rückstandssituation muß jedoch hauptsächlich als unmittelbare Folge des eigentlichen Auftrages der Überwachungsbehörden gewertet werden. Ihre Aufgabe ist es in erster Linie, die Beachtung der Vorschriften über den Verkehr mit Lebensmitteln zu überwachen und durch regelmäßige Überprüfungen und Probennahmen sicherzustellen, daß die Vorschriften eingehalten werden. Hinsichtlich der Pflanzenschutzmittel ist in diesem Zusammenhang von Interesse, ob Höchstmengen überschritten werden oder nicht. Eine möglichst exakte Beschreibung der Rückstandssituation ist nicht die gesetzliche Aufgabe der Überwachungsbehörden. Auch die Veröffentlichung der gemessenen Werte ist nicht vorgeschrieben, so daß eine kritische Wertung und Diskussion der ermittelten Daten nicht erfolgen kann.

Eine möglichst repräsentative, flächendeckende Datensammlung zur Rückstandssituation von Pflanzenschutzmitteln ist dagegen zu fordern. Zur Vergleichbarkeit der Daten sind Analyseverfahren, Stichprobengröße und Art der Probennahmen zu standardisieren. Die Erhebung dieser Daten und die Beschreibung der Rückstandssituation dient nämlich präventivmedizinischen Zielsetzungen. So sind bei Höchstmengenüberschreitungen nicht nur deren Häufigkeit, sondern die tatsächlichen Konzentrationen und deren Verteilung von Interesse, um das damit verbundene potentielle Gesundheitsrisiko qualitativ und quantitativ abschätzen zu können. Nur auf der Basis einer fundierten Datenlage können Gesamtaufnahmen eines Wirkstoffes und Aufnahmemengen von Wirkstoffkombinationen rechnerisch simuliert, abgeschätzt und einem Wirkungsprofil zugeordnet werden.

In diesem Zusammenhang ist hervorzuheben, daß auch die hygienisch-toxikologische Bewertung von Pflanzenschutzmitteln dem sich wandelnden und fortschreitenden wissenschaftlichen Kenntnisstand unterworfen ist. Als Folge der zeitabhängig sich ändernden wissenschaftlichen Erfahrung müssen auch die gesundheitlichen Bewertungen und Stoffbeschreibungen überprüft werden. Auch unter diesem Aspekt sind Kenntnisse über die tatsächlich aufgenommenen Stoffmengen von Pflanzenbehandlungsmitteln von größter Bedeutung. Erst auf der Basis solcher Daten ist es möglich, auch im Rückblick gesundheitliche Risiken abzuschätzen und gegebenenfalls in epidemiologischen Untersuchungen zu überprüfen.

3.3 Tierarzneimittel

3.3.1 Übersicht

Tiere, die der Gewinnung von Lebensmitteln wie Fleisch, Milch und Eiern dienen, werden bei Erkrankungen tierärztlich versorgt. Hierbei werden »Stoffe mit pharmakologischer Wirkung«, also Tierarzneimittel, eingesetzt, deren Rückstände im Lebensmittel jedoch nicht erwünscht sind und die auch von toxikologischer Bedeutung sein können. Darüber hinaus werden z. B. Antibiotika auch als nutritiv wirkende Futteradditive in der Tiermast verwendet. Verschiedene Tierarzneimittel sind sowohl als Zusatzstoffe zum Futter als auch zur Therapie zugelassen. Der breite, sämtliche Tiere eines Bestandes erfassende Einsatz von Tierarzneimitteln ist besonders in der Intensivhaltung üblich geworden, denn hier werden Infektionskrankheiten bei hoher Besatzdichte rasch übertragen. So erzielt man in der Nutzfischintensivhaltung mit Karpfen, Aalen und anderen Fischen Besatzdichten von 1 kg Fisch auf 10 l Wasser. Die Haltungen können als geschlossene Kreislaufanlage mit zwischengeschalteter Wasseraufbereitung betrieben werden. Unter solchen Haltungsbedingungen stellen vereinzelt auftretende Infektionen eine erhebliche Gefahr für den gesamten Bestand dar und zwingen daher zum raschen, effektiven und auch vorbeugenden Arzneimitteleinsatz.

Die wichtigsten Gruppen von Tierarzneimitteln, die als Rückstandsbildner von Bedeutung sein können, sind:
- Stoffe mit antimikrobieller Wirkung; hierunter fallen auch antibiotisch wirkende Futterzusatzstoffe für nutritive Zwecke.
- Stoffe mit hormonaler oder antihormonaler Wirkung,
- Psychopharmaka und β-Rezeptorenblocker

Darüber hinaus werden weitere Wirkstoffe in der Tiermedizin eingesetzt, die jedoch nicht unmittelbar im Zusammenhang mit der Fleischerzeugung stehen. Nachweisbare Rückstandsmengen sind bei diesen Stoffen unter Mißachtung der Wartezeit am wahrscheinlichsten in Eiern, Milch und im Fleisch bei Not- und Krankschlachtungen zu erwarten. Zu dieser Stoffkategorie sind folgende Arzneimittelgruppen zu rechnen:
- antiparasitäre Wirkstoffe,
- Kreislaufmittel,

- Diuretika und Laxantien,
- entzündungshemmende Mittel

Schließlich müssen auch illegal angewandte, nicht zugelassene Wirkstoffe als mögliche Quellen von Rückständen in Betracht gezogen werden.

3.3.2 Rechtliche Regelungen

Die Versorgung von Mensch und Tier mit Arzneimitteln unterliegt dem Arzneimittelgesetz. Danach dürfen auch Tierarzneimittel nur in den Verkehr gebracht werden, wenn sie durch die zuständige Bundesbehörde, das Bundesgesundheitsamt, zugelassen sind. Zusammen mit dem Antrag auf Zulassung müssen unter anderem Angaben über therapeutische Wirkungen, über unerwünschte Wirkungen, Dosierung und Anwendungsgebiete des Arzneimittels, aber auch über Ergebnisse pharmakologischer und toxikologischer Prüfungen eingereicht werden. Bei Arzneimitteln für Tiere, die der Gewinnung von Lebensmitteln dienen, ist die *Wartezeit* anzugeben und mit Untersuchungen zum Metabolismus des Wirkstoffes zu belegen. Unter Wartezeit versteht der Gesetzgeber »die Zeit, innerhalb der bei bestimmungsgemäßer Anwendung von Arzneimitteln bei Tieren mit Rückständen nach Art und Menge gesundheitlich nicht unbedenklicher Stoffe in den Lebensmitteln gerechnet werden muß, die von den behandelten Tieren gewonnen werden, einschließlich einer angemessenen Sicherheitsspanne«. Die Wartezeit ist mit anderen Worten so bemessen, daß bei ihrer Einhaltung als Mindestfrist zwischen letzter Behandlung und Schlachtung bzw. Gewinnung von Milch oder Eiern mit bedenklichen Rückständen nicht mehr gerechnet werden muß. Ihre Einhaltung ist somit entscheidend dafür, daß in Lebensmitteln tierischen Ursprungs keine oder nur unbedenkliche Rückstände gefunden werden.
In dem Antrag auf Zulassung eines Tierarzneimittels ist auch ein routinemäßig durchführbares und zuverlässiges Verfahren zur Rückstandsanalytik zu beschreiben und durch Unterlagen zu belegen. Dem Antrag müssen Sachverständigengutachten zur Wirkung, zur Pharmakologie und zum Rückstandsverhalten mitgegeben werden. Tierarzneimittel dürfen nur entweder nach ärztlicher Verschreibung in Apotheken oder vom Tierarzt selbst dem Tierhalter abgegeben werden. Dieses »Dispensierrecht« der Tierärzte hat in früheren Jahren viel zum Mißbrauch von Tierarzneimitteln als Mastbeschleunigern beigetragen. Um dem Tierarzneimittelmißbrauch im Bereich der Nutztierhaltung zu begegnen, wurde daher die Abgabe des Arzneimittels vom Hersteller oder Großhändler an den Tierarzt von der Vorlage einer behördlichen Bescheinigung abhängig gemacht, die der Tierarzt von der zuständigen Behörde erhält, nachdem er dieser die Aufnahme seiner Tätigkeit

mitgeteilt hat. Weiter müssen Großhändler bei Abgabe verschreibungspflichtiger Arzneimittel einen Nachweis über Art und Menge des Präparates und über die Anschrift des Empfängers führen und diesen Nachweis drei Jahre aufbewahren, wie auch Apotheken entsprechende Verschreibungsunterlagen drei Jahre zur Vorlage bei der zuständigen Behörde bereithalten müssen. In ähnlicher Weise haben Tierärzte einen Nachweis über Empfang und Abgabe von Arzneimitteln zu führen.

Für bestimmte Tierarzneimittel gelten gesetzliche Anwendungsbeschränkungen. So dürfen östrogenwirksame Stilbene und Stilbenderivate sowie Stoffe mit thyreostatischer Wirkung (zur Hemmung der Schilddrüsenfunktion) bei zur Lebensmittelgewinnung gehaltenen Tieren nicht eingesetzt werden. Chloramphenicol ist bei Tieren, von denen Milch oder Eier gewonnen werden, nicht erlaubt. Weiter dürfen zur Beeinflussung der Haltbarkeit und der Beschaffenheit des Fleisches oder Fettansatzes und zur hormonellen Sterilisation Stoffe mit antimikrobieller Wirkung (Antibiotika), Papain und andere Stoffe mit proteolytischer Wirkung (Zartmacher) und Östrogene nicht verwendet werden. Stoffe mit östrogener, androgener oder gestagener Wirkung dürfen aber bei anderen klinischen Indikationen oder auch zur Brunstsynchronisation eingesetzt werden, wodurch naturgemäß die mißbräuchliche Verwendung zur Beschleunigung des Fleischansatzes nicht auszuschließen ist. Die Injektion der Hormone muß bei Schweinen und Rindern am Ohr erfolgen. Der Grund dafür liegt darin, daß an der Injektionsstelle auch dann noch hohe Rückstände gefunden werden können, wenn nach Einhaltung der Wartezeit Muskelfleisch und Organe schon frei davon sind, und daß die Ohren in der Bundesrepublik nicht verzehrt werden. Auch für Hexachlorcyclohexan (Lindan, vgl. 3.2.5.1) als Schädlingsbekämpfungsmittel gegen Ektoparasiten bei Pferden, Rindern, Schweinen, Schafen, Ziegen und Hühnern gibt es ein Anwendungsverbot.

Die Verwendung von Stoffen mit pharmakologischer Wirkung zu nutritiven Zwecken in Futtermitteln ist im Futtermittelgesetz und in der Futtermittelverordnung geregelt. Danach dürfen Futterzusatzstoffe nur nach Zulassung durch Rechtsverordnung in den Verkehr gebracht werden. Es gibt 14 Gruppen von Futterzusatzstoffen. Hierzu gehören u. a. Spurenelemente und deren Verbindungen, Vitamine, Aromastoffe, Konservierungsstoffe, Stabilisatoren und auch die hier interessierenden und zu nutritiven Zwecken zugesetzten Antibiotika und Chemotherapeutika. In der Anlage 3 der Futtermittelverordnung sind die festgesetzten Höchstgehalte dieser Stoffe in Futtermitteln aufgeführt. Durch Festlegung des Verwendungszweckes dieser Futtermittel auf Tierart(en) und Höchstalter der Tiere ist ihre Anwendung in vielen Fällen eingeschränkt. Weiter finden sich in dieser Anlage Vorschriften über den zeitlichen Mindestabstand zwischen der letztmaligen Verfütterung und dem Schlachtzeitpunkt (Wartezeit). Eine entsprechende Deklarierung der in den Verkehr gebrachten Futtermittel ist vorgeschrieben. Schließ-

Tab. 3.7. Beispiele für Beurteilungswerte für Rückstände von Tierarzneimitteln und Futterzusatzstoffen

Stoffe bzw. deren Salze	Beurteilungswert (µg/kg)
1. Chloramphenicol	10
2. Nitrofurane	1
3. Imidazole: Levamisol, Tetramisol	10
4. Nitroimidazole	1
5. β-Lactamantibiotika:	
Ampicillin	10
Amoxicillin	10
Oxacillin	10
Cloxacillin	10
Dicloxacillin	10
Übrige Penicilline	0,005 I.E./g
6. Aminoglykosidantibiotika je Wirkstoff	200
7. Tetracycline	10
8. Makrolidantibiotika:	
Erythromycin	15
Kitasamycin	20
Tylosin	50
Oleandomycin	200
9. Polypeptidantibiotika: Polymyxin B, Colistin	100
10. Spiramycin	30
11. Ansamycine: Rifamycin	10
12. Lincomycin	40
13. Tiamulin	100
14. Sulfonamide	100
15. Trimethoprim	50
16. Dapson	10

lich dürfen bestimmte Zusatzstoffe wie Antibiotika nur an Betriebe geliefert werden, die Mischfuttermittel herstellen, Vormischungen anfertigen oder diese zu Mischfuttermitteln weiterverarbeiten.

Die gesetzliche Grundlage für die Untersuchung von Fleisch auf Arzneimittelrückstände liefert das Fleischhygienegesetz in der seit 1987 geltenden Fassung. Nach diesem Gesetz unterliegen Rinder, Schweine, Schafe, Ziegen, andere Paarhufer, Pferde, andere Einhufer und Kaninchen vor und nach der Schlachtung einer amtlichen Untersuchung, wenn ihr Fleisch zum Genuß für den Menschen bestimmt ist. Das Verfahren für die amtlichen Untersuchungen und für die Überwachung der Einhaltung der hygienischen Mindestanforderungen wird in der Fleischhygieneverordnung von 1986 geregelt. Danach ist die Schlachterlaubnis zu untersagen, wenn »aufgrund von Tatsachen, insbesondere bei Erscheinungen, die auf eine Behandlung mit Stoffen mit pharmakologischer Wirkung hinweisen, anzunehmen ist, daß das Fleisch für den menschlichen Genuß bedenklich werden könnte«. Die Genußtauglichkeitsprüfung des geschlachteten Tieres umfaßt auch die Untersuchung auf Stoffe mit pharmakologischer Wirkung. Als untauglich wird das geschlachtete Tier beurteilt,

- wenn der sogenannte Hemmstofftest zum Nachweis von Antibiotikarückständen unter Verwendung von Proben der Muskulatur positiv ausfällt,
- wenn mit Proben der Muskulatur ein zweifelhaftes Ergebnis (= nicht eindeutig positiv) und gleichzeitig ein positives oder zweifelhaft positives Ergebnis an Proben von der Niere erzielt werden,
- wenn die Rückstandsuntersuchungen die im Zusammenhang mit der Fleischerzeugung verbotenen Pharmaka (Östrogene, Androgene, gestagene Stoffe oder Thyreostatika) nachweisen, und
- wenn festgesetzte Höchstmengen überschritten werden oder die in Anlage 6 der Fleischhygieneverordnung aufgelisteten Konzentrationen von 16 Wirkstoffen bzw. Stoffgruppen überschritten werden.

Diese sogenannten Beurteilungswerte für die 16 Stoffe sind in Tabelle 3.7 wiedergegeben. Die Rückstandsuntersuchungen haben in der Regel stichprobenartig zu erfolgen. Es sind etwa zwei Prozent aller gewerblich geschlachteten Kälber und etwa 0,5 % aller gewerblich geschlachteten sonstigen Tiere auf Rückstände zu untersuchen.

3.3.3 Wirkstoffgruppen

3.3.3.1 Stoffe mit antimikrobieller Wirkung

Zu den Stoffen mit antimikrobieller Wirkung zählen die Antibiotika und Chemotherapeutika. Antibiotika, z. B. Penicilline, Tetracycline, Chloramphenicol und Tylosin, leiten sich von Stoffwechselprodukten bestimmter Mikroorganismen ab. Chemotherapeutika wie Sulfonamide sind aus chemischen Synthesen hervorgegangen. Beide Stoffgruppen greifen in den Stoffwechsel der mikrobiellen Krankheitserreger ein, indem sie die Vermehrung unterdrücken (bakteriostatische Wirkung) oder die Erreger abtöten (bakterizide Wirkung) (vgl. 2.6.1 und 2.6.14). Antibiotika werden in der Nutztierhaltung zur Behandlung von Infektionserkrankungen, aber auch als Zusatzstoffe in Futtermitteln zur Wachstumssteigerung eingesetzt. Zur besseren Futterverwertung wurden *Tetracycline* als Futterzusatzstoffe seit 1950 eingesetzt. Im Alleinfuttermittel lag die Konzentration bei 10 ppm (mg pro kg Futter). Seit 1976 dürfen Tetracycline nicht mehr zu nutritiven Zwecken, sondern nur noch nach klinischer Indikation und tierärztlicher Verschreibung angewendet werden. Besonders die zunehmende Resistenz gegenüber Tetracyclin bei Bakterien tierischen Ursprungs, die aber auch in der Humanmedizin beobachtet wurde, führte zu dieser Anwendungseinschränkung.

Im Jahr 1959 entdeckten japanische Forscher an bestimmten Bakterien extrachromosomale, also getrennt vom bakteriellen Chromosom im Cytoplasma auftretende Resistenzgene, die auch R-Faktoren bzw. R-Plasmide (R = Resistenz) genannt werden. In diesen Resistenzgenen sind meist Resistenzdeterminanten gegen mehrere Antibiotika, aber auch Gene für bestimmte pathogene Eigenschaften lokalisiert. Man fürchtete nun, daß durch Anwendung von Tetracyclin als Futterzusatzstoff die resistenten Bakterien infolge Selektion schließlich dominieren. Damit könnten die durch Antibiotikabehandlung in der Medizin eröffneten Therapiemöglichkeiten zunehmend eingeschränkt werden. In der Tat beobachtete man zwischen 1961 und 1974 eine Zunahme der Tetracyclinresistenz bei *Salmonella*-Bakterien tierischen Ursprungs. Bei der Beurteilung dieses Sachverhaltes kommt noch hinzu, daß plasmidtragende Bakterien durch Ausbildung sogenannter Sexpili in der Lage sind, durch Kontakt (Konjugation) das Resistenzgen auch auf Bakterien einer anderen Spezies zu übertragen. Damit ist die Gefahr gegeben, daß infolge Selektion und Plasmidübertragung ein großes Keimspektrum resistent wird. Die niedrigste Konzentration zur Selektion von R-Faktor tragenden Bakterien liegt bei 250 ppb (µg/kg) und beträgt damit das 25fache des geltenden Beurteilungswertes für tauglich befundenes Fleisch (vgl. Tab. 3.7). Eine Übertragung von resistenten Bakterien von einem Tier auf das andere oder auch auf den Menschen ist möglich. So beobachtete man z. B. bei Tierhaltern gehäuft das Auftreten resistenter Stämme. Auch über Lebensmittel tierischer Herkunft ist eine Übertragung resistenter Stämme grundsätzlich möglich.

Tetracycline werden in den Untersuchungen auf Rückstände vereinzelt nachgewiesen. Die Rückstandsmengen liegen im Bereich zwischen 10 und 500 µg pro kg. Eine besondere Situation ergibt sich für Legehennen während der Legeperiode. Da die während der Follikelreifung ins Ei gelangten Rückstände nicht mehr eliminiert werden können und die Entstehung des Eies bereits 10 Tage vor Ablage beginnt, ist eine lange Wartezeit erforderlich, in der die gewonnenen Eier zu verwerfen sind. Für die Bundesrepublik Deutschland wurde der entsprechende finanzielle Verlust auf 20 Mill. DM geschätzt, wenn sämtliche in der Wartezeit erhaltenen Eier verworfen werden.

Seit 1984 besteht ein Anwendungsverbot für *Chloramphenicol* bei Tieren, die der Milchgewinnung dienen, und bei Geflügel, das zur

Eiererzeugung gehalten wird. Die für die entsprechenden Lebensmittel festgesetzte Höchstmenge beträgt 1 µg/kg. Dieser Wert liegt etwa im Bereich der Nachweisgrenze für Chloramphenicolrückstände.

In der Humanmedizin wird Chloramphenicol wegen schwerwiegender unerwünschter Wirkungen nur noch bei strengster Notwendigkeit eingesetzt. Beim Menschen kann nämlich Chloramphenicol zu einer nicht mehr rückbildungsfähigen Knochenmarksaplasie führen. Dabei kommt es zu einer lebensbedrohlichen aplastischen Anämie, d.h. die Neubildung der Blutkörperchen aus den Stammzellen im Knochenmark bleibt aus. Eine Schwellendosis für die Induktion der Knochenmarksaplasie durch Chloramphenicol ließ sich bisher nicht eindeutig ermitteln, da für diesen Wirkungsmechanismus kein Tiermodell zur Verfügung steht. Nur bei Holstein-Kälbern traten nach Chloramphenicolgaben von 100 mg/kg Körpergewicht und Tag aplastische Anämien auf. Eine vererbbare Prädisposition, die sich bisher noch nicht eindeutig charakterisieren ließ, ist offenbar Voraussetzung für die Induktion einer aplastischen Anämie durch Chloramphenicol beim Menschen. Die Häufigkeit dieser anlagebedingten Anfälligkeit in der Gesamtbevölkerung soll bei etwa 1 : 40000 liegen. Als molekularbiologischen Mechanismus zur Pathogenese der aplastischen Anämie diskutiert man die irreversible Bindung radikalischer Chloramphenicolmetaboliten an bestimmte Makromoleküle der Knochenmarksstammzellen. Die Folge ist eine Hemmung der DNS-Synthese und damit der Zellteilung.

Chloramphenicol gehört zu den am häufigsten eingesetzten Tierarzneimitteln, da es gegen zahlreiche Krankheitserreger wirkt und darüber hinaus relativ kostengünstig ist. Der Nachweis von Rückständen im tierischen Gewebe gelingt mit dem sonst üblichen Allgemeinen Hemmstofftest nicht, da er hier nicht hinreichend sensitiv ist. Zur Überwachung der Höchstmenge (Eier, Milch) und des Beurteilungswertes (Fleisch) eignen sich hochempfindliche gaschromatographische Verfahren, das HPLC-Verfahren und der Radioimmunoassay. In den vorliegenden Untersuchungen an Gewebsproben von Tieren, für die wegen bestimmter Verdachtsmomente (z.B. Notschlachtung) neben der bakteriologischen Untersuchung (BU-Proben) auch eine Untersuchung auf Rückstände vorgeschrieben war, gelang der Nachweis von Chloramphenicol relativ häufig. Im Durchschnitt wiesen 5 bis 15 % dieser Proben von Schweinen, Rindern und Kälbern Chloramphenicolrückstände auf. Aber auch die stichprobenartig entsprechend der Fleischhygieneverordnung gezogenen Proben erwiesen sich in bis zu 5 % der Fälle als positiv.

Rückstandsmengen oberhalb des Beurteilungswertes von 10 µg/kg wurden jedoch nur bei einem kleinen Teil dieser Proben beobachtet.

Sulfonamide werden in bis zu 10% aller untersuchten Proben nachgewiesen. Der Anteil der Proben mit Rückstandsmengen über dem Beurteilungswert von 100 µg/kg läßt sich aus den vorliegenden Angaben nicht genau ermitteln.

Bei den zur Förderung des Wachstums eingesetzten und *als Futterzusatzstoffe zugelassenen Verbindungen mit pharmakologischer Wirkung* handelt es sich um Antibiotika wie Avoparcin, Monensin-Natrium, Tylosin, Zink-Bacitracin, Spiramycin und Flavophospholipol. Von den Chemotherapeutika sind Carbadox, Olaquindox und Nitrovin zu nennen. Die zugelassenen Konzentrationen dieser Stoffe in den Futtermitteln liegen zwischen 1 und 80 mg/kg. Unter der Wirkung dieser Stoffe kommt es im Darm der Tiere zu einer Verschiebung innerhalb der quantitativen Verteilung der die Darmflora bestimmenden Bakterien. Damit verändern sich auch bestimmte biochemische Stoffwechselbilanzen im Darm. Als Folge werden nutritiv wertvolle Futterkomponenten, aber auch nutritiv wirkende bakterielle Stoffwechselprodukte dem tierischen Organismus vermehrt zugeführt. Es resultiert eine bessere Futterverwertung, wodurch die Rentabilität des Betriebes gesteigert wird. Untersuchungen zur Beeinflussung der Schlachtkörperqualität, z.B. des Fett-Fleisch-Verhältnisses, liegen nur vereinzelt vor und erlauben keine zuverlässige Bewertung. Auch das Vorkommen von Rückständen dieser Stoffe im Lebensmittel ist nicht ausreichend dokumentiert.

Untersuchungen an experimentell mit Salmonellen infizierten Küken haben gezeigt, daß die Salmonellen-Ausscheiderrate bei der mit Antibiotikazusatz gefütterten Gruppe im Vergleich zur unbehandelten Kontrollgruppe erheblich höher war und länger persistierte. Die Persistenz von Salmonelleninfektionen in der Tiermast ist jedoch lebensmittelhygienisch unerwünscht und mit einem Risiko für die menschliche Gesundheit verbunden. Beim Menschen handelt es sich um die Darmerkrankung Enteritis salmonellosa, deren Häufigkeit im Gegensatz zu vielen anderen Infektionen in den letzten Jahren ständig zugenommen hat (derzeit ca. 50000 gemeldete Fälle pro Jahr).

Die breite Verwendung von Antibiotika in der Tiermast ist somit aus mehreren Gründen nicht unbedenklich. Es gibt auch Hinweise, daß selbst die kleinen, vom Menschen regelmäßig aufgenommenen Mengen von Rückständen allergisierend wirken. Schließlich wird in allen Industrieländern eine stetige Zunahme allergischer Erkrankungen beobachtet, ohne daß dafür bisher spezifische Stoffe verantwortlich gemacht werden konnten.

Die Anwendung von Antibiotika und Chemotherapeutika in Mast und Tierhaltung kann Resistenzentwicklung bei Mikroorganismen induzieren und die Pathogenität und Infektiosität von Erregern verändern. Die Mindestforderung wäre daher, keine antimikrobiell wirkenden Stoffe einzusetzen, die auch in der Humanmedizin Anwendung finden (vgl. 2.6.14). Da antimikrobiell wirkende Stoffe jedoch in der Natur bei Kontakt mit Mikroorganismen die Mutationsneigung und den Mutationsdruck erhöhen, ohne daß die Folgen abschätzbar wären, sollte ihre Verwendung überhaupt stark eingeschränkt werden.

3.3.3.2 Stoffe mit hormonaler oder antihormonaler Wirkung

Besonderes Aufsehen erregten Ende der 70er Jahre Berichte zum Vorkommen von Diethylstilböstrol (DES) in Kalbfleisch und entsprechenden Erzeugnissen, insbesondere Kindernahrungsmitteln. So erwiesen sich 1979 47,5 % der von einem Veterinäruntersuchungsamt erfaßten Fleischproben als DES-positiv. Die gefundenen Mengen von DES in Kindernahrungsmitteln ließen sich nur so erklären, daß intramuskulär gesetzte Wirkstoffdepots mit hohen Wirkstoffmengen in das Endprodukt gelangt waren.

Es handelte sich eindeutig um eine illegale Anwendung, denn zum Zwecke der Tiermast war der Einsatz von DES in der Bundesrepublik untersagt, in den USA jedoch bis 1972 erlaubt. Neben der hormonellen Wirkung zeigt DES beim Menschen auch krebserzeugende Eigenschaften. Auch können durch DES Tumoren induziert werden. Bei Frauen, deren Mütter während des 1. Drittels der Schwangerschaft zur Abwendung eines drohenden Abortes DES in hohen Dosen erhalten hatten und die damit pränatal mit DES belastet wurden, traten im Alter von 15 bis 20 Jahren Karzinome der Vagina auf.

Auch bei dem Wirkstoff Zeranol, der anabole, also die Muskelbildung fördernde Eigenschaften hat, handelt es sich um ein unerlaubtes Masthilfsmittel.

Mit radioimmunologischen Untersuchungsverfahren liegt die untere Nachweisgrenze der genannten Hormone bei unter 0,1 ppb. Es ist allerdings hervorzuheben, daß bei illegal auf dem Markt erscheinenden Wirkstoffen erst nach Bekanntwerden des Mißbrauchs ausreichend sensitive und spezifische Nachweisverfahren entwickelt werden können.

In letzter Zeit gewinnen die unter physiologischen Bedingungen im Tierorganismus vorkommenden Hormone als Masthilfsstoffe größere Bedeutung. Zu dieser Gruppe gehören *Östradiol-17β* und *Testosteron* und ihre Ester (Östradiolbenzoat und Testosteronpropionat). Diese Ester werden nach Freigabe aus dem injizierten Depot zu physiologischen Verbindungen hydrolysiert. Das Anwendungsverbot zu Mastzwecken ist auch in wissenschaftlichen Kreisen nicht unumstritten, da z.B. Östradiol-17β im menschlichen Organismus selbst in hohen Mengen gebildet wird. Weiter wird argumentiert, daß die Aufnahmemengen der physiologisch im Tier gebildeten Hormone bei Verzehr von Milch und Fleisch erheblich über dem liegen würden, was als mögliche Rückstandsmenge nach Behandlung des Tieres zu nutritiven Zwecken zusätzlich zu erwarten ist. Auch die Kontrolle eines Anwendungsverbotes ist bei diesen Hormonen erschwert, wenn nicht unmöglich, da sie von den endogen gebildeten Hormonen analytisch nicht zu trennen sind.

Als Masthilfsmittel wurden früher *Schilddrüsenhemmstoffe (Thyreostatika)* wie Thiouracil, Thiomidazol und Thiohydantoin eingesetzt. Sie sind heute verboten. Der Nachweis einer illegalen Anwendung erfolgt durch histologische Untersuchungen der Schilddrüse des Schlachttieres. Mit diesem Test ist entsprechender Arzneimittelmißbrauch leicht zu erkennen und damit selten geworden.

Die Hirnanhangdrüse (Hypophyse) von Säugern bildet eine Reihe wichtiger Hormone, die unmittelbar auf das Gewebe einwirken oder die Funktion anderer endokriner (= Hormone bildender) Organe regeln. Das *Somatotropin oder Wachstumshormon* wird von der Hypophyse gebildet und steuert die allgemeine Entwicklung des Körperwachstums. Ein Somatotropinmangel führt zum Zwergwuchs. Das Somatotropin ist ein artspezifisch wirkendes Polypeptid. Am Tier fördert Somatotropin nicht nur das allgemeine Körperwachstum und den Eiweißansatz, sondern auch die Milchleistung. Auf der Basis der gentechnologischen Synthese ist das bovine Somatotropin leicht verfügbar geworden. Inzwischen liegen auch mehrere Untersuchungen zur Frage der hormonell durch Somatotropin gesteuerten Milchleistungssteigerung vor. Bei der Milcherzeugung erfolgt die betriebswirtschaftliche Orientierung an dem Ziel, mit weniger Kühen und weniger Futteraufwand, also mit weniger Kosten, die gleiche Milchmenge zu produzieren. Auch wird angestrebt, den Milchstrom entsprechend dem Anfall wirtschaftseigener Futtermittel und dem Ausfall durch erkrankte Tiere zu dirigieren. Die bisherigen Untersuchungsergebnisse lassen durch Verwendung von Somatotropin eine Mehrleistung von 10 bis 20 % pro Laktationsperiode erwarten. Eine Zulassung von Somatotropin zur Steigerung der Milchleistung erfolgte in der Bundesrepublik bisher nicht.

Ob man aus toxikologischer Sicht der Anwendung von Somatotropin zur Steigerung der Milchleistung mit begründeten Argumenten entgegentreten können wird, ist bisher nicht erkennbar, da das Hormon nach seiner Aufnahme mit der Milch im menschlichen Darmtrakt abgebaut, somit also nicht aus dem Darm resorbiert wird und auch eine negative Beeinflussung der Milch nicht zu erwarten ist. In den USA hat folglich die Gesundheitsbehörde die Milcherzeugung unter Einsatz von Somatotropin erlaubt, jedoch verweigerten die Verbraucher trotz massiver Aufklärungsaktionen die Annahme dieses Produktes. Obwohl die tatsächlichen Gründe dieser ablehnenden Haltung der Konsumenten nicht genau bekannt wurden, weist diese Ablehnung darauf hin, daß unabhängig von Aussehen, Geschmack, Geruch und ernährungsphysiologischen und toxikologischen Parametern der tatsächliche Ablauf der Lebensmittelherstellung ein wichtiges weiteres Kriterium ist, nach dem Verbraucher Lebensmittel bewerten. Wird zu weit von der Verbraucherbewertung abgewichen, werden Produkte abgelehnt. So wurde in zahlreichen Urteilen der deutschen Rechtsprechung die Qualität des »Verdorbenseins« eines Lebensmittels auch auf abstoßende Eigenschaften, z. B. infolge einer unappetitlichen Berührung bezogen, ohne daß damit die Gefahr einer möglichen Gesundheitsschädigung verbunden gewesen wäre. Ob die Gründe der ablehnenden Haltung gegenüber der mit Somatotropin gewonnenen Milch in diese Richtung weisen, ist zwar möglich, aber keinesfalls gesichert. Die Anwendung von Somatotropin bei der Milcherzeugung kann nur als ein Glied in der Folge des technischen Wandels gewertet werden, zu dem künstliche Besamung, computergesteuerte Kraftfutterdosierung, Milchleistungskontrollen und zahlreiche andere technische Entwicklungen gehören. Die Optimierung der wissenschaftlich gesteuerten Systemfunktionalität ist oberstes Ziel dieses Wandels in der Lebensmittelgewinnung. Für eine Wertung dieses Geschehens finden wir auf hygienisch-toxikologischer Ebene keine Beurteilungsnormen. Es sind hier vielmehr andere wissenschaftliche Bereiche aufgerufen, Grundlagen und Systematik zur Bewertung dieser Funktionsabläufe vorzulegen und bei der Festlegung von praktischen Entscheidungshilfen mitzuwirken.

3.3.3.3 Psychopharmaka und β-Rezeptorenblocker

Verschiedene *Psychopharmaka,* besonders die sog. Tranquilizer, dienen zur Ruhigstellung bei der veterinärmedizinischen Behandlung. Ein weiteres Ziel der Anwendung von Psychopharmaka ist die Verhinderung von Rangkämpfen insbesondere bei Schweinen. Solche zu Bißverletzungen oder gar zu Todesfällen führenden Rangkämpfe treten z. B. auf, wenn Jungtiere verschiedener Aufzuchtbetriebe in Mastbetrieben zu neuen Gruppen zusammengefaßt werden, und sie enden, sobald eine stabile soziale Rangordnung wieder aufgebaut ist. Auch beim Transport treten in neu zusammengestellten Tiergruppen Rangkämpfe auf.

Man diskutiert auch den Einsatz von Psychopharmaka zur Stimulation des Wachstums. Im Gegensatz zur nutritiven Wirkungsweise der Zusatzstoffe auf Antibiotikabasis wirken Psychopharmaka auf die zentralnervöse Regulation der Nahrungsaufnahme. Die Folge ist, daß die Tiere das Futter über den bisherigen Sättigungsgrad hinaus aufnehmen. Die vorliegenden Untersuchungen mit verschiedenen Psychopharmaka entsprachen jedoch nicht ganz den Erwartungen.

Bei der Erzeugung von Lebensmitteln tierischer Herkunft besitzen nur Psychopharmaka mit vorwiegend beruhigender Wirkung, also Ataraktika und Neuroleptika, eine Bedeutung.

Zu den *Ataraktika* gehören die Benzodiazepinderivate (Chlordiazepoxid, Diazepam, Oxazepam u. a.), aber auch Glykolderivate wie Meprobamat. Ataraktika wirken auf zentralnervöse Systeme des Rückenmarks und Stammhirns. Es kommt zur Muskelentspannung sowie durch Wirkung auf das Limbische System im Stammhirn zu Dämpfung von Angst und Aggressivität und den sie begleitenden psychomotorischen Reaktionen. Hauptsächlich handelt es sich bei der Wirkung von Ataraktika beim Tier um einen der Zähmung ähnelnden Effekt. Die Eliminierung dieser Stoffe erfolgt größtenteils durch Ausscheidung der enzymatisch gebildeten Metabolite mit dem Urin. Bei einigen Wirkstoffen wie Chlordiazepoxid und Diazepam werden auch pharmakologisch aktive Metabolite gebildet. Die Stoffwechselwege und biologischen Halbwertszeiten unterscheiden sich nach den vorliegenden Untersuchungen je nach Tierspezies erheblich voneinander. Sie müssen bei der Festlegung der Wartezeiten berücksichtigt werden.

Neuroleptika wirken auf das zentrale und periphere Nervensystem. Die zentralnervösen Wirkungen beziehen sich besonders auf den Hirnstamm und führen zur Herabsetzung der emotionalen Erregbarkeit und zur Verminderung von Antrieb und Aufmerksamkeit. Das Wirkungsprofil von Neuroleptika im Bereich des peripheren Nervensystems bezieht sich auf eine partielle Hemmung vegetativer Funktionen. Vertreter der Neuroleptika sind z. B. die Wirkstoffe Chlorpromazin, Acepromazin und andere. Die Elimination erfolgt größtenteils durch Biotransformation und Ausscheidung der gebildeten Metabolite mit dem Urin. Die biologischen Halbwertszeiten und damit die erforderlichen Wartezeiten variieren von Tierart zu Tierart erheblich. Daten zur Erfassung der Rückstandssituation von Psychopharmaka beim Schlachttier liegen nicht vor, obwohl von einer verbreiteten Anwendung dieser Präparate während der Aufzucht und beim Transport auszugehen ist.

Als *β-Rezeptorenblocker* (β-Blocker) ist Carazolol in der Tiermedizin zugelassen. Mit diesem Wirkstoff kann man den Belastungstachykardien (Herzfrequenzbeschleunigung) vor allem bei Schweinen entgegenwirken. Wegen der einzuhaltenden Wartezeit ist Carazolol vor dem Schlachttransport jedoch nicht erlaubt. Das Auftreten dieses Wirkstoffes im Schlachttier ist nur für Einzelfälle belegt.

3.3.4 Beurteilung der Rückstandssituation von Tierarzneimitteln in Lebensmitteln

Als amtlich vorgeschriebenes Nachweisverfahren war bislang nur der Allgemeine Hemmstofftest vorgesehen, der einen Großteil der antimikrobiell wirksamen Rückstände anzeigt. Es ist ein unspezifischer und relativ einfach durchzuführender Test. Die Häufigkeiten der mit diesem Test festgestellten hemmstoffpositiven Befunde geht aus Tabelle 3.8 hervor. Es handelt sich um Ergebnisse der vorgeschriebenen Untersuchungen an Stichproben aus verschiedenen Untersuchungsämtern. Bestimmte Antibiotika wie Chloramphenicol werden, wie bereits erwähnt, mit diesem Test nicht erfaßt.
Wegen des Fehlens einer gesetzlichen Grundlage wurde nach den übrigen Rückstandsbildnern nur sporadisch, je nach instrumenteller Ausstattung und Zielsetzung des Untersuchungsamtes, gesucht. Es lag also im Ermessen der Untersuchungsämter, welche weiteren Wirkstoffe bei Rückstandsuntersuchungen zu berücksichtigen waren. Auch die

Tab. 3.8. Häufigkeit positiver Befunde im »Allgemeinen Hemmstofftest« bei den bis 1987 vorgeschriebenen Untersuchungen im Rahmen der Fleischbeschau. Zusammengefaßte Ergebnisse verschiedener Veterinäruntersuchungsämter (nach: Rat von Sachverständigen für Umweltfragen (Hrsg.): Materialien zur Umweltforschung. Heft 16, Kohlhammer Verlag, Stuttgart, im Druck)

Herkunft der Proben (N = Niere; M = Muskulatur)		positive Proben in % 1983	1984	1985
Rind	N	0,5–1,6	0,6–1,4	0 –1,5
	N + M*	0 –2,3	0 –1,4	0 –0,9
Schwein	N	0,2–1,6	0,1–1,6	0,1–1,6
	N + M*	0 –0,4	0 –0,2	0 –0,2
Kalb	N	0 –3,8	0 –6,2	0 –2,1
	N + M*	0 –2,3	0 –1,9	0 –2,6

* positiver Befund bei Proben von Niere und auch der Muskulatur

angewandten Methoden waren hinsichtlich Spezifität und Sensitivität nicht festgelegt. Für eine Reihe von Wirkstoffen fehlten ausreichend sensitive und vor allem routinemäßig, also ohne großen apparativen und personellen Aufwand zu betreibende Untersuchungsverfahren. Für viele Tierarzneimittel sind inzwischen ausreichend sensitive Analysenverfahren im Spurenbereich entwickelt worden. Positiv ist, daß mit der Festlegung von Beurteilungswerten eine klare Entscheidungsgrundlage für die Annahme der Genußtauglichkeit geschaffen wurde. Das Fleischhygienegesetz von 1987 regelt auch die Duldungs- und Mitwirkungspflicht in Erzeugerbetrieben. Danach können sogar unter Einschränkung des Grundrechts auf Unverletztlichkeit der Wohnung Probennahmen bereits im Erzeugerbetrieb erfolgen. So können durch Untersuchungen von Kot und Urin mißbräuchliche oder illegale Anwendungen von Tierarzneimitteln besser erkannt und verfolgt werden. Zur Verbesserung der Datenlage und des Verbraucherschutzes sollte die Durchführung eines koordinierten Probennahme- und Untersuchungsverfahrens für eine möglichst breite Wirkstoffpalette angestrebt werden (vgl. 3.2.6). Sensitive und hinreichend selektive Untersuchungsverfahren sind zu standardisieren und einheitlich anzuwenden, so daß die Ergebnisse verschiedener Einrichtungen vergleichbar sind und somit die gewünschte Übersicht geliefert werden kann. Diese Forderungen entsprechen auch dem Auftrag des § 35 LMBG. Hinreichend repräsentatives Datenmaterial als Grundlage zur Bewertung und Entscheidung ist dringend erforderlich. Wichtig erscheinen auch besondere Studien mit der Zielsetzung, die Häufigkeiten eindeutig bedenklicher Rückstandsmengen infolge Arzneimittelmißbrauchs zu präzisieren. Eine Risikoabschätzung, z. B. für den Fall des Verzehrs einer mit anabolen Hormonen hochkontaminierten Injektionsstelle nach illegaler Anwendung, ist durchaus von Interesse. Danach wäre nämlich zu bestimmen, wie engmaschig das Netz von Routineuntersuchungen zu knüpfen ist.

Hinsichtlich der toxikologischen Bedeutung der im ppb-Bereich und offenbar selten auftretenden Rückstandsmengen ist festzustellen, daß pharmakologische Wirkungen der einzelnen Dosen nicht zu erwarten sind. Bei derartig niedrigen Konzentrationen können allerdings auch nur chronische Effekte und Kombinationswirkungen mit anderen Stofffen von Bedeutung sein. Auf diesem Gebiet sind die Kenntnisse jedoch lückenhaft. Die wissenschaftliche Bearbeitung dieser Fragen würde durch eine klare Datenlage zur Rückstandssituation sicher erleichtert werden. Dieselben Wirkstoffe wie in Tierarzneimitteln werden häufig auch in der Humanmedizin eingesetzt. Der ärztliche Gebrauch dieser Pharmaka geschieht jedoch gezielt unter Beachtung von Anwendungsgebieten und Zielsymptomen und auf der Grundlage einer Nutzen/ Risiko-Betrachtung. Es dürfte klar sein, daß Rückstände, auch in geringen Spuren, von Tierarzneimitteln in Fleisch, Milch und Eiern nach anderen Maßstäben zu bewerten sind. Aus der Sicht des Verbrauchers sind sie grundsätzlich unerwünscht.

Arzneimittelrückstände lassen sich offenbar nicht vollständig aus dem Organismus eliminieren. Bisherige kinetische Untersuchungen zeigen, daß bei der Arzneistoffbindung an zelluläre Bestandteile zwei Bindungsformen zu unterscheiden sind: die eine ist gekennzeichnet durch hohe Kapazität und niedrige Affinität, die andere durch niedrige Kapazität, aber hohe Affinität. In Übereinstimmung mit diesem Bindungsverhalten beobachtet man nach eine Phase der raschen Konzentrationsabnahme im Gewebe einen Zeitraum mit praktisch konstant bleibenden Gewebskonzentrationen im Spurenbereich. Die Arzneistoffe sind in diesem Konzentrationsbereich im Gewebe offenbar festgelegt, ohne daß eine Metabolisierung oder Eliminierung stattfindet. Bei Einhalten der Wartezeiten liegen dann die Rückstandsmengen zwar unterhalb der Beurteilungswerte (Tab. 3.8); ein absolut rückstandsfreies Fleisch ist jedoch nur schwer zu erhalten.

4 Verunreinigungen

Von H.-J. Hapke, Hannover

4.1 Begriffsbestimmungen, Herkunft, Verteilung

4.1.1 Abgrenzung gegenüber anderen Fremdstoffen

Alle Lebensmittel enthalten neben den nutritiv ausnutzbaren Stoffen auch überflüssige oder unter bestimmten Bedingungen giftig wirkende Substanzen. Durch die zunehmende Anwendung chemischer Produkte in mittelbarer oder unmittelbarer Umgebung der Lebensmittelproduktion, durch zunehmende Nachbarschaft von lebensmittelproduzierender Landwirtschaft und schadstoffemittierender Industrie und aufgrund der ubiquitären Verbreitung industriell emittierter Stoffe ist damit zu rechnen, daß auch verschiedene Fremdstoffe in Lebensmitteln auftreten. Tiere und Pflanzen, die zur Lebensmittelproduktion heranwachsen, unterliegen in ihrer Umwelt zahlreichen chemischen Einflüssen. Je nach Standort nehmen sie auch die in dieser Gegend vorhandenen Stoffe auf. Manche davon bleiben im späteren Lebensmittel erhalten.

Während der Verarbeitung der Lebensmittel-Rohstoffe zu den verzehrfähigen Lebensmitteln kommen die Produkte mit zahlreichen chemischen Substanzen in Berührung. Von der Ernte beziehungsweise Schlachtung über die Verpackung und Lagerung bis zur küchenfertigen Zubereitung bestehen weitere Möglichkeiten, daß sich in Lebensmitteln fremde Stoffe bilden oder solche aus der Umwelt aufgenommen und nicht wieder abgegeben werden.

Diese Stoffe bezeichnet man als *Verunreinigungen* oder *Kontaminanten* durch Einflüsse aus der Umwelt im weitesten Sinne, also aus Boden, Wasser und Luft; durch Emissionen aus Industrie, Handwerk oder Haushalt, aus der Verbrennung fossiler Brennstoffe, durch Kontakte mit Bedarfsgegenständen, Verpackungsmaterial, Instrumenten, Apparaten, usw.

Diese Fremdstoffe sind grundsätzlich unerwünscht, in vielen Fällen aber nicht zu vermeiden und bis zu bestimmten Konzentrationen gesundheitlich unbedenklich. Sie tragen jedoch zur Gesamtbelastung des Konsumenten bei und erhöhen durch eine unnötige Aufnahme die Wahrscheinlichkeit eines möglichen Gesundheitsschadens.

Als *Rückstände* bezeichnet man dagegen die Reste von Stoffen in Lebensmitteln, die vor der Lebensmittelgewinnung bei Pflanzen und Tieren verwendet wurden, im Lebensmittel selbst aber keinen Nutzen mehr haben. Die Verwendung von Pflanzenschutzmitteln (im Pflanzen- und Vorratsschutz) sowie von Tierarzneimitteln geschieht mit dem Ziel bei der lebenden Pflanze bzw. beim lebenden Tier bestimmte zweckmäßige Wirkungen zu erzielen. Auch Düngemittel oder Futterzusatzstoffe erfüllen diesen Zweck bei Nutzpflanzen bzw. -tieren. Wenn diese Stoffe oder deren Umwandlungsprodukte während der Lebenszeit der Pflanzen oder Tiere nicht vollständig abgebaut oder ausgeschieden werden, treten sie als Rückstände in Lebensmitteln auf (Kap. 3).

Eine Abgrenzung der Verunreinigungen von den Rückständen in Lebensmitteln ist nötig, da die Anwesenheit der Verunreinigungen in Lebensmitteln von den Erzeugern nicht ohne weiteres zu beeinflussen ist. Die Rückstandskonzentrationen im späteren Lebensmittel dagegen können durch entsprechende Maßnahmen bei der Anwendung der Stoffe beim lebenden Tier oder bei der lebenden Pflanze (Tierarzneimittel, Düngemittel, Pflanzenschutzmittel) vermieden oder gering gehalten werden (Regeln der guten landwirtschaftlichen Praxis, Einhaltung von Wartezeiten zwischen Anwendung und Schlachtung bzw. Ernte vgl. 3.2.2; 3.2.3; 3.3.2). Zur Verminderung der Verunreinigungen in Lebensmitteln bedarf es jedoch größerer Anstrengungen im weiten Vorfeld der eigentlichen Lebensmittelproduktion (Umweltpolitik; diese Zusammenhänge sind u.a. im »Umweltgutachten 1987« des Rats der Sachverständigen für Umweltfragen dargestellt).

Der Definition von Verunreinigungen folgend können grundsätzlich alle Elemente und deren Verbindungen, sowohl organischer wie anorganischer Art, als unerwünschte Fremdstoffe in Lebensmitteln auftreten. Aufgrund der praktischen Situation bei der Lebensmittelproduktion kommen aber tatsächlich nur wenige Elemente oder Verbindungen in Frage, die sich in nennenswerten Mengen in den einzelnen Lebensmitteln nachweisen lassen und eine gewisse gesundheitliche Bedeutung erlangen können. Nach diesen Kriterien wurden die Substanzen, die im folgenden besprochen werden, aus der großen Zahl theoretisch möglicher Verunreinigungen ausgewählt.

Eine Einteilung der praktisch wichtigen Umweltkontaminanten kann nach chemischen Gesichtspunkten erfolgen. Hiernach wäre eine Differenzierung zwischen organischen und anorganischen Verbindungen möglich. Diese Einteilung berücksichtigt aber weder die ursächlichen Quellen der Kontamination noch die gesundheitliche Bedeutung der Stoffe. Sie ist zwar naturwissenschaftlich korrekt, aus praktischen Gründen aber unzweckmäßig.

Eine sachgerechte Einordnung der Umweltkontaminanten erfolgt unter Berücksichtigung der Quellen. So stellen die *industriell bedingten Emissionen* und die daraus erfolgenden *Immissionen* für das Kontaminationsgeschehen eine Kausalitätskette dar. Hiernach gehören zu den wichtigsten Verunreinigungen in Lebensmitteln die verschiedenen *Schwermetalle* und aus der Reihe der *Organochlorverbindungen* die polychlorierten Biphenyle und verwandte Stoffe. Beide Substanzgruppen haben deswegen als Verunreinigungen in Lebensmitteln eine besondere Bedeutung, weil sie chemisch verhältnismäßig persistent sind und sich, ihren physiko-chemischen Eigenschaften entsprechend, innerhalb von Nahrungsketten und Nahrungsnetzen und damit auch in bestimmten Lebensmitteln anreichern können. Diese Verunreinigungen sind somit schon bei den lebenden Ausgangsmaterialien Tier und Pflanze vorhanden (vgl. 4.3).

Eine zweite Gruppe von Kontaminanten tritt bei der *lebensmitteltechnologischen Verarbeitung* hinzu. Hier sind es im wesentlichen ebenfalls Schwermetalle, die sich bei Verwendung ungeeigneter Instrumente oder Geräte in das Lebensmittel hineinlösen. Auch Migrationsstoffe aus dem Verpackungsmaterial spielen auf dieser Ebene der Produktion eine Rolle (vgl. 4.4.3).

Schließlich kommen während der *Lagerung* oder der weiteren küchenfertigen *Zubereitung* neue Substanzen hinzu. Wenn die Lagerung nicht unter bestimmten thermischen Bedingungen (Kühlung, Erhitzung) erfolgt, ist es möglich, daß infolge des Verderbs der Lebensmittel nach mikrobieller Besiedlung Stoffwechselprodukte von Schimmelpilzen oder anderen Fäulniskeimen auftreten können. Hier wären die verschiedenen Mykotoxine (vgl. 4.5.1) oder auch Botulinus-Toxin zu nennen. Während des unvollständigen Verbrennungsprozesses der Oberflächen von Tieren stammender Lebensmittel durch Räuchern, Grillen oder Braten entstehen Abbauprodukte organischer Substanzen. Die wichtigsten Stoffe aus dieser Gruppe stellen die polyzyklischen aromatischen Kohlenwasserstoffe (PAK) dar (vgl. 4.4.2). Diese sind wie die Mykotoxine in der Lage, Krebs zu erzeugen. Durch Reaktion von Nitrit mit Aminen entstehen schließlich im Lebensmittel krebserzeugende Nitrosamine (vgl. 4.3.3.1).

4.1.2 Stoffe und Herkunft

Die *Schwermetalle* in der Umwelt sind normale Bestandteile der oberen Erdkruste; sie gelangen somit auch in die Vegetation und anschließend in die Nahrungskette. Quantitativ bedeutsamer und zugleich Grund für die ungleichmäßige Belastung der Vegetation ist aber die industriell bedingte Kontamination. Die Schwermetalle verarbeitende Industrie und zahlreiche andere Gewerbebetriebe, die Schwermetallverbindungen während ihres Produktionsprozesses benutzen, emittieren die Schwermetalle entweder mit dem Abwasser oder mit dem Staub. So enthalten die meisten Industrie-Stäube verschiedene Schwermetalle, deren Konzentration von den jeweiligen Produktionsprozessen abhängt. Meteorologische Bedingungen wie Niederschläge und Wind sind variierende Faktoren für den Grad der Immission.

Schwermetallhaltiger Staub setzt sich auf Oberflächen der Vegetation, dringt abhängig von der Teilchengröße oder der Art der Schwermetallverbindung auch in die obersten Schichten der Pflanze ein und wird dann mit der Pflanze entweder geerntet oder als stabiler Rest der untergegangenen Pflanze Bestandteil der Erdkruste. Die Blei-Kontamination der Vegetation erfolgt im wesentlichen auf diesem Wege. Es ist verständlich, daß breitblättrige Pflanzen, die eine längere Zeit dem Staub exponiert waren, höhere Bleikonzentrationen enthalten als kurzlebige Pflanzen mit geringerer Oberfläche. Cadmium wird dagegen zum größten Teil nicht über die Blätter, sondern mit den Wurzeln aus dem Boden aufgenommen.

Das Einatmen schwermetallhaltigen Staubes durch die Nutztiere, die der Lebensmittelgewinnung dienen, spielt für die Kontamination keine große Rolle. Die in tierischen Lebensmitteln auftretenden Schwermetallmengen resultieren nur zu höchstens 10% aus der Belastung der Atemluft mit Schwermetallen in Belastungsgebieten. Mehr als 90% stammen aus dem pflanzlichen Futter.

Neben der lokal sehr begrenzten Emission von Schwermetallen aus der Industrie spielen auch Gewerbebetriebe und im besonderen Maße der Kraftfahrzeugverkehr eine ursächliche Rolle für eine Schwermetall-Kontamination der Lebensmittel. Zur Zeit enthält Benzin, soweit es nicht bleifrei ist, noch Bleitetraethyl als Antiklopfmittel in einer höchstzulässigen Konzentration von 0,15 g Blei/l Benzin. Während des Verbrennungsprozesses wird anorganisches Blei in Form von Oxid, Sulfid oder Halogenid ausgeschieden und an den Rändern der Autostraßen abgelagert.

Etwa 2% der landwirtschaftlich genutzten Flächen der Bundesrepublik Deutschland sind durch industrielle Immissionen so belastet, daß sie für eine Lebensmittelgewinnung ungeeignet sind. Dazu kommen die durch den Straßenverkehr kontaminierten Flächen; diese Kontamination führt zwar zu einer vermehrten Belastung der dort geernteten Lebensmittel, macht sie aber für die Lebensmittelproduktion noch nicht unbrauchbar.

Die zweite wichtige Gruppe der Umweltkontaminanten stellen aus der großen Gruppe der organischen Chlorverbindungen heute die *polychlorierten Biphenyle* (PCB) dar. Es handelt sich hierbei um ein Gemisch zahlreicher Verbindungen mit einheitlicher Grundstruktur, aber unterschiedlichem Chlorierungsgrad. Diese Stoffe werden bzw. wurden in der Technik für zahlreiche Zwecke verwendet.

Man setzt sie als Weichmacher, Zusatzmittel für Lacke, Hydraulikflüssigkeiten sowie Kühl- und Isolierflüssigkeiten in der Elektrotechnik ein. Die PCB sind unbrennbar, haben eine hohe Hitzebeständigkeit und ein ideales Lösungsverhalten. Hinzu kommen ihre hervorragenden di-elektrischen Eigenschaften. Die hohe Stabilität hat aber auch zur Folge, daß die PCB biologisch schwer abbaubar sind und sich aufgrund ihrer guten Fettlöslichkeit in pflanzlichen und tierischen Geweben (Fetten) über längere Zeit ablagern und hier kumulieren. Seit Beginn der 70er Jahre ist die Verwendung der PCB erheblich eingeschränkt worden. Sie dürfen seitdem nur noch im Bergbau als unbrennbare Hydrauliköle und in der Elektroindustrie in geschlossenen Systemen als Di-Elektrika in Transformatoren und Kondensatoren eingesetzt werden.

Wegen der hohen Stabilität insbesondere der höher chlorierten PCB müssen wir damit rechnen, daß diese Substanzen noch viele Jahre oder gar Jahrzehnte in der Umwelt vorhanden sein werden. Sie finden sich nur in den Lipidanteilen der Lebensmittel, also vorwiegend im Fettgewebe und in pflanzlichen Ölen. Da die Produktion tierischen Fettes im allgemeinen eine längere Zeit in Anspruch nimmt als die Produktion pflanzlichen Fettes, enthält ersteres höhere Konzentrationen an PCB als letzteres.

Neben den PCB spielen polychlorierte *Dibenzodioxine*, *Dibenzofurane* und möglicherweise *Dibenzoether* eine Rolle. Die Konzentrationen dieser Stoffe, die bei zahlreichen technischen Prozessen als unerwünschte Verunreinigungen entstehen, liegen um mehrere Zehnerpotenzen niedriger als die der PCB. Nach anderen Organochlorverbindungen ist bisher nicht systematisch gesucht worden. Es ist aber anzunehmen, daß zahlreiche aromatische und aliphatische Chlorverbindungen in Lebensmitteln vorkommen.

Nitrate und die daraus entstehenden *Nitrite* und *Nitrosamine* in Lebensmitteln sind ursächlich auf einen gewissen natürlichen Nitratgehalt mancher Böden, vorwiegend aber auf das Ausbringen von organischem oder anorganischem Dünger zurückzuführen. Das wasserlösliche Nitrat wird über die Wurzeln mancher Futter- bzw. Nahrungspflanzen schnell aufgenommen und trägt zur Bildung von Pflanzeneiweiß bei. Unverbrauchtes Nitrat wird in Pflanzen abgelagert und mit diesen vom Konsumenten verzehrt. Ein Teil des Nitrats verläßt auch den Anwendungsort und erscheint dann später im abfließenden Oberflächenwasser oder im Grundwasser und schließlich im Trinkwasser.

Nitrate spielen daher in pflanzlichen Nahrungsmitteln und aus ihnen hergestellten Produkten eine Rolle. Die Inhalte schwanken sehr stark zwischen 10 über 100 bis mehr als 1000 mg/kg. Besonders Rote Bete und Spinat und die aus ihnen oder anderen Gemüsearten hergestellten Säfte weisen hohe Nitratgehalte auf.

Bei der Verwendung von Nitrit-Pökelsalz (0,5 %iges Natriumnitrit) ist mit einer Anwesenheit von 50 bis etwa 100 mg NO_2^-/kg im gepökelten Produkt zu rechnen.

Auch *Phosphate* und *Sulfate* kommen in manchen Pflanzen auf Grund der starken Düngung der Äcker vermehrt vor.

Neben diesen nahezu regelmäßig vorkommenden oder unter bestimmten Bedingungen zu erwartenden Verunreinigungen aus der

Umwelt können weitere Stoffe vorkommen, die den Lebensmitteln unerlaubt zugesetzt wurden. Hierzu gehören beispielsweise Diethylenglykol in Wein oder Monobromessigsäure in Bier. Diese Stoffe sind ihrer Herkunft nach nicht mit den Umweltkontaminanten vergleichbar.

4.1.3 Kinetik, Kumulation, Nahrungsnetze

Unter *Kumulation* versteht man die langsame Steigerung der Konzentration von Fremdstoffen in biologischen Systemen. Kumulation tritt dann auf, wenn Stoffe mehrfach oder kontinuierlich aufgenommen werden und die Ausscheidung langsamer abläuft als die Aufnahme. Wenn die tägliche Dosis im Organismus auf einen Rest aus früheren Aufnahmen trifft, nimmt die Konzentration zu. Begünstigt wird dieser Vorgang, wenn die Stoffe gegenüber den inaktivierenden Prozessen im Organismus chemisch verhältnismäßig stabil sind. Wenn sie aufgrund ihrer physiko-chemischen Eigenschaften besondere Affinitäten zu bestimmten Körpergeweben haben (z. B. Fett- oder Knochengewebe), können sie dort für längere Zeit deponiert werden.

Zu den kumulierenden Stoffen, die als Verunreinigungen in Lebensmitteln praktische Bedeutung haben, gehören manche Schwermetalle (Cadmium, Blei, Quecksilber) und einige aromatische chlorierte Kohlenwasserstoffe (polychlorierte Biphenyle, Dibenzodioxine, DDT und Verwandte; vgl. 3.2.5.1).

Der Vorgang der Kumulation ist somit abhängig von der biologischen Halbwertzeit der Substanzen, der aufgenommenen Menge und dem Intervall zwischen den Aufnahmen. Zwischen der Konzentration dieser Stoffe in Futter- bzw. Nahrungsmitteln und der Konzentration in tierischen oder menschlichen Geweben besteht bei kontinuierlicher Zufuhr und Einhaltung sonstiger Bedingungen ein bestimmtes Verhältnis. Dieses kann bei Kenntnis der physiko-chemischen Eigenschaften (Abbaubarkeit, Hydrophilie/Lipophilie) der Substanzen und der biologischen Halbwertzeit abgeschätzt werden (»carry over«). Da die Variablen aber nicht konstant sind, kann dieser Übergang kaum genau quantifiziert werden.

Persistente Substanzen wie Schwermetalle gelangen über den Boden in die Pflanzen und von dort über die Tiere in den Menschen. Auf allen Ebenen spielen sich solche Kumulationsvorgänge ab. Zwischen der Schwermetallkonzentration im Boden und derjenigen in der Vegetation besteht ein Verhältnis, das allerdings von zahlreichen Faktoren beeinflußt wird. So hängt die Aufnahme der Schwermetalle über die Pflanzenwurzeln von der Art des Bodens, dem pH-Wert, der mikrobiologischen Aktivität und dem Feuchtigkeitsgrad ab; diese Faktoren haben einen erheblichen Einfluß auf die Absorptionsvorgänge und lassen somit eine quantitative, rechnerische Darstellung des Übergangs nicht zu.

Eine Speicherung findet in den Pflanzen nur ausnahmsweise statt. Da im allgemeinen die für Futter- oder Nahrungszwecke bestimmten Pflanzen innerhalb weniger Wochen oder Monate heranwachsen, ist der Kumulationsvorgang in den Pflanzen begrenzt.

Die Aufnahme chemisch persistenter Stoffe mit langer biologischer Halbwertzeit aus den Pflanzen durch die Tiere führt in Abhängigkeit von der Konzentration und der Dauer der Exposition zu einer langsamen Zunahme in bestimmten Geweben der Tiere, die später für die Gewinnung von Lebensmitteln verwendet werden. Je älter ein Tier ist, desto größer ist die Wahrscheinlichkeit, daß persistente Stoffe in den verzehrbaren Depot-Geweben vorhanden sind. Da Milch und Eier innerhalb sehr kurzer Zeit gebildet werden, enthalten diese Lebensmittel viel geringere Konzentrationen an fremden Substanzen. Die mit der Milch und den Eiern ausgeschiedenen Stoffe haben den Körper schnell durchlaufen; es handelt sich bei diesen Lebensmitteln nicht um Depotgewebe, in denen sich der Stoff ansammlen könnte. Allerdings enthält der Fettanteil in Milch und Eiern dieselbe Fremdstoffkonzentration wie das Tierkörperfett (bezüglich Tierarzneimittelrückständen in Eiern vgl. 3.3.2.1).

Zu den Geweben mit Depot-Charakter gehören vor allem das tierische Fettgewebe (für lipidlösliche Substanzen), Knochen (z. B. für Blei), Leber und Niere (für zahlreiche Substanzen während des Aufnahme- bzw. Ausscheidungsprozesses). Die als Fleisch verzehrbare Skelettmuskulatur und andere Organe wie Lunge, Herz und Gehirn stellen keine Speicherorgane dar und enthalten daher geringere Konzentrationen von Fremdstoffen. Die Konzentrationen entsprechen der relativen Durchblutung der Organe. Auch das Blut ist kein Speicherorgan, sondern dient als Transportmittel und enthält somit nur diejenigen Mengen, die sich zwischen Aufnahme, Speicherung und Ausscheidung befinden.

Als *Nahrungsnetze* oder *Nahrungsketten* werden die Wege der Nahrung bezeichnet, die sich innerhalb der biologischen Wechselbeziehungen der einzelnen Lebewesen ergeben. Solche Nahrungsnetze spielen insbesondere bei Wasserbewohnern eine Rolle. Die Nahrungskette beginnt im Boden oder Wasser, läuft über Pflanzen und Tiere bis zum Menschen und endet schließlich in der Frauenmilch.

Die *Abbildung* auf der folgenden Seite stellt modellhaft die Konzentrationszunahmen der gut untersuchten Organochlorverbindungen in vier Stufen der Nahrungskette dar.

Während der Speicherung entfalten die als Kumulationsgifte bezeichneten Substanzen im allgemeinen keine Wirkung. Insbesondere die im Fettgewebe lagernden organischen Chlorverbindungen üben dort keine Wirkung aus, befinden sich aber in einem Gleichgewicht mit der Konzentration in den Körperflüssigkeiten. Im Zuge einer Freisetzung von Fett (Lipolyse) werden auch die hier gespeicherten Substanzen

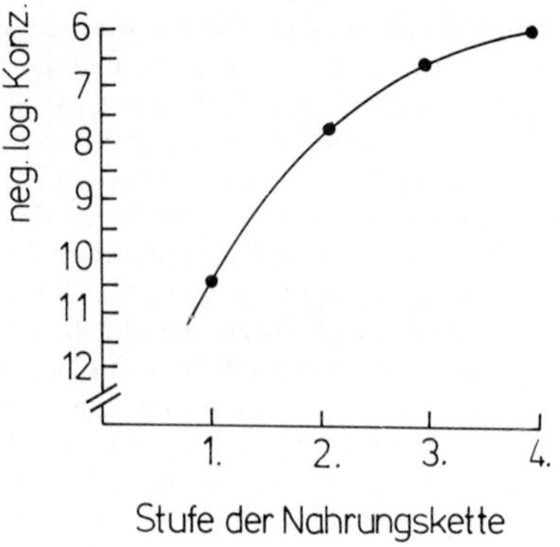

Beispiel einer Zunahme der Konzentrationen von Organochlorverbindungen in den Stufen der Nahrungskette (auf der Ordinate sind die dekadischen Logarithmen der Konzentrationen aufgetragen):

Stufe 1: Umwelt (Luft, Wasser, Boden) 10 bis 100 ng/kg, hier als Beispiel 30 ng/kg = $3 \cdot 10^{-11}$

Stufe 2: Tierfutter 10 bis 100 µg/kg, hier 30 µg/kg = $3 \cdot 10^{-8}$

Stufe 3: Tierfett 0,1 bis 1 mg/kg, hier 0,3 mg/kg = $3 \cdot 10^{-7}$

Stufe 4: Frauenmilch 0,1 bis 10 mg/kg, hier 1 mg/kg = 10^{-6}

freigesetzt und können dann eine akute Wirkung auslösen (vgl. 3.2.5.1.2).

Auch die Speicherung von Schwermetallen in Leber und Niere bleibt bis zu bestimmten Konzentrationen ohne erkennbare Wirkung. Erst wenn die als Speicherstellen fungierenden zellulären Strukturen gesättigt sind, binden sich die Schwermetalle auch an andere Eiweißbestandteile der Leber-Hepatozyten oder der Tubuluszellen der Nieren. Eine solche Bindung führt zu Strukturänderungen und zur Inaktivierung funktioneller Gruppen innerhalb der Zelle, was Zellfunktionsstörungen und schließlich den Zelltod bewirken kann. Durch solche Prozesse wird die Eliminationsfähigkeit von Leber und Niere beeinträchtigt, so daß eine überproportionale Funktionsstörung dieser beiden Organe zu erwarten ist. Diesen Vorgang bezeichnet man als kumulative Intoxikation. So sind z. B. Konzentrationen bis zu 0,2 mg Cadmium/g Niere noch ohne Bedeutung für dieses Organ. Steigerungen auf 0,3 oder 0,4 mg/g führen zu Funktionsstörungen. Die Schwellenkonzentrationen, welche die Grenze markieren, von der ab Wirkungen und Funktionsstörungen auftreten, sind für einzelne Substanzen noch nicht genügend bekannt.

4.2 Betroffene Lebensmittel einschließlich Frauenmilch

Wegen der unterschiedlichen Exposition von Nutzpflanzen bzw. -tieren und damit der einzelnen Lebensmittel bzw. ihrer Grundstoffe gegenüber Umweltchemikalien, der Art der Bildung dieser Grundstoffe oder wegen des Vorhandenseins besonderer Speichergewebe sind nur ganz bestimmte Lebensmittel in der Lage, Umweltchemikalien in nennenswerten Mengen zu speichern. Hierzu gehören:

- Ungereinigte pflanzliche Nahrungsmittel
- Leber
- Niere
- Fette tierischen und pflanzlichen Ursprungs
- Grill- und Räucherprodukte; verschimmelte Lebensmittel
- Fische
- Wild
- Frauenmilch

Ungereinigte pflanzliche Nahrungsmittel, insbesondere Blattgemüse, enthalten regelmäßig höhere Konzentrationen an verschiedenen Verunreinigungen als zubereitete Lebensmittel. Häufig handelt es sich um eine äußere Kontamination in Form von abgelagertem Staub. Je nach Menge der Niederschläge, Standort der Vegetation, Menge und Zusammensetzung des Staubes sind unterschiedliche Verunreinigungen zu erwarten. Insbesondere Blei wird mit Staub und Regen abgelagert.

Diese Stoffe können zum größten Teil durch die normalen Reinigungsprozesse bei der küchenüblichen Zubereitung entfernt werden. Je nach Struktur der Blattoberfläche der Pflanzen werden Verunreinigungen zu zwischen 10 und 90 % (meist 30 bis 70 %) entfernt. Bleiverbindungen gelangen teilweise auch in die oberflächlichen Schichten der Blätter, so daß dieser Teil nicht durch Reinigen entfernt werden kann. Einige Stoffe, so vor allem Cadmium, erreichen die Vegetation aber auch über das Wurzelsystem. In solchen Fällen kann durch Reinigen (Waschen) der Gehalt an Verunreinigungen nicht vermindert werden.

Eine lebensmittelhygienische Untersuchung findet aufgrund der rechtlichen Bestimmungen statt, wenn die Nahrungsmittelgrundstoffe in den Verkehr gebracht werden, also auf dem Markt, auf dem sie zum Verkauf angeboten und vom Konsumenten erworben werden. Möglicherweise fand auf dem Wege dorthin bereits eine Vorreinigung statt. Wenn Lebensmittel aus dem Hausgarten verwendet werden, von denen der Konsument annimmt, sie seien nicht belastet, ist jedoch gleichfalls mit der standortüblichen Kontamination zu rechnen. Sie hängt von der Industrialisierung der Umgebung und dem Kraftfahrzeugverkehr ab. Insofern haben wir je nach Standort einen unterschiedlichen Gehalt von Schwermetallen in den pflanzlichen Nahrungsmitteln anzunehmen.

Leber und *Niere* zählen aus der Reihe der von Tieren stammenden Lebensmittel regelmäßig zu den Geweben mit der höchsten Konzentration an unerwünschten Fremdstoffen. Es gibt keine Substanz, die sich selektiv in der als Fleisch verzehrten Skelettmuskulatur oder in der Lunge, im Herzen oder im Gehirn der Tiere ansammelt. Bei der Aufstellung eines Speiseplanes ist somit zu berücksichtigen, daß Leber und Niere immer höher mit Fremdstoffen belastet sind als andere tierische Gewebe. Daher bedeutet der Verzehr von Leber und Niere für den Konsumenten eine Erhöhung der Fremdstoffaufnahme. Leber und Niere sind Entgiftungs bzw. Ausscheidungsorgane, so daß aufgrund ihrer physiologischen Funktion hier Fremdstoffe oder ihre Umwandlungsprodukte in höherer Konzentration vorliegen; dies gilt insbesondere, wenn die Organe von älteren Tieren stammen.

Fette pflanzlichen und besonders tierischen Ursprungs enthalten regelmäßig Organochlorverbindungen, die gut lipidlöslich sind. Während das von Pflanzen gewonnene Fett (pflanzliches Öl) innerhalb weniger Tage und Wochen gebildet wird, so daß die Zeit für eine Kumulation unerwünschter Fremdstoffe vergleichsweise gering ist, ist das Fettgewebe von Tieren bei der Schlachtung viele Monate oder gar Jahre alt.

Deshalb werden in tierischen Fetten höhere Konzentrationen an Organochlorverbindungen (z. B. polychlorierte Biphenyle, Hexachlorcyclohexan, Hexachlorbenzol) gemessen, als in pflanzlichen Ölen. Nicht nur das Fettgewebe, sondern auch das Milchfett und die hieraus gewonnenen Produkte Butter und Käse enthalten die verschiedensten Organochlorverbindungen, die mit ausreichend empfindlicher Analytik regelmäßig nachgewiesen werden können.

Zu den Lebensmitteln, die geeignet sind, das Gesundheitsrisiko für den Konsumenten zu erhöhen, können alle nicht korrekt zubereiteten oder gelagerten Nahrungsmittel gehören. So bedeuten *Räuchern und Grillen* grundsätzlich eine Zunahme der Gehalte an polyzyklischen aromatischen Kohlenwasserstoffen (z. B. Benzo(a)pyren), von denen einige krebserzeugend sind. Bei Vermeidung einer unvollständigen Verbrennung des Fettes im Grillgut durch Abtropfen bzw. durch Einhaltung einer optimalen Räuchertemperatur (nicht über 400 °C) lassen sich hohe Kontaminationen der so zubereiteten Lebensmittel mit diesen Substanzen begrenzen, wenn auch nicht ganz vermeiden.

Auch das *Verschimmeln* der Nahrungsmittel pflanzlichen und tierischen Ursprungs kann (auch bei der Kühllagerung) in Ausnahmefällen eine Zunahme verschiedener Pilzgifte (Mykotoxine) bedingen, von denen einige krebserzeugend sind (Aflatoxin B1). Durch entsprechende Lagerung (Beachtung von Temperatur und Luftfeuchtigkeit) oder durch nachträgliches Säubern und Entfernen der betroffenen Lebensmittel läßt sich die Belastung des Konsumenten vermeiden.

Fische, die in Binnengewässern oder in Küstennähe gefangen werden, können, je nach Verschmutzungsgrad ihres Standortes, besonders hohe Gehalte an bestimmten Schwermetallen (z. B. Quecksilber, Arsen) und

Organochlorverbindungen (z. B. DDT) aufweisen. Der Fisch ist ein Repräsentant seiner Umgebung und speichert in verschiedenen Geweben die unterschiedlichsten Substanzen, soweit diese persistent sind. Eine Haltung der Fische in sauberem Wasser vor der Lebensmittelgewinnung kann innerhalb kurzer Zeit zu einer Verminderung der Konzentrationen von unerwünschten Fremdstoffen führen. Zwischen Umgebungswasser und Fischgewebe stellt sich schnell ein Konzentrationsgleichgewicht ein.

Wild, vor allem Feldhasen, aber auch Schwarz-, Reh- und Rotwild, können hohe Schwermetallmengen enthalten: bis zu 2 mg Blei, 0,7 mg Cadmium und 0,5 mg Quecksilber pro Kilogramm Leber. Schrotkugeln oder Geschoßsplitter tragen ebenfalls zur Kontamination weidgerecht erlegten Wildes bei. Die bleihaltigen Geschosse geben in bemerkenswert hohen Mengen Blei an das umgebende Gewebe ab. Die Fettproben dieser Tiere enthalten auch hohe Mengen von Organochlorverbindungen. Die Art der Lebensmittelproduktion unter Vermeidung der Anwendung chemischer Stoffe bei Pflanzen und Tieren (biologischer Landbau; biologisch-dynamische Düngung, etc.) hat naturgemäß keinen Einfluß auf die Verunreinigungen von Lebensmitteln aus Quellen der Umwelt.

Frauenmilch gehört zu den Lebensmitteln mit der höchsten Konzentration an Organochlorverbindungen. Während Schwermetalle oder auch zahlreiche andere Umweltchemikalien eine zu vernachlässigende Rolle als Verunreinigungen der Frauenmilch spielen, sind neben Arzneimitteln und Genußmitteln (Alkohol, Tabakinhaltsstoffe, Coffein) insbesondere DDT und Metabolite, Hexachlorbenzol, β-Hexachlorcyclohexan, einige polychlorierte Biphenyle sowie polychlorierte Dibenzodioxine und Dibenzofurane im Fettanteil nachweisbar. Die genannten Stoffe sind in Einzelfällen in so hohen Konzentrationen gemessen worden, daß eine Wirkung auf den Säugling nicht mit der nötigen Sicherheit auszuschließen ist.

Mit zunehmender Laktationszeit und mit der Zahl gestillter Kinder nimmt die Konzentration der Organohalogenverbindungen in der Frauenmilch in der Regel ab. Durch das Stillen werden die im mütterlichen Fettgewebe gespeicherten Stoffe aus diesem ausgeschleust; dadurch sinkt ihre Konzentration im Fettgebe der Frau und damit auch im neugebildeten Milchfett.

Die Frauenmilch enthält 10- bis 30mal höhere Konzentrationen von Organohalogenverbindungen als die Kuhmilch (bezogen auf den Fettgehalt). Ursache hierfür ist sowohl das höhere Lebensalter der Frau mit der dadurch bedingten Akkumulation der genannten Stoffe im Fettgewebe als auch die ständige Milchproduktion der Kühe, wodurch die Stoffe regelmäßig mit dem Milchfett ausgeschieden werden.

4.3 Industrielle Umweltkontaminanten

4.3.1 Schwermetalle

4.3.1.1 Blei

Die Kontamination unserer Lebensmittel mit Schwermetallen ist im wesentlichen das Ergebnis einer industriellen Emission. Nach der technischen Verwendung gelangen Schwermetalle als Elemente oder in Form ihrer Verbindungen als Staub über die Luft und mit dem Niederschlag auf die Oberfläche der Vegetation. So sind regelmäßig die in der Umgebung von Industrieanlagen oder beiderseits stark befahrener Autostraßen wachsenden Pflanzen verunreinigt (wegen der Verwendung von Bleitetraethyl als Antiklopfmittel im Benzin). In Abhängigkeit von der Windrichtung ist Blei in der Vegetation und damit in den daraus gewonnenen pflanzlichen Lebensmitteln unregelmäßig verteilt.

Tab. 4.1. Bleikonzentrationen in verschiedenen Lebensmitteln (Angaben in mg/kg Frischsubstanz)

Lebensmittel	Mittelwert u. Median	Maximalwerte
Getreide	0,03–0,07	1,4
Kartoffeln	0,05–0,08	1,9
Blattgemüse	0,1–0,2	6
Kernobst	0,05–0,08	1,5
Getränke	0,03	0,7
Trinkmilch	0,002–0,006	0,4
Fleisch	0,02–0,04	1
Rinderleber	0,2–0,4	7
Kalbsleber	0,18	1,4
Schweineleber	0,06–0,1	3,8
Fisch	0,05–0,1	1,2
Hühnerei	0,06–0,1	0,7

Die hier angegebenen Maximalwerte stammen offensichtlich aus solchen Lebensmitteln, die von belasteten Tieren gewonnen wurden. Da manche Untersuchungsämter den arithmetischen Mittelwert, andere den Medianwert angeben, kommen uneinheitliche Darstellungen zustande. Die Zentrale Erfassungs- und Bewertungsstelle für Umwelchemikalien (ZEBS) des Bundesgesundheitsamtes verarbeitet alle eingegangenen Daten sowohl als Mittel- wie als Medianwerte und gibt auch die Bereiche (Minimalwerte = Bestimmungsgrenze bis Maximalwert) bekannt. Hierauf beziehen sich die Angaben dieser und der folgenden Konzentrationstabellen.

Blei kontaminiert die Pflanzen vorwiegend über eine äußere Verunreinigung durch Staub und Niederschlag. Eine Aufnahme von Bleiverbindungen über die Wurzeln aus dem Boden spielt nur dann eine Rolle, wenn der Boden ungewöhnlich viel Blei (etwa 5 g/kg) enthält. Je nach Struktur der Pflanzenoberfläche bleibt der bleihaltige Staub dort längere Zeit haften und wird unter Umständen, wie bei mangelhafter Reinigung, vom Konsumenten so verzehrt. Die pflanzlichen Lebensmittel enthalten größtenteils anorganische Bleiverbindungen, vorwiegend auf der Oberfläche. Durch Reinigung kann ein großer Teil davon (30 bis 70 %) entfernt werden.

Der Bleigehalt der Lebensmittel tierischer Herkunft resultiert aus dem Verzehr der bleihaltigen Vegetation, die als Futtermittel verwendet wird. Das Einatmen bleihaltigen Staubes spielt für die Bleiaufnahme eine untergeordnete Rolle (vgl. 4.1.4).

Die Bleiverbindungen unterliegen im tierischen Organismus einem Stoffwechsel. Meist wird das Blei dann in Form organischer Komplexe im tierischen Organismus abgelagert.

Von den Lebensmitteln tierischer Herkunft weisen Leber und Niere, gegebenenfalls auch Knochen die höchsten Bleigehalte auf. Blei lagert sich nicht im Fettgewebe, in der Muskulatur oder in anderen Geweben ab. Eine Verminderung des Bleigehaltes der von Tieren stammenden Lebensmittel durch Prozesse während der Verarbeitung (z. B. Reinigen) ist nicht möglich.

Tabelle 4.1 gibt eine Übersicht über gemessene Bleikonzentrationen in Lebensmitteln (Frischsubstanz).

Nach der Aufnahme von Blei mit der Nahrung werden im Magen-Darm-Trakt, je nach Art der Bleiverbindung, nur etwa 3 bis höchstens 10 % der verzehrten Menge aus dem Darm aufgenommen. Die Zusammensetzung der Nahrung und des Darminhalts, z. B. der Calciumgehalt, hat einen Einfluß auf die enterale Absorptionsrate. Wieweit organische Komplexverbindungen des Bleis, wie sie meist in Lebensmitteln tierischer Herkunft vorliegen, tatsächlich biologisch verfügbar sind, ist nicht geklärt.

Nach der Absorption aus dem Darm wird bei Mensch und Tier das Blei reversibel an Blutbestandteile, wie Erythrozyten und Serumeiweiß, gebunden. Dadurch wird es zunächst entsprechend der Durchblutung der einzelnen Gewebe im Organismus schnell verteilt. Eine selektive Ansammlung findet in Leber und Niere, später in den Knochen statt. Hier ist Blei an die Zellwandoberfläche oder in der Zelle an verschiedene Bestandteile reversibel gebunden. Intrazellulär findet eine Reaktion mit Sulfhydryl- und Hydroxylgruppen statt. Insbesondere Glutathion und andere SH-haltige Bestandteile der Zelle (z. B. Enzyme) sind Reaktionspartner des ionisierten Bleis in der Zelle.

Der Mechanismus der Bleiwirkung im Organismus besteht in der Hemmung bestimmter Enzyme. Blei oxidiert freie Sulfidbindungen verschiedener Zellstrukturen, was zu einer Mercaptidbildung führt. Solange nicht essentielle Bestandteile, z.B. Enzyme, in der Zelle betroffen sind, wird die Funktion der Zelle nicht gestört. Bei zunehmender Konzentration von Blei in der Zelle werden aber die unspezifischen Bindungsstellen erschöpft; von da an lagert sich Blei auch an die essentiellen Bestandteile an und beeinträchtigt dadurch diese in ihrer Funktion. Aufgrund dieses Vorgangs kann eine Wirkungsschwelle (vgl. 1.4.1) angenommen werden. Er legt aber auch nahe, daß Kombinationswirkungen mit anderen Fremdstoffen, welche die gleichen Bindungsstellen im Cytoplasma haben wie Blei, möglich sind.

Blei reagiert mit speziellen SH-Gruppen bestimmter Enzyme. Diese Enzyme sind beispielsweise in die Synthese des roten Blutfarbstoffs (Häm) eingeschaltet, so daß es nach entsprechend hoher Dosierung zu einer Verminderung der Hämsynthese kommt. Unter dem Einfluß von Blei entstehen mangelhafte Erythrozyten mit den entsprechenden Konsequenzen der Anämie und dem Auftreten von unreifen Erythrozyten im peripheren Blut.

Blei beeinträchtigt die Funktionen des zentralen und peripheren Nervensystems durch eine Hemmung bisher unbekannter, enzymatisch gesteuerter Molekularvorgänge der Neuronen. Es handelt sich hierbei insbesondere um eine Beeinflussung des Glucosestoffwechsels bei der Engergiegewinnung.

Kinder sind gegenüber Blei empfindlicher als Erwachsene. Bei ihnen kann es zu Fehlfunktionen des Zentralnervensystems mit Hyperaktivität, Lernschwächen und verminderter Intelligenzentwicklung kommen. Entwicklungsstörungen des Gehirns sind aber allein durch die Bleimengen in den Nahrungsmitteln unwahrscheinlich. Am Auftreten von Verhaltensstörungen (mangehalfte Aufmerksamkeit, Gedächtnisschwäche) sind vor allem Bleiaufnahmen aus anderen Quellen verantwortlich zu machen.

Die Wirkungen des Bleis lassen sich also an den beiden Kriterien der hämatologischen und neurologischen Befunde beschreiben. Diese Wirkungen sind dosisabhängig und zu erwarten, wenn bestimmte Schwellenwerte langfristig überschritten werden.

Für die Beurteilung der Bleiwirkungen können die Erkenntnisse über die Effekte des Bleis in Tierversuchen und die Erfahrungen am Menschen aus der Arbeitsmedizin verwertet werden. Entscheidend ist dabei, an welcher Wirkung von Blei man sich orientiert. Wenn davon ausgegangen wird, daß jede biochemisch erfaßbare Bleiwirkung unerwünscht ist, liegen die duldbaren Mengen niedriger, als bei der Annahme, daß bestimmte Bleiwirkungen auf nicht essentielle Zellbestandteile oder auf bestimmte Enzymaktivitäten keinen Krankheitswert haben.

Es wird allgemein angenommen, daß eine Aktivitätshemmung jenes Enzyms, das an der Hämsynthese beteiligt ist und das als empfindlichster Indikator einer Bleiwirkung gilt, der 5-Amino-Lävulinsäure-Dehydratase, auf 70% der vollen Aktivität vom Organismus kompensiert werden kann und somit noch keine pathologische oder toxische Wirkung darstellt. Eine mehr als 30%ige Hemmung gilt als toxisch.

Für einen 30 bis 80 kg schweren Menschen läßt sich unter Einbeziehung der Voraussetzung, daß jede Bleiwirkung unerwünscht ist, eine tolerierbare Dosis von 2 bis 3 mg Blei pro Woche abschätzen. Ein 60 kg schwerer erwachsener Mensch verträgt demnach täglich rund 0,3 mg Blei. Als Kriterium für diese Beurteilung dient die Hemmung der 5-Amino-Lävulinsäure-Dehydratase. Wenn dagegen die Enzymhemmung um 30% als unbedenklich angesehen wird, wäre die tolerierbare Dosis bei 3 bis 4 mg Blei pro Woche anzusetzen. Dieser Wert (3 mg Blei pro Woche) wird auch von der Weltgesundheitsorganisation als die mittlere duldbare Wochendosis angegeben. Der WHO-Wert berücksichtigt allerdings das unterschiedliche Körpergewicht der einzelnen Menschen nicht.

Unter Berücksichtigung der tolerierbaren Aufnahmemengen kann als duldbare Konzentration in (angenommen) 1,2 kg täglicher Gesamtnahrung (ohne Getränke) 0,4 mg Blei/kg Nahrungsmittel abgeschätzt werden. Diese Berechnung setzt allerdings eine gleichmäßige Verteilung des Bleis in der Gesamtnahrung voraus, die in der Praxis nicht gegeben ist. Trinkwasser ist an der Belastung nur vernachlässigbar (zu 0,5% beim Erwachsenen) beteiligt.

Für 0,4 kg belastetes Gemüse und Obst würde sich eine duldbare Konzentration von ca. 1 mg/kg Lebensmittel ergeben, für Leber von Tieren mit einer angenommenen Verzehrsmenge von täglich 50 g eine duldbare Konzentration von rund 10 mg Blei/kg, wenn in der täglich aufgenommenen Nahrung jeweils nur diese Lebensmittel Blei enthalten würden. Statt dessen muß man aber die jeweilige duldbare Konzentration in den einzelnen Grundnahrungsmitteln unter Berücksichtigung ihrer Anteile an der Gesamtnahrung und der Verzehrgewohnheiten abschätzen.

Das Bundesgesundheitsamt hat für zahlreiche Lebensmittel »Richtwerte« aufgestellt, die sich aufgrund der tatsächlichen Belastungssituation ergeben haben. Als Richtwerte wurden für die einzelnen Lebensmittelgruppen Fraktile in der Regel zwischen dem 95. und dem 99. Perzentil gewählt; dementsprechend werden diese Werte von 95 bis 99% aller untersuchten Lebensmittel nicht erreicht werden. Die Richtwerte sind keine toxikologisch ermittelten Schwellenwerte. Sie dienen vielmehr in der Lebensmittelüberwachung zum Auffinden von besonders belasteten Produkten, mit dem Ziel, den Quellen der Belastung nachzugehen und diese abzustellen. Für den individuellen Verbraucherschutz haben sie keine Bedeutung. Wenn in den Lebensmitteln alle Richtwerte regelmäßig ausgeschöpft würden, hätte das erhebliche gesundheitliche Auswirkungen. Die von der Weltgesundheitsorganisation empfohlenen duldbaren maximalen wöchentlichen Aufnahmemengen wären bei Frauen etwa erreicht und bei Männern um ca. 20 % überschritten. Dabei ist zu berücksichtigen, daß diese duldbaren wöchentlichen Aufnahmen nicht die sonst bei Grenzwerten üblichen Sicherheitsfaktoren enthalten (vgl. 1.5.1). Die Richtwerte des Bundesgesundheitsamtes für Blei in ausgewählten Lebensmitteln betragen (mg/kg Frischsubstanz):

Fleisch	0,25
Leber und Niere	0,8
Fisch	0,5
Milch	0,03
Obst und Gemüse	0,2–0,5

Eine kurzfristige Überschreitung einzelner Werte hat keine gesundheitlichen Auswirkungen nach dem Verzehr solcher Lebensmittel.

4.3.1.2 Cadmium

Cadmium ist ein Schwermetall, das in zahlreichen technischen Anlagen verwendet wird und sich danach in industriellen Abwässern, im Staub oder auch in Produkten nachweisen läßt.

Cadmium ist ubiquitär und unterliegt sehr langsamen kinetischen Prozessen in biologischen Systemen. Die Verteilungsgeschwindigkeit in der Biozönose und der Übergang von Wasser in den Boden und die Lebewesen verläuft langsam, weil dieses Metall vergleichsweise fest an biologische Strukturen gebunden ist.

Cadmium wird größtenteils durch die Pflanzen über die Wurzeln aus dem Boden aufgenommen. Der Cadmiumgehalt der pflanzlichen Lebensmittel ist somit im wesentlichen eine Folge der Cadmiumkonzentration des Bodens. Darüber hinaus ist die Aufnahmerate abhängig von den physiko-chemischen Bedingungen, der Aktivität der Mikroflora des Bodens sowie der jeweiligen Pflanze. Einige wild wachsende Pilze (Anisegerling, Schafegerling, Riesenchampignon) können über ihr Myzel neben Quecksilber größere Cadmiummengen auch in den verzehrbaren oberirdischen Anteilen ansammeln. Die küchenfertige Zubereitung der pflanzlichen Nahrungsmittel (z.B. Reinigen, Kochen) hat nur einen sehr geringen Einfluß auf den Cadmiumgehalt. Wenn nicht mehr als 200 g Wildpilze pro Woche verzehrt werden, ist eine Gesundheitsgefahr für den Menschen nicht gegeben (Empfehlung des Bundesgesundheitsamtes).

Entsprechend der längeren Lebenszeit von Tieren ist Cadmium in deren Gewebe in höherer Konzentration vorhanden als in pflanzlichen Lebensmitteln. Besonders Nieren und Leber enthalten Cadmium. Ältere Tiere weisen höhere Werte auf als jüngere Tiere.

Tab. 4.2 zeigt die am häufigsten gemessenen Cadmium-Konzentrationen in den wichtigsten Lebensmitteln.

Tab. 4.2. Cadmium-Konzentrationen in verschiedenen Lebensmitteln (Angaben in mg/kg Frischsubstanz)

Lebensmittel	Mittelwerte und Median	Maximalwerte
Getreide	0,01–0,05	0,8
Kartoffeln	0,03–0,05	0,3
Blattgemüse	0,02–0,05	1,6
Kernobst	0,006–0,01	0,17
Getränke	0,002	0,1
Trinkmilch	0,001–0,002	1
Fleisch	0,005–0,01	0,1
Rinderleber	0,1	1,5
Kalbsleber	0,01	0,2
Schweineleber	0,06–0,1	1,4
Fisch	0,01–0,03	0,8
Hühnerei	0,01	0,05

Die Daten stammen aus verschiedenen Untersuchungsämtern, von denen manche den arithmetischen Mittelwert, andere den Medianwert angeben. Die Maximalwerte sind nur in Einzelfällen gemessen worden (vgl. Legende zu Abb. 4.1).

Wie Blei greift auch Cadmium in zahlreiche enzymatisch gesteuerte biologische Prozesse ein. Die speziellen Angriffspunkte für Cadmium sind aber nicht bekannt. Nach der Resorption wird Cadmium an ein Eiweiß, das Metallothionein, reversibel gebunden und in dieser Verbindung durch den Organismus transportiert. Während des Ausscheidungsprozesses in der Niere zerfällt dieser Komplex, wobei das Metallothionein zum Teil mit dem Urin ausgeschieden wird und Cadmium in den Tubuluszellen der Nierenrinde in erneut gebundener Form liegen bleibt. Mit zunehmendem Alter steigt somit der Cadmiumgehalt der Niere aller Individuen an.

Bis zu einer bestimmten Konzentration ist Cadmium in der Tubuluszelle der Niere an nicht essentielle Zellbestandteile gebunden und insofern dort ohne erkennbare Wirkung. Wird eine kritische Konzentration, die vermutlich bei ca. 200 μg Cadmium/g Gewebe liegt, überschritten, so erhöht sich die Wahrscheinlichkeit, daß in der Nierenzelle infolge Bindung an essentielle Zellbestandteile Störungen auftreten. Nierenfunktionsstörungen mit Proteinurie sind die ersten Anzeichen einer Cadmiumwirkung.

Inwiefern Cadmium auch in den Stoffwechsel des Knochenaufbaus eingreift, ist im einzelnen nicht genau bekannt. Wahrscheinlich hat Cadmium im Zusammenhang mit der Wirkung des Calciums und des Vitamin D eine osteoporotische und osteomalazische Wirkung, was dann zu einer Knochenerweichung führt. Diese Knochenerkrankungen sind außerordentlich schmerzhaft.

Für die Abschätzung von duldbaren Cadmium-Mengen, die vom Menschen ohne Gesundheitsschädigung aufgenommen werden können, werden Tierversuchsergebnisse und Erfahrungen am Menschen herangezogen. Wegen der langsamen Reaktionskinetik des Cadmiums ist die einmalige Aufnahme einer größeren Menge ohne Bedeutung. Daher ist ein Bezug zu größeren Zeitabschnitten gerechtfertigt, z.B. die Abschätzung einer Wochendosis. Diese duldbare wöchentliche Aufnahme beträgt nach einem Vorschlag der Weltgesundheitsorganisation für einen Menschen mit mittlerem Körpergewicht 0,5 mg Cadmium/Woche. Diese Abschätzung wurde so getroffen, daß bei lebenslanger Aufnahme die für die Nierenfunktion kritische Cadmium-Konzentration von 200 µg/g Gewebe in den Nieren nicht erreicht wird. Es bleibt allerdings kritisch anzumerken, daß die Lebenszeit nur mit 50 Jahren veranschlagt wurde und daß der empfohlene Wert keinen Sicherheitsfaktor enthält. Ausgehend von dieser maximalen wöchentlichen Aufnahme können modellmäßig duldbare Konzentrationen von Cadmium in Lebensmitteln abgeschätzt werden.

Wenn die Cadmiummenge in der Gesamtnahrung gleichmäßig verteilt wäre, ergäbe sich bei einem täglichen Verzehr von angenommenen 1,2 kg Nahrung (ohne Getränke) für einen 60 kg schweren Menschen eine duldbare Konzentration von ca. 0,06 mg/kg Lebensmittel. Da aber Cadmium ungleichmäßig in der Nahrung verteilt ist, müssen für die verschiedenen Nahrungsmittel unterschiedlich hohe duldbare Konzentrationen abgeschätzt werden.

Wenn die Cadmiumdosis sich nur in 0,4 kg pflanzlichen Lebensmitteln befände, so ergäbe sich hier eine duldbare Konzentration von ca. 0,12 mg Cadmium/kg Lebensmittel, aber nur, wenn die übrigen Nahrungsmittel cadmiumfrei wären. Würde Cadmium nur mit Nieren von Schlachttieren aufgenommen, so wäre die duldbare Konzentration ca. 1 mg Cadmium/kg, da angenommen wird, daß höchstens 50 g Nieren pro Tag verzehrt werden.

Der Verzehr von belastetem Gemüse (täglich 0,4 kg mit maximal 0,12 mg Cadmium/kg Nahrung) und belasteten Nieren (täglich 0,05 kg mit maximal 1 mg Cadmium/kg Nahrung) ergäbe eine wöchentliche Aufnahme von ca. 0,7 mg Cadmium, womit die von der WHO empfohlene duldbare wöchentliche Aufnahme überschritten wäre. Tatsächlich rechnet man mit einer wöchentlichen Aufnahme von 0,08 bis 0,2 mg Cadmium, d.h. etwa 20 bis 40 % des WHO-Wertes.

Wie bei allen Schwermetallen ist auch beim Cadmium zu berücksichtigen, daß dieses Metall nicht nur mit der Nahrung allein, sondern auch mit zahlreichen anderen Materialien vom Menschen aufgenommen wird. So trägt das Zigaretten-Rauchen zu einer weiteren Steigerung der Cadmiumaufnahme bei. Aus dem Rauch von 10 Zigaretten wird ebensoviel Cadmium aufgenommen wie beim Verzehr von 14 l Milch. Auch die Verwendung von cadmiumhaltigen Materialien am Arbeitsplatz kann in einer schwer abschätzbaren Weise zu einer Cadmiumbelastung beitragen.

Die Richtwerte des BGA für Cadmium in ausgewählten Lebensmitteln betragen (mg/kg Frischsubstanz):

Fleisch	0,1	
Leber	0,5	
Niere	1,0	(Rind und Schwein)
	0,5	(Kalb)
Fisch	0,1	
Milch	0,0025	
Obst und Gemüse	0,05–0,1	

Diese Richtwerte stellen weder gesundheitlich unbedenkliche Konzentrationen noch gesetzliche Höchstmengen dar. Sie beschreiben als 95. oder 99. Percentile die gegenwärtige Situation. Eine Überschreitung macht auf eine besondere Kontaminationsquelle aufmerksam. Die Ausschöpfung dieser Richtwerte in allen Fällen könnte langfristig zu Gesundheitsschäden führen, da dann die wöchentlich duldbare Aufnahmemenge bei Frauen um 45% und bei Männern um mehr als 80% überschritten würde.

4.3.1.3 Quecksilber

Das Schwermetall Quecksilber spielt heute als Lebensmittelkontaminante eine untergeordnete Rolle. Die Verwendung von Quecksilber in Gewerbe und Industrie ist erheblich zurückgegangen. Auch die Verwendung quecksilberhaltiger Pflanzenschutzmittel (als Getreide-Beizmittel) oder Desinfektionsmittel stellt heute keine nennenswerte Quelle einer Quecksilberkontamination mehr dar.

Als belastete Lebensmittel gelten allerdings Fische und andere Wasserbewohner. Hauptsächlich mit Fischen, Krebs- und Muscheltieren oder anderen Weichtieren nimmt der Mensch heute Quecksilber auf.

Da Fischmehl auch als Tierfutter für Schweine oder Hühner verwendet wurde, entstand eine Nahrungskette, wobei sich Quecksilber insbesondere in Niere und in Leber dieser Tiere ansammelte. Da heute Fischmehl nur noch in geringen Mengen als Futtermittel verwendet wird, ist diese Kontaminationsquelle vermindert.

Die gesundheitliche Bedeutung des Quecksilbers hängt von der Art der Verbindung ab. Organische Verbindungen, vor allem kurzkettige Alkyl-Hg-Verbindungen, weniger langkettige und Aryl-Verbindungen, sind besser lipidlöslich als anorganische Verbindungen und durchdringen leicht biologische Membranen von der Darmschleimhaut bis zur Bluthirnschranke. Sie breiten sich daher viel stärker aus als anorganische Verbindungen (Sublimat, Kalomel), die zu höchstens 10% aus dem Magen-Darm-Kanal absorbiert werden. Es ist anzunehmen, daß in Fisch und anderen Wasserbewohnern der größte Teil des Quecksilbers organischer Natur (z.B. Methylquecksilber) ist und daher im Magen-Darm-Trakt absorbiert wird.

Über die Quecksilbergehalte der Lebensmittel liegen weniger repräsentative Daten vor als über die Gehalte an Blei und Cadmium (vgl. Tab. 4.3).

In einigen Fischarten (z.B. Hai, Heilbutt, Thun) sind Konzentrationen über 1 bis 3 mg/kg gemessen worden. Es handelt sich um langlebige Raubfische, also Endglieder einer Nahrungskette, in denen sich das Quecksilber ansammelt.

Die Richtwerte des Bundesgesundheitsamtes betragen für Quecksilber (mg/kg Frischsubstanz):

Fleisch	0,03
Leber und Niere	0,1

Tab. 4.3. Quecksilberkonzentrationen in verschiedenen Lebensmitteln (Angaben in mg/kg Frischsubstanz)

Lebensmittel	Mittelwerte und Median	Maximalwerte
Getreide	0,01–0,03	0,12
Kartoffeln	0,006	0,02
Blattgemüse	0,01	0,05
Kernobst	0,005–0,01	0,03
Getränke	0,001	0,003
Trinkmilch	0,01	0,01
Fleisch	0,001–0,005	0,03
Rinderleber	0,005–0,02	0,2
Kalbsleber	0,005	0,02
Schweineleber	0,01–0,05	0,6
Fisch	0,1–0,3	1,5
Hühnerei	0,002	0,005

Die Tabelle 4.3 gibt Konzentrationen als arithmetische Mittelwerte oder Medianwerte an, je nachdem, wie das Datenmaterial der Untersuchungsämter aufgearbeitet wurde. Maximalwerte sind Einzelfälle, die möglicherweise die Ergebnisse von Untersuchungen solcher Lebensmittel darstellen, die aus belastetem Ausgangsmaterial stammen (vgl. Legende zu Tab. 4.1).

Fisch	1,0
Milch	0,01
Obst und Gemüse	0,03 bis 0,05

Auch für Quecksilber gilt, daß die von der WHO empfohlene duldbare maximale wöchentliche Aufnahme von 0,5 mg in der Bundesrepublik überschritten wäre, wenn die Richtwerte regelmäßig ausgeschöpft würden. Die Überschreitung betrüge ca. 30 % bei Frauen und rund 60 % bei Männern.

4.3.1.4 Arsen

Obwohl dieses Element zu den Metalloiden gehört, wird Arsen in der Toxikologie zu den Schwermetallen gerechnet, da die toxischen Wirkungen und das physiko-chemische Verhalten denen der Schwermetalle ähneln.

Arsen kommt in der Natur in verschiedenen Verbindungsformen vor. Toxikologische Bedeutung haben die anorganischen Verbindungen des dreiwertigen Arsens, besonders Arsentrioxid (»Arsenik«). In welcher Form Arsen als Verunreinigung in den Lebensmitteln vorkommt, ist nicht bekannt. Einige Untersuchungen sprechen dafür, daß es sich hierbei um fünfwertige organische Verbindungen handelt.

Tab. 4.4. Arsen-Konzentrationen in verschiedenen Lebensmitteln (Angaben in mg/kg Frischsubstanz)

Lebensmittel	Mittelwerte und Median	Maximalwerte
Getreide	0,00	0,00
Kartoffeln	0,001	0,04
Blattgemüse	0,006	2,6
Kernobst	0,008	0,3
Getränke	0,02	0,02
Trinkmilch	0,01	1,2
Fleisch	0,01–0,05	1
Rinderleber	0,01	0,1
Kalbsleber	0,01	0,1
Schweineleber	0,01	0,5
Rinderniere	0,01	0,3
Schweineniere	0,01	0,3

Arithmetische Mittelwerte oder Medianwerte stammen aus verschiedenen Untersuchungsämtern, Maximalwerte sind Einzelfälle (vgl. Legende zu Tab. 4.1).

Über Arsengehalte in Lebensmitteln liegen vergleichsweise wenige Untersuchungsergebnisse vor, so daß eine repräsentative Beschreibung der Situation nicht möglich ist. Die tatsächlich vorkommenden Konzentrationen werden aber in dem Bereich liegen, der in Tabelle 4.4 angegeben wird.

4.3.1.5 Chrom

Chrom kommt in Form zahlreicher anorganischer und organischer Verbindungen in allen Lebensmitteln vor. Die Konzentration in den Lebensmitteln ist außerordentlich gering, so daß gesundheitliche Auswirkungen dieses Elements auf den Konsumenten nicht zu erwarten sind.

4.3.1.6 Thallium

Dieses Schwermetall hat bisher nur örtlich begrenzt Bedeutung erlangt, wenn Thallium-haltiges Erz für die Zementherstellung verwendet wird und in der Umgebung solcher Werke als Immission die dort wachsende Vegetation äußerlich kontaminiert. Thallium gelangt auch über die Wurzeln in Pflanzen sowie mit dem Futter in Niere und Leber von Tieren, ist aber so lange ohne Bedeutung, als die Konzentrationen in Lebensmitteln 0,1 mg/kg Frischsubstanz nicht übersteigen.

4.3.1.7 Zink, Nickel, Eisen, Kupfer

Die genannten Elemente haben die Bedeutung essentieller Spurenstoffe, sind somit für die normale Funktion des Organismus lebensnotwendig. Hohe Gehalte in Lebensmitteln, die gesundheitlich bedenklich werden könnten, sind nicht bekannt und auch nicht zu erwarten. Erst bei Konzentrationen von mehr als 100 mg Zink oder Nickel/kg Lebensmittel sind Gesundheitsstörungen möglich. Bei Eisen und Kupfer ist eher mit einer gewissen Unterversorgung zu rechnen.

4.3.1.8 Sekundärkontamination

Schwermetalle können die Lebensmittel nicht nur über die Nahrungskette erreichen, also durch Kontamination der Pflanzen und Tiere, die zur Lebensmittelgewinnung dienen, sondern auch während und nach der Verarbeitung. Das ist z.B. beim Behandeln von Fleisch und bei der Be- und Verarbeitung von Fleischerzeugnissen sowie bei ihrem Inverkehrbringen möglich. Das Aufbewahren von Lebensmitteln, Halbfertigfabrikaten und Lebensmittelerzeugnissen in Behältern aus Metallen oder Kunststoffen, die zusätzlich mit metallhaltigen Dispersionsfarbstoffen (rot, gelb, weiß) gefärbt sind, könnte zu einer Sekundärkontamination der Lebensmittel führen. Auch der Abrieb oder das Ablösen von Maschinenteilen beim Zerkleinern oder beim Mengen von Lebensmitteln während ihrer Verarbeitung zu Erzeugnissen könnte unter Umständen den Schwermetallgehalt in den Produkten erhöhen. Schließlich könnte der Zusatz von Salzen, Gewürzen und produktionsbezogenen Zusatzstoffen (Emulgatoren, Pökel- und Pökelhilfsstoffe), das Räuchern und auch eine eventuelle Migration aus Därmen oder Packmitteln (Folien oder Dosen) bei vorgepackten oder hitzebehandelten Produkten die Ursache für eine Sekundärkontamination der Lebensmittel mit Schwermetallen sein.

Untersuchungsergebnisse zeigen aber, daß nur einige Zusatzstoffe für die Sekundärkontamination eine Bedeutung haben, und zwar dann, wenn sie verunreinigt sind. Das trifft auf bestimmte Blattgewürze (Majoran, Thymian, Petersilie) zu.

Auch kann der Zusatz von Kochsalz oder Nitritpökelsalz in Ausnahmefällen den Bleigehalt erhöhen, wenn in Rohwürsten große Salzmengen verwendet wurden. Die übrigen genannten Kontaminationsquellen wirken sich nicht nachteilig auf die Blei- oder Cadmiumgehalte von Fleischprodukten aus. Auch reicht der normale Abrieb von Maschinen während der Lebensmittelbehandlung nicht für eine nennenswerte Sekundärkontamination aus.

Durch den Übergang aus ungeschützten Lötnähten oder korrodierten Stellen von Blechdosen auf den Doseninhalt kann bei Kondensmilch, Fischkonserven sowie Obst und Gemüse der Gehalt von Blei und Zinn im Füllgut viermal höher sein als bei unverpackter Ware. Durch Verwendung geschweißter oder beschichteter Dosen bzw. bei Obst und Gemüse durch Glasverpackung kann diese Sekundärkontamination vollständig vermieden werden.

Bei weidgerecht erlegtem Wild kommt allerdings eine zusätzliche Kontaminationsquelle hinzu, die Geschoßsplitter. Insbesondere in der Nähe des Schußkanals kann die Muskulatur erhebliche Bleimengen aufweisen.

4.3.2 Organochlorverbindungen

4.3.2.1 Schädlingsbekämpfungsmittel (Pestizide)

Von den unendlich vielen organischen Chlorverbindungen haben als Rückstände oder Verunreinigungen in Lebensmitteln nur wenige chlorierte aromatische Kohlenwasserstoffe eine praktische Bedeutung. Aus dieser Stoffgruppe werden einige als Insektizide oder Fungizide, andere als technische Hilfsstoffe verwendet. Die frühere Anwendung von aromatischen Chlorkohlenwasserstoffen als Pestizide (bei uns bis etwa Mitte der 70er Jahre) sowie die fortdauernde Anwendung in vielen Entwicklungsländern, aus denen Futtermittel- und Lebensmittelgrundstoffe importiert werden, sind die Ursache der anhaltenden Anwesenheit dieser Stoffe in Lebensmitteln. Soweit es sich um Pestizide (Schädlingsbekämpfungsmittel) handelt, sind Höchstmengen in Futtermitteln und in Lebensmitteln festgesetzt worden, bei deren Überschreitung die Produkte nicht mehr verwendet werden dürfen (vgl. 3.2.3).

Die Reste von Schädlingsbekämpfungsmitteln in Lebensmitteln tierischer und pflanzlicher Herkunft bezeichnet man als Rückstände. Diese werden in Kapitel 3 besprochen. Soweit es sich um Organohalogenverbindungen handelt, sind sie wegen ihrer chemischen Persistenz und hohen Lipidlöslichkeit inzwischen ubiquitär und reichern sich in Nahrungsketten an. Sie müssen wegen ihres ubiquitären Vorkommens auch als Verunreinigungen betrachtet werden. Wirkungsmäßig sind sie den polychlorierten Biphenylen (vgl. 4.3.2.2) verwandt; hinsichtlich der gesundheitlichen Bedeutung müssen sie ähnlich wie diese beurteilt werden.

Außerdem kommen in Lebensmitteln einige technische Verunreinigungen von Pflanzenschutzmitteln vor, wie die α- und β-Isomere des Hexachlorcyclohexan, dessen γ-Isomer als Pflanzenschutzmittel (Lindan) verwendet wird (vgl. 3.2.5.1), oder bestimmte Dioxine in einigen Herbiziden aus der Gruppe der chlorierten Phenoxyessigsäure-Derivate (vgl. 4.2.5.4). Sie sind gegen Schädlinge nicht wirksam, haben aber die gleiche gesundheitliche Bedeutung wie die übrigen Mitglieder dieser Gruppe.

Die Gehalte an Organochlorverbindungen, die als Pflanzenbehandlungsmittel verwendet werden bzw. wurden, sind in den letzten Jahren

Tab. 4.5. DDT-Konzentrationen in verschiedenen Lebensmitteln (Angaben in mg/kg Frischsubstanz bzw. Fett bei von Tieren stammenden Lebensmitteln 1980–1984)

Lebensmittel	Mittelwerte und Median	Maximalwerte
Getreide	0,00	0,00
Kartoffeln	0,001	0,04
Blattgemüse	0,006	2,6
Kernobst	0,008	0,3
Getränke	0,02	0,02 (Tec)
Trinkmilch	0,01	1,2
Fleisch	0,02	1
Kalbsleber	0,001	
Fisch	0,22	3,57

Weitere Erläuterungen zu den aufgeführten Werten vgl. Legende zu Tab. 4.1

zurückgegangen, bleiben aber seit etwa 1982 konstant. Über den Gehalt an DDT in einzelnen Lebensmitteln informiert beispielhaft Tabelle 4.5.

4.3.2.2 Polychlorierte Biphenyle (PCB)

Die polychlorierten Biphenyle sind technische Hilfsstoffe mit folgender allgemeiner Strukturformel:

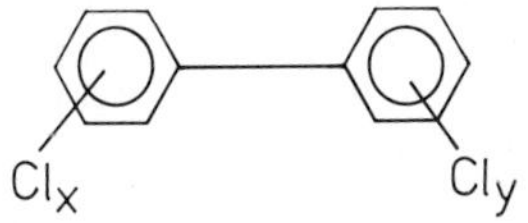

Theoretisch sind aufgrund der Anzahl und Stellung der Chloratome in den beiden Ringen 209 verschiedene Stoffe (Kongenere) denkbar, von denen aber praktisch nur etwa 50 in Lebensmitteln vorkommen dürften.

Quantitativ haben die folgenden Stoffe eine gewisse Bedeutung:

2,4,4′-Trichlorbiphenyl (28)
2,2′5,5′-Tetrachlorbiphenyl (52)
2,2′,4,5,5′-Pentachlorbiphenyl (101)
2,2′,3,4,4′,5′-Hexachlorbiphenyl (138)
2,2′,4,4′,5,5′-Hexachlorbiphenyl (153)
2,2′,3,4,4′,5,5′-Heptachlorbiphenyl (180)

Die rechts in Klammern angegebenen Ziffern stellen die Ordnungsnummern nach der IUPAC (International Union of Pure and Applied Chemistry) dar.

Die technisch verwendeten Gemische sind niederchloriert (z. B. Chlophen A 30) oder hochchloriert (z. B. Clophen A 60). Niederchlorierte Biphenyle sind chemisch weniger stabil als höher chlorierte. Erstere (z. B. PCB 28, 52 und 101) können auch schneller aus dem Organismus ausgeschieden werden, weil sie durch verschiedene Leberenzyme in besser wasserlösliche Metaboliten umgewandelt und mit dem Harn ausgeschieden werden. Die höher chlorierten PCB (z. B. 138, 153, 180) sind dagegen schwer metabolisierbar und sammeln sich im Fettgewebe an. Das ist der Grund, weswegen die PCB mit den Nummern 138, 153 und 180 in der Nahrungskette kumulieren, die PCB mit den Nummern 28, 52 und 101 dagegen in der Nahrungskette abnehmen.

Die Tabelle 4.6 gibt die am häufigsten gemessenen Konzentrationen der PCB-Komponenten als Summe der gemessenen Kongenere in einigen ausgewählten Lebensmitteln an.

In Fischen finden sich je nach Lebensraum der Tiere sehr unterschiedliche Konzentrationen der einzelnen PCB-Kongenere. In Tabelle 4.7

Tab. 4.6. PCB-Konzentrationen in ausgewählten Lebensmitteln und Abschätzung der wöchentlichen Aufnahmemengen

Lebensmittel	Medianwert (mg/kg)	Verzehrsmenge/Woche (kg)	PCB-Aufnahme/ Woche (mg)
Getreide	0,05	2,06	0,10
Kartoffeln	0,05	1,23	0,06
Blattgemüse u. a. Gemüse	0,05	1,04	0,05
Kernobst	0,01	0,32	0,003
Getränke	0,002	6,90	0,01
Trinkmilch	0,01	1,37	0,01
Rinderleber	0,10	0,005	0,000
Kalbsleber	0,01	0,0005	0,000
Schweineleber	0,10	0,01	0,001
Fisch*	0,03	0,15	0,004
Hühnerei	0,01	0,35	0,03
andere Fette	0,05	0,50	0,02
		Summe:	0,29 mg

* ohne stark belastete sog. Problemfische

Dieser Zusammenstellung liegen zahlreiche Untersuchungsbefunde aus verschiedenen Untersuchungsämtern zugrunde. Diese sind aus methodischen Gründen oft nicht vergleichbar. Die Tabelle enthält daher die von den einzelnen Ämtern angegebenen höchsten Medianwerte.

Der Ermittlung einer wöchentlichen PCB-Aufnahme wurden die angegebenen Medianwerte und die mittleren Verzehrsmengen zugrunde gelegt. Die tatsächliche Belastung des einzelnen Menschen kann somit erheblich niedriger oder höher liegen. Die Unterschiede mögen zwei Zehnerpotenzen (Faktor 100) betragen.

Die Angaben der Konzentrationen in pflanzlichen Lebensmitteln beziehen sich auf 1 kg Frischsubstanz, die in tierischen Lebensmitteln auf 1 kg Fett.

sind die Verunreinigungen von See- und Flußfischen mit den 6 wichtigsten PCB-Kongeneren angegeben. Zum Vergleich ist ihre Konzentration in Milchprodukten ebenfalls angegeben.
Da sich die PCB im Fettanteil der Lebensmittel selektiv ansammeln, hängt der PCB-Gehalt tatsächlich vom Fettgehalt der Lebensmittel ab. Die Komponenten 138 und 153 stellen den größten Anteil der Kontaminationen dar. Die Komponenten 101 und 180 haben einen geringeren Anteil. Die Komponenten 28 und 52 liegen sehr niedrig. Die genannten 6

Tab. 4.7. Konzentrationen der 6 wichtigsten PCB in See- und Flußfischen und in Milchprodukten (in mg/kg Fett)

PCB-Nr.	normale Seefische	belastete Flußfische	Milchprodukte (Fett)
28	< 0,001	0,05	0,002
52	< 0,001	0,07	0,007
101	0,003	0,10	0,002
138	0,008	0,30	0,015
153	0,008	0,30	0,015
180	0,002	0,10	0,008
Gesamt-PCB	1–10 µg/kg		0,12 µg/kg

Zur Erläuterung vgl. Tab. 4.6

Kongenere sind in eine Umweltkontaminanten-Verordnung aufgenommen worden (Schadstoff-Höchstmengenverordnung – SHmV – vom 23. März 1988, BGBl. I, S. 422).

Eine Änderung der PCB-Gehalte in Lebensmitteln pflanzlichen und tierischen Ursprungs ist in den letzten Jahren nicht zu erkennen, obwohl die technische Verwendung der PCB in der Bundesrepublik Deutschland erheblichen Einschränkungen unterworfen wurde (vgl. 4.1.2). Wegen der Stabilität der meisten Verbindungen und der weltweiten Benutzung ist damit zu rechnen, daß die polychlorierten Biphenyle noch viele Jahre als Lebensmittel-Kontaminanten auftreten werden.

Über die gesundheitliche Bedeutung der einzelnen Komponenten läßt sich noch keine endgültige Aussage machen. Wie alle chlorierten aromatischen Kohlenwasserstoffe führen auch die PCB zu einer Aktivierung mikrosomaler Monooxygenase-Systeme in der Leber (Enzyminduktion). Diese Enzyminduktion ist unspezifisch, da die vermehrten Enzyme auch andere körperfremde Stoffe metabolisieren. Weil mit der Enzyminduktion und dem Leberwachstum auch eine Tumorpromotion verbunden ist, kann nicht ausgeschlossen werden, daß die PCB die Entwicklung und das Wachstum von bösartigen Tumoren fördern. Hierin liegt die eigentliche toxikologische Bedeutung dieser Stoffe in den in Lebensmitteln vorkommenden Mengen. Ob die PCB oder einzelne Komponenten auch direkt mutagen oder kanzerogen wirken, ist bisher weder erwiesen, noch kann es ausgeschlossen werden. In einer bestimmten Menge, die allerdings als Verunreinigung in Lebensmitteln nicht erreicht wird, können polychlorierte Biphenyle eine Störung des Hämoglobin-Stoffwechsels sowie eine Veränderung der Immunantwort hervorrufen. Solche Effekte sind auch beim Menschen nach einer Vergiftung am Arbeitsplatz beobachtet worden.

Im Endglied der Nahrungskette, der Frauenmilch, können die PCB-Konzentrationen 2 bis 3 mg/kg Fettanteil erreichen.

In der Frauenmilch wurden die folgenden mittleren Konzentrationen gemessen (Angaben in mg/kg Fett); die Werte in Klammern sind Ergebnisse einzelner Messungen:

Nr. 28	0,009 (bis 0,04)
Nr. 52	0,01 (bis 0,05)
Nr. 101	0,006 (bis 0,03; 6% Anteil an der Gesamtbelastung)
Nr. 138	0,238 (18% Anteil an der Gesamtbelastung)
Nr. 153	0,331 (20% Anteil an der Gesamtbelastung)
Nr. 180	0,184 (10% Anteil an der Gesamtbelastung)

Polychlorierte Dibenzodioxine und Dibenzofurane entstehen sowohl bei Verbrennungsprozessen unter bestimmten Bedingungen, sie gelangen aber auch als Verunreinigungen z. B. von PCB oder bestimmten Herbiziden (vgl. 3.2.5.4) in die Umwelt. Daher ist auch mit der Anwesenheit dieser hochtoxischen Stoffe in allen Lebensmitteln und entsprechend auch in der Frauenmilch zu rechnen. In der Tat sind sie analytisch in Proben von Frauenmilch nachgewiesen worden. Die Konzentrationen liegen in einem Bereich von 0,05 bis 0,5 µg/kg Fett für Octachlordibenzodioxin und von < 0,001 (= Nachweisgrenze) bis 0,1 µg/kg für andere Polychlordibenzodioxine bzw. -furane. Das giftigste Kongener 2,3,7,8-Tetrachlordibenzoldioxin (TCDD) kommt in Konzentrationen von < 0,001 bis 0,008 (Mittelwert 0,004) µg/kg vor.

4.3.3 Andere Verbindungen

4.3.3.1 Nitrate, Nitrite, Nitrosamine

Nitrate stellen einen natürlichen Bestandteil des Bodens dar und werden auch mit der Düngung in den Boden gebracht. Die Pflanze verwertet den Stickstoff des Nitrats für den eigenen Stoffwechsel und zum Aufbau von Eiweiß, speichert aber überschüssige Mengen in ihren Strukturen als Nitrat. Man kann eine deutliche Abhängigkeit des Nitratgehaltes der Pflanzen von der Intensität der Überdüngung erkennen.

Insbesondere die Überdüngung mit Gülle trägt zum Nitratgehalt der Pflanzen bei.

Die Nitratmengen, die in Lebensmitteln tierischen Ursprungs auftreten, hängen vom Nitratgehalt des verwendeten Futters ab. Eine Speicherung von Nitrat findet in tierischen Geweben nicht statt. Der größte Eintrag von Nitrat in die Lebensmittel erfolgt durch die Verwendung von nitrat- bzw. nitrithaltigem Pökelsalz bei der Weiterverarbeitung des Fleisches. Viele Fleischerzeugnisse werden gepökelt, um die Haltbarkeit der Produkte zu verbessern (vgl. 2.3.13). Während früher dafür meist Nitrat benutzt wurde, ist jetzt die Verwendung von Nitritpökelsalz üblich. Der Gehalt an Natriumnitrit im Pökelsalz darf 0,5% nicht überschreiten. Nitrit wird zur Aromatisierung und Umrötung des Materials sowie zur Botulismusprophylaxe verwendet. Der Nitritgehalt der Fertigerzeugnisse ist abhängig von der verwendeten Pökelsalzmenge. Rund 10% der eingesetzten Nitritmengen sind in den Fertigprodukten vorhanden. Der Gesamtgehalt an Nitrat plus Nitrit (berechnet als Kaliumnitrat) darf nach der Fleischverordnung von 1982 bei Fertigerzeugnissen 600 mg/kg Rohschinken bzw. 100 mg/kg Rohwurst nicht überschreiten. In anderen mit Nitrit-Pökelsalz hergestellten Fleischerzeugnissen dürfen die Nitrit-Konzentrationen höchstens 100 mg/kg betragen.

Eine weitere Belastungsquelle kann das Trinkwasser sein, das in manchen Gegenden über 100 mg Nitrat/l aufweist. Als Grenzwert ist in der Trinkwasserverordnung 50 mg/l festgesetzt worden. Auch nach teilweiser Umwandlung zu Nitrit ist eine Auswirkung dieser Mengen auf die Gesundheit des Menschen nicht zu erwarten. Bei Verwendung nitrathaltigen Trinkwassers (mehr als 100 mg/l) zur Herstellung von Kleinkindernahrung ist eine Reaktion des Nitrits mit Hämoglobin allerdings nicht auszuschließen. Nitritvergiftungen sind bei Kleinkindern früher vorgekommen (»Blausucht«). Aus diesem Grunde mußte in den letzten Jahren in einigen Gegenden die lokale Trinkwasserversorgung geschlossen werden bzw. der Bevölkerung empfohlen werden, das örtliche Leitungswasser nicht zur Zubereitung von Kindernahrung zu verwenden. Grundwasserbelastungen mit Nitraten treten hauptsächlich in Weinbaugebieten und in Gegenden mit industrieller Massentierhaltung auf.

Nitrit nimmt der Verbraucher nur mit Fleischerzeugnissen und Wurstwaren auf. Die Median-Mittelwerte liegen für Fleischerzeugnisse bei 5 bis 11 mg NO_2^-/kg Frischgewicht, für Wurstwaren bei 3 bis 5 mg/kg mit Maximalwerten von 94 bzw. 48 mg/kg. Vom Bundesgesundheitsamt wurde auf der Grundlage dieser Daten, die aus den Jahren 1982 bis 1984 stammen, eine Abschätzung der Nitritaufnahme der Bevölkerung in der Bundesrepublik vorgenommen. Es ergaben sich naturgemäß sehr unterschiedliche Werte, je nachdem, ob dieser Abschätzung die Medianwerte, die bei linksasymmetrischen Verteilungen üblicherweise höheren Mittelwerte oder gar das 90. Perzentil zugrundegelegt wurden. Bei Verwendung der Mittelwerte nehmen eine 70 kg schwere männliche Person, bzw. eine 60 kg schwere weibliche Person soviel Nitrit mit der Nahrung auf, daß die international anerkannten, von der WHO empfohlenen Werte der Duldbaren Täglichen Aufnahmemenge bei lebenslanger Aufnahme (vgl. 1.5.1) von 0,2 mg $NaNO_2$/kg Körpergewicht zu etwa 75% bzw. 55% ausgeschöpft werden. Würde sich jemand, was ganz unwahrscheinlich ist, nur mit Lebensmitteln ernähren, deren Nitritgehalt in der Größenordnung des 90. Perzentils liegt, so wäre die DTA weit überschritten (um ca. 40 % bei Frauen, um ca. 90 % bei Männern). Die typischen Wirkungen des Nitrits bestehen in einer Veränderung des roten Blutfarbstoffs, wodurch die Sauerstofftransportfähigkeit der roten Blutkörperchen vermindert wird (Methämoglobinbildung).

Über Nitratmengen, die heute im allgemeinen in Lebensmitteln gefunden werden, informiert Tab. 4.8. Das Bundesgesundheitsamt hat ähnlich wie für NO_2^- auch für NO_3^- die wöchentliche Aufnahme abgeschätzt und mit den von der WHO empfohlenen Werten der Duldbaren Täglichen Aufnahmemenge (DTA) von 5 mg $NaNO_3$/kg Körpergewicht in Beziehung gesetzt. Auf der Basis der Mittelwerte der Nitratkonzentration in Lebensmitteln wird die DTA von Männern zu rund 70 % und von Frauen zu rund 63 % ausgeschöpft; legt man das 90. Perzentil der Nitratkonzentration zugrunde, wird die DTA von Männern um rund 60 % und von Frauen um rund 40 % überschritten. Zwar ist es unwahrscheinlich,

Tab. 4.8. Nitratkonzentrationen in verschiedenen Lebensmitteln (Angaben in mg NO_3^-/kg Frischsubstanz); Messungen aus den Jahren 1982–1984

Lebensmittel	Mittelwert und Median	Maximalwerte
Getreide	7–10	19
Kartoffeln	72–93	463
Blattgemüse	300–700	6800
Kernobst	10–70	3300
Getränke	3–5	55
Trinkmilch	1–3	–
Fleisch	5–8	50
Fleischerzeugnisse	28–77	1380
Wurstwaren	30–57	1050
Fischerzeugnisse	25–50	400
Säuglingsnahrung	65–81	450

In einigen Pflanzen werden sehr hohe Konzentrationen erreicht, die im Falle einer Weiterverarbeitung zu Gemüsesäften wieder im verzehrsfähigen Produkt auftreten:

Fruchtsäfte	1–10 mg/l
Gemüsesäfte	1–85 mg/l
Rote Bete	320–5100 mg/l
Tomatensaft	7–26 mg/l
übrige Säfte	100–700 mg/l

Zur Erläuterung der Werte vgl. Legende zu Tab. 4.1

daß sich jemand zufällig und über längere Zeit mit Lebensmitteln ernährt, die entsprechend dem 90. Perzentil belastet sind. Andererseits können Verbraucher, die sich nicht entsprechend dem Warenkorb ernähren oder bevorzugt von solchen Lebensmitteln, die per se stark belastet sind (vgl. Tab. 4.8), die Werte der DTA erreichen oder kurzfristig überschreiten.

Insgesamt kann man somit davon ausgehen, daß trotz relativ hoher Nitratkonzentrationen in einzelnen Lebensmitteln eine gesundheitliche Gefährdung der Verbraucher durch Nitrat nicht gegeben ist, da das gesundheitliche Bewertungskriterium DTA im allgemeinen und über längere Zeit nicht überschritten wird. Allerdings ist zu berücksichtigen, daß sich die DTA für NO_3^- wie für das durch Reduktion auch im Organismus daraus entstehende NO_2^- nur auf die direkte Toxizität dieser Verbindungen bezieht. Folgereaktionen sowie Folgeprodukte und deren Toxizität sind nicht berücksichtigt.

Nitrite sind nicht nur potentielle Methämoglobinbildner, sondern auch Reaktionspartner für sekundäre und tertiäre Amine, mit denen sie Nitrosamine bilden. Hierin liegt die eigentliche toxikologische Bedeutung des Nitrat- bzw. Nitritgehaltes der Lebensmittel.

Die Bildung der Nitrosamine vollzieht sich nach folgender allgemeiner Reaktion:

$$(R_1)(R_2)N{-}H + HNO_2 \longrightarrow (R_1)(R_2)N{-}NO + H_2O$$

Die Nitrosamin-Entstehung innerhalb der Nahrungskette und auch im Menschen selbst hängt von zahlreichen physikochemischen Bedingungen (z.B. pH-Wert des Mediums) ab. Eine einheitliche Angabe über die Gehalte der verschiedenen Nitrosamine in Lebensmitteln ist daher nicht möglich. Die große gesundheitliche Bedeutung der Nitrosamine liegt in der Tatsache, daß die meisten von ihnen, wenigstens im Tierversuch, Krebs erzeugen. Sie sind sogar äußerst potente Kanzerogene.

Es ist damit zu rechnen, daß in einzelnen Fleischerzeugnissen (z.B. Rohschinken) Nitrosamingehalte von etwa 0,2 bis 1 µg/kg auftreten. Dimethylnitrosamin und Nitropyrolidin sind nachgewiesen worden.

Nitrosamine werden nicht nur mit vielen Nahrungsmitteln unmittelbar zugeführt, sondern aus aufgenommenem Nitrit oder aus dem bei der Nitratreduktion entstehenden Nitrit auch im Organismus gebildet, da auch nitrosierbare Amine regelmäßig vorkommen. Vor allem das Milieu des Magens begünstigt die Nitrosierung; gleichzeitige Anwesenheit von Ascorbinsäure hemmt sie. Wegen der Nitrosaminbildung und der schwer abschätzbaren daraus entstehenden Risiken ist es im Sinne eines vorbeugenden Verbraucherschutzes geboten, die Aufnahme von NO_2^- und

NO_3^- zu minimieren. Diesem Ziel dienen sowohl die Höchstmengen für Nitrat in der Trinkwasserverordnung als auch die Richtwerte des BGA, die die Lebensmittelüberwachung auf unerwünschte und vermeidbar hohe Nitratgehalte aufmerksam machen sollen.

Zu empfehlen ist die Aufnahme von Nitraten bzw. Nitriten in eine künftige Umweltkontaminantenverordnung mit dem Ziel, einerseits Lebensmittel mit zu hohen Konzentrationen vom Verzehr auszuschließen, andererseits aber – und das ist wichtiger – die Behörden systematisch zu veranlassen, durch verbindliche Anbau-, Dünge- und Ernteempfehlungen die NO_3^--Belastung der Lebensmittel zu reduzieren. Bei der Fleischtechnologie sollte verstärkt versucht werden, NO_2^- durch andere Stoffe oder Maßnahmen zu ersetzen.

4.3.3.2 Fluorverbindungen

Organische und anorganische Fluorverbindungen treten in der Umgebung von Pflanzen und Tieren auf, die der Lebensmittelgewinnung dienen. In Industriegebieten kann insbesondere der Gehalt an Fluoriden (anorganische Salze) erhöht sein. Fluoride finden sich als Staub an der Oberfläche, sammeln sich aber weder in pflanzlichen noch in tierischen Geweben an, die als Lebensmittel verzehrt werden. Pflanzen oder Tiere können zwar durch Fluoride geschädigt werden, dennoch ist eine Kontamination der Lebensmittel mit Fluor unwahrscheinlich. Im Fleisch kommen Fluorgehalte von etwa 1 mg/kg vor. Fluor kann sich zwar in den Knochen der Tiere ansammeln, erreicht aber dort auch bei älteren Tieren, ja sogar bei vergifteten Tieren keine Konzentrationen, die bei der Verwendung von Knochen als Lebensmittel gesundheitliche Auswirkungen haben.

4.4 Kontaminanten bei Lagerung und Verarbeitung

4.4.1 Mykotoxine

Zu den Pilzgiften (Mykotoxinen) gehören verschiedene Aflatoxine, Ochratoxin, Patulin und einige andere, nur selten auftretende Toxine. Als Toxine bezeichnet man die Produkte von Mikroorganismen, die auf andere Lebewesen toxisch wirken. In diesem Sinne gehören auch Ethanol und die meisten Antibiotika zu den Mykotoxinen.

Schimmelpilztoxine können besonders in Futtermitteln vorkommen und dann zu Rückständen in Organen der Schlachttiere führen. Futtermittelrechtlich sind für Aflatoxin B1, die wichtigste Substanz, Höchstmengen für Alleinfuttermittel (10 µg/kg), Ergänzungsfuttermittel (20 µg/kg) und Einzelfuttermittel (50 µg/kg) festgesetzt worden. Wenn diese

Höchstmengen eingehalten werden, so ist nicht damit zu rechnen, daß Aflatoxine, aber auch Ochratoxin, einige Trichothecene und Zearalenon sich in den Organen der Schlachttiere ansammeln. Hinzu kommt, daß viele Mykotoxine, insbesondere die Trichothecene, im tierischen Organismus schnell metabolisiert und ausgeschieden werden.

Aflatoxin B1 wird im tierischen Organismus zu Aflatoxin M1 metabolisiert und in dieser Form mit der Milch ausgeschieden.

Auch das Schimmelpilzwachstum auf Lebensmitteln kann zur Bildung von Mykotoxinen führen. Bei Fleischerzeugnissen dürften vorwiegend Aspergillen und Penicillien als Mykotoxinbildner in Frage kommen. Die größte Bedeutung besitzen wohl die Penicillien. Von den mehr als tausend Stämmen erwiesen sich etwa 80 als toxinogen. Doch sind nicht alle Toxine tatsächlich auf Fleischerzeugnissen zu vermuten.

Da die Anwesenheit von Schimmelpilzgiften von der jeweiligen Situation der Lagerung abhängt, ist eine einheitliche Angabe über ihre Anwesenheit nicht zu machen. Wenn dafür gesorgt wird, daß durch entsprechende Lagertemperatur (kühl) und Luftfeuchtigkeit (trocken) das Schimmelpilzwachstum verhindert wird, kann auch die Toxinbildung vermieden werden. Grundsätzlich sollten verschimmelte Lebensmittel nicht verzehrt werden.

Die für besondere Zwecke mit Schimmelpilzkulturen versetzten Lebensmittel (einige Käse- und Wurstarten) enthalten keine toxisch wirkenden Abbauprodukte.

Schimmelpilzgereifte Fleischerzeugnisse werden nur mit Starterkulturen hergestellt und sind daher unbedenklich. Sie enthalten auch keine Antibiotika.

4.4.2 Polyzyklische aromatische Kohlenwasserstoffe

Polyzyklische aromatische Kohlenwasserstoffe (PAK) entstehen durch unvollständige Verbrennung organischen Materials. Sie breiten sich nach der Emission aus Feuerungsanlagen über die Luft aus und gelangen so auf Nutzpflanzen. Dort lagern sie sich in um so größerer Menge ab, je größer die Oberfläche der Pflanzen ist. Große Feuerungsanlagen, die nach dem Stand der Technik optimiert gefahren werden, tragen wenig zur PAK-Immission bei. Der Hauptanteil stammt aus kleinen Feuerungsanlagen, Einzelheizungen und dem Kraftfahrzeugverkehr.

Auch beim Räuchern, Grillen, Braten oder bei sonstiger mit Wärmeentwicklung verbundener Lebensmittelzubereitung können PAK entstehen. Im Räucherrauch kommen mehr als tausend verschiedene Substanzen vor, von denen einige sicher krebserregend sind. Je intensiver der Kontakt des Rauches mit dem Räuchergut ist, desto stärker ist die Kontamination. So enthält eine intensiv dunkel gefärbte Oberfläche (»Schwarzgeräuchertes«) immer größere Mengen an PAK.

Beim Grillen tropft Fett auf die Energiequelle und wird hier unvollständig verbrannt, wobei PAK entstehen. Diese kontaminieren anschließend das Grillgut. Wenn die Energiequelle seitlich des Grillguts angebracht ist und abtropfendes Fett nicht verbrannt wird, entstehen diese Stoffe nicht.

Aus den unterschiedlichen Quellen entstehen PAK-Stoffgemische unterschiedlicher Zusammensetzung. Benzo(a)pyren dient wegen der guten analytischen Nachweisbarkeit als Leitsubstanz. Es darf in verkehrsfähigen Fleisch- und Käseerzeugnissen höchstens eine Konzentration von 1 µg/kg aufweisen (Fleisch-VO; Käse-VO). In manchen Produkten wird manchmal dieser Grenzwert überschritten, insbesondere, wenn auch Rußbestandteile an der Lebensmitteloberfläche abgelagert sind (z.B. beim Schinken).

Wie oft die gesetzlich vorgeschriebene Höchstmenge überschritten wird, kann nur annäherungsweise angegeben werden, da keine repräsentativen Untersuchungen vorliegen. Es wird geschätzt, daß 2% der geräucherten Erzeugnisse Konzentrationen von Benzo(a)pyren über 1 µg/kg aufweisen.

Durch richtige Räuchertechnologie, insbesondere durch Einhaltung einer Rauchtemperatur von 400 Grad, läßt sich die Kontamination erheblich vermindern. Allerdings wird dadurch die Konzentration erwünschter, am Räucherprozeß maßgeblich beteiligter Bestandteile im Räucherrauch (phenolische Inhaltsstoffe) nicht erreicht. Die Rauchtemperaturen sollten zwischen 400 und 700 Grad Celsius liegen.

Die folgende Liste gibt für einige polyzyklische aromatische Kohlenwasserstoffe ihre Konzentration in Räucherwaren an (µg/kg):

Anthracen	0–50
Phenanthren	10–30
Fluoranthren	3–100
3,4-Benzo(a)pyren	0,1–55
Pyren	10–100

Es handelt sich hierbei nicht um repräsentative Werte, sondern um Daten aus verschiedenen Untersuchungen, die ganz unterschiedliche Lebensmittel berücksichtigen.

Die hohen Gehalte finden sich ausnahmslos in stark geräucherten Waren (Schinken, »Schwarzgeräuchertes«, »Gselchtes«, etc.).

Eine große Rolle können die auf pflanzlichen Lebensmitteln wegen der aerogenen Kontamination gefundenen PAK spielen. Hier sind folgende Konzentrationen gemessen worden (µg/kg):

Benzo(a)pyren	0,5–50	
Benzo(a)anthracen	0,2–20	(230)
Chrysen	0,8–50	(400)
Anthracen	0,4–2	
Fluoranthren	40–500	

Die großen Schwankungen der Meßergebnisse sind auf die unterschiedlichen Standorte der wachsenden Pflanze (Industrie- bzw. Autostraßennähe) und auch darauf zurückzuführen, daß durch küchenfertige Zubereitung (Waschen, Entfernen der äußeren Teile) ein mehr oder weniger großer Anteil der PAK entfernt werden kann.

4.4.3 Migrationsstoffe

Für die Verpackung von Lebensmitteln werden Materialien genommen, die auch nichtstabile, also aus diesem Material abwandernde Stoffe enthalten können, wie z.B. Härter oder Weichmacher.

So ist es möglich, daß einige Substanzen aus der Verpackung in die Lebensmittel einwandern. Es ist rechtlich vorgeschrieben, daß der Übergang von Stoffen aus Packmitteln in die Lebensmittel oder auch nur auf deren Oberfläche nicht zulässig ist. Eine gewisse Migration läßt sich aber nicht völlig vermeiden. Das ist insbesondere dann unbedenklich, wenn es sich um gesundheitlich, geruchlich und geschmacklich inerte Stoffe handelt. Die Migration dieser Stoffe ist im allgemeinen vernachlässigbar gering.

Auch das übrige Verpackungsmaterial aus Metall und Papier liefert keinen Anlaß zu der Annahme, daß hieraus gesundheitlich bedenkliche Stoffe in die Lebensmittel überwandern können. Auf den Übergang von Blei und Zinn aus ungeschützten Lötnähten oder korrodierten Stellen von Blechdosen wurde bereits früher hingewiesen (vgl. 4.3.1.8).

Repräsentative Untersuchungsergebnisse über das Auftreten von Stoffen aus Verpackungsmaterial in Lebensmitteln liegen nicht vor. Hierdurch verursachte Verunreinigungen sind allerdings nicht zu erwarten, wenn nur solche Materialien verwendet werden, die vom Bundesgesundheitsamt als unbedenklich deklariert wurden, und wenn sie nur für die vorgesehenen Lebensmittel verwendet werden.

4.5 Beurteilung der Verunreinigungen

Die Beantwortung der Frage, ob die Verunreinigungen in Lebensmitteln ein Gesundheitsrisiko darstellen, setzt eine quantitative und qualitative Analyse voraus. Da die Wirkung von der Menge abhängt, muß zunächst einmal bekannt sein, in welchen Mengen die zu beurteilende Substanz verzehrt wird. Diese Menge wird nach medizinisch-toxikologischen Gesichtspunkten beurteilt, indem sie mit der (wahrscheinlich) tolerierbaren, d.h. der gesundheitlich unbedenklichen Menge verglichen wird. Es sei daran erinnert, daß bei Stoffen mit irreversiblen Wirkungen (kanzerogene und mutagene Wirkungen; z.B. Nitrosamine, PAK) gesundheitlich unbedenkliche Mengen nicht definiert werden können (vgl. 1.5.2).

4.5.1 Ermittlung der Aufnahmemengen

Um zu ermitteln, welche Mengen an unerwünschten Fremdstoffen der Mensch mit den Lebensmitteln aufnimmt, sind zwei Kriterien zu berücksichtigen:

- Die in den jeweiligen Lebensmitteln herrschende Konzentration dieser Stoffe (Mittelwerte; Medianwerte; Percentile; am besten die Bereiche);
- die Menge der jeweiligen Lebensmittel, die täglich oder wöchentlich verzehrt wird (mittlerer Verbrauch oder Bereiche).

Beide Maßzahlen unterliegen erheblichen Schwankungen und sind für den Einzelfall unbekannt. Insbesondere schwanken die Konzentrationen der Fremdstoffe so stark, daß eine einheitliche Maßzahl nur zu einer fiktiven Aussage führen würde. Die Konzentrationen schwanken teilweise um den Faktor 1000. Je nach Art und Herkunft der Lebensmittel, nach der jeweiligen Verarbeitung und einer eventuellen nachträglichen Verunreinigung müßte jedes Lebensmittel einzeln begutachtet werden.

Desgleichen unterliegen die Verzehrgewohnheiten erheblichen Schwankungen. Diese beziehen sich auf die Menge der einzelnen Lebensmittel, ihren Anteil an der Gesamtration und die sonstige Zusammensetzung mit anderen essentiellen Bestandteilen (Mineralstoffen, Vitaminen).

Der Durchschnittsbürger in der Bundesrepublik Deutschland verzehrt täglich 1,63 (Frauen) bzw. 2,42 (Männer) kg Lebensmittel, von denen 0,73 (Frauen) bis 1,34 (Männer) kg Getränke ausmachen (Ernährungsbericht 1984).

Bei der Ermittlung der Aufnahmemengen an Rückständen und Verunreinigungen muß daher von Modellzahlen und Mittelwerten ausgegangen werden, um Quantitäten abzuschätzen. Es muß ein idealisierter Bundesbürger geschaffen werden. Alle Bundesbürger weichen mehr oder weniger deutlich von diesem ab. Es wird angenommen, daß der Bundesbürger 70 Kilogramm schwer ist und sich mit Normalkost ernährt. Er ißt wenig Innereien von Tieren, nur einmal in der Woche Fisch oder Pilze, und sein Gemüse und Obst ist gereinigt. Er nimmt auch keine durch besondere industrielle Nähe oder sonstige Gegebenheiten zusätzlich kontaminierte Nahrung auf, also keine Lebensmittel mit Maximalwerten der Tabellen 4.1 bis 4.4. Die so ermittelten Aufnahmemengen berücksichtigen nicht die zusätzliche berufliche oder durch Hobby, Reisen in andere Länder oder durch Arzneimittel und Kosmetika oder Rauchen bedingten Aufnahmen, da diese individuell außerordentlich verschieden sind. Es handelt sich um Schätzungen für einen fiktiven Normalkonsumenten.

Blei wird in einer Menge von 0,8 bis 1,5 mg/Woche mit Lebensmitteln aufgenommen. Wegen der großen Unterschiede in den Bleikonzentrationen und in den Verzehrsmengen der Lebensmittel können auch Werte in einem Bereich zwischen 0,3 und 3,5 mg angenommen werden.

Die diesen Mengen zugrundeliegenden Gehalte in den einzelnen Lebensmitteln betragen 0,005 bis 0,5 mg/kg. Wenn davon 10 kg in einer

Woche verzehrt werden, ergeben sich Aufnahmemengen von 0,05 bis 5 mg pro Person und Woche. Für die Modellrechnung sollen aber Aufnahmemengen von 0,8 bis 1,5 mg Blei angenommen werden, da sie den am häufigsten gemessenen Werten entsprechen.

Aufgrund der Anteile an der Gesamtration sind vorwiegend Gemüse, Kartoffeln, Trinkwasser, Fisch, Bier und Wein an dieser Menge quantitativ beteiligt.

Cadmium wird in diesem Modell in einer Menge von 0,05 bis 0,4 mg in der Woche aufgenommen. Auch Mengen bis 1 mg/Woche sind ausnahmsweise möglich. Die Gehalte der Lebensmittel schwanken zwischen 0,005 bis 0,5 mg/kg. Aufgrund der Anteile der Lebensmittel an der Gesamtration sind für die Cadmiumaufnahme besonders Eier, Käse, Nieren, Wurst, Gemüse, Getreide, Kartoffeln, Bier und Trinkwasser anzuführen.

Arsen wird im Modell in einer Menge von 0,5 bis 1,1 mg/Woche aufgenommen. Die Gehalte in den Lebensmitteln betragen etwa 0,05 bis 0,5 mg/kg. Arsen wird vorwiegend mit Milch, Fisch, Kartoffeln und Trinkwasser verzehrt. Wegen des unterschiedlich hohen Anteils einzelner Fischarten an der Gesamtnahrung sind die tatsächlichen Arsenaufnahmen individuell sehr unterschiedlich.

Quecksilber wird im Modell in einer Menge von 0,1 bis 0,2 mg/Woche aufgenommen. Die Lebensmittelgehalte betragen 0,001 bis 0,1 mg/kg. Besonders Milch, Getreide, Trinkwasser und Fisch sind an dieser Aufnahme beteiligt. Der Quecksilbergehalt mancher Fischarten kann hoch sein, so daß individuelle Schwankungen vorkommen.

Andere Schwermetalle lassen sich hinsichtlich ihrer Aufnahmemenge schwer quantifizieren. Sie werden wahrscheinlich in den folgenden Mengen vom Menschen wöchentlich aufgenommen:

Chrom	0,35–0,7 mg
Kupfer	0,01–0,05 mg
Nickel	0,07–0,20 mg
Thallium	0,1–0,2 mg
Zink	300–500 mg

Polychlorierte Biphenyle. Für die Abschätzung der Aufnahmemengen der polychlorierten Biphenyle (PCB) kann nur das Gemisch aller PCB berücksichtigt werden. Der Anteil der Einzelkomponenten ist noch nicht abschätzbar, da noch keine ausreichenden und für alle Lebensmittel repräsentativen Analysendaten vorliegen. Es ist aber zu erkennen, daß aufgrund der Rückstandssituation (z.B. in Fisch) vorwiegend die hochchlorierten Komponenten (Nr. 153 und 138), weniger die im mittleren Ausmaß chlorierten PCB (Nr. 101 und 180) an der Gesamtbelastung beteiligt sind. Zur Quantifizierung der PCB-Aufnahme läßt sich die folgende Schätzung anstellen.

Modellhafte Bilanzierungsberechnungen ergeben, daß mit Fisch, der PCB-Mengen von 1 bis 50 mg/kg Muskulatur enthält (vorwiegend die

Komponenten 138, 153 und 101) etwa 2 µg Gesamt-PCB (1 bis 6 µg) pro Woche aufgenommen werden. Dieser Berechnung liegt zugrunde, daß wöchentlich in der Bundesrepublik Deutschland im Durchschnitt 124 Gramm Fisch verzehrt werden.

Belastete Fische (z.B. Elbaal, Dorschleber), die 10 bis 100 µg Gesamt-PCB/kg enthalten, führen zu einer Aufnahme von 5 bis 50 µg pro Person und Woche. Der Verzehr von Süßwasserfischen führt zu einer höheren Belastung mit PCB. Da sich die polychlorierten Biphenyle vorwiegend in den Fettanteilen der übrigen von Tieren stammenden Lebensmittel ansammeln, kann die Ermittlung der täglichen Aufnahme durch den Fettverzehr geschätzt werden. Das Milchfett enthält 0,1 bis 0,2 mg Gesamt-PCB/kg. Bei einem täglichen Verzehr von 20 g Fett würden hiermit 2 bis 4 µg PCB/Tag bzw. 15 bis 30 µg/Woche aufgenommen. Andere tierische Lebensmittel enthalten 0,5 bis 1,5 mg/kg Fett. Bei einem täglichen Verzehr von 40 g tierischen Fettes nimmt somit der Mensch 20 bis 60 µg PCB/Tag bzw. 140 bis 400 µg/Woche auf. In der Summe kann von einer wöchentlichen Aufnahmemenge von 165 bis 480 (im Mittel 300) µg PCB ausgegangen werden. Dieses entspricht einer Menge von 42 µg/Tag bzw. 0,6 µg/kg und Tag.

Andere Verunreinigungen in Lebensmitteln lassen sich nicht auf diese Weise abschätzen, da sie diskontinuierlich vorkommen und nicht zu einer regelmäßigen Belastung des Konsumenten führen. Eine einheitliche Angabe ist daher nicht möglich. Hierzu gehören Nitrosamine, polyzyklische aromatische Kohlenwasserstoffe und Mykotoxine. Diese Substanzen entstehen nur unter besonderen Bedingungen, die stets wechseln.

Ob die tägliche Aufnahme von vielleicht 100 mg Nitrat mit dem Wasser aus belasteten Gebieten auch zu einer linearen Zunahme der Nitrit- oder gar der Nitrosamin-Belastung führt, kann weder angenommen noch ausgeschlossen werden. Die Nitrit- und Nitrosaminbildung hängen von zahlreichen Bedingungen ab und erfolgen auch im menschlichen Körper. Es kann lediglich vermutet werden, daß mit steigender Nitratzufuhr die Wahrscheinlichkeit der Nitrit- und Nitrosamin-Belastung größer wird.

4.5.2 Abschätzung der gesundheitlichen Bedeutung

Grundsätzlich sind alle Fremdstoffe in Lebensmitteln nicht erwünscht. Das in der Bundesrepublik Deutschland geltende Reinheitsprinzip für Lebensmittel besagt, daß solche Stoffe so wenig wie möglich vorkommen sollen, unabhängig davon, ob auch höhere Mengen gesundheitlich bedeutungslos wären.

Viele Fremdstoffe sind natürlichen Ursprungs und schon immer Nahrungsbestandteile gewesen, z.B. Schwermetalle. Allerdings nahmen ihre

Mengen durch ihre technische Verwendung, durch die Verbrennung fossiler Brennstoffe, durch den Verkehr und durch die intensive Landwirtschaft zu, so daß heute in den Lebensmitteln Konzentrationen gemessen werden, deren gesundheitliche Bedeutung zu klären ist.

Viele Fremdstoffe sind bis zu bestimmten Aufnahmemengen ohne gesundheitliche Bedeutung. Diese Schwellenwerte abzuschätzen ist Aufgabe der medizinischen Toxikologie.

Es ist anzunehmen, wenn auch nicht zu beweisen, daß geringe Mengen von toxischen Fremdstoffen im menschlichen Organismus nicht zur Wirkung kommen, weil vorher Vorgänge ablaufen, die einen Kontakt des Fremdstoffes mit einem lebenswichtigen Rezeptor innerhalb eines Systems unwahrscheinlich machen. Diese Vorgänge betreffen zunächst die Elimination. Hierunter versteht man die Summe aller Vorgänge, die den Stoff von seinem Wirkungsort entfernen. Die biochemische Inaktivierung ist ein Teil dieser Vorgänge. Sie findet nach der Aufnahme aus dem Darm vor allem in der Leber statt. Hierdurch entstehen Ab- oder Umbauprodukte, die meist keine oder eine geringere Wirkung entfalten. Es können hierbei aber auch Folgeprodukte mit einer höheren toxischen Aktivität entstehen.

Weiter werden Fremdstoffe über den Urin oder andere Wege (Kot, Schweiß, Atemluft) aus dem Körper ausgeschieden, ohne eine Wirkung entfaltet zu haben. Schließlich kann auch eine Ablagerung der Fremdstoffe in Depot-Gewebe (z.B. Fett, Knochen) die Ursache dafür sein, daß die Wirkung der Moleküle verhindert wird.

Geringfügige Effekte im Organismus können repariert werden. Wenn unspezifische Bindungsstellen in den Körperzellen für Fremdstoffe zur Verfügung stehen (z.B. Glutathion), kann durch Vermehrung dieser Stellen ein Kontakt der toxischen Fremdstoffe mit lebenswichtigen Rezeptoren (= Wirkungsstellen) verhindert werden. Auch durch Fremdstoffe zerstörte Zellstrukturen oder funktionelle Abläufe (Hemmung von Enzymaktivitäten) können vom (gesunden) Organismus schnell ersetzt werden. Der Organismus ist also in erstaunlich hohem Grade in der Lage, sich an die toxisch wirkenden Fremdstoffe anzupassen. Lebewesen, die im Laufe der Evolution nicht anpassungsfähig waren, unterlagen dem Selektionsdruck und vermehrten sich nicht.

Nicht jede erkennbare Wirkung im Organismus muß eine toxische Wirkung sein, sie beansprucht aber die Adaptations-Kapazität und belastet zusammen mit anderen, allein wohl noch nicht wirksamen Stoffen und Konzentrationen die Eliminations- und Reparaturleistungen des Organismus.

Zwischen Dosis und Wirkung besteht folgende Beziehung:

$$W = D \times t - (E + R)$$

(W ist das Wirkungsausmaß; D ist die Menge eines Fremdstoffes oder seine Konzentration im Organismus; t ist die Dauer der Aufnahme oder

Anwesenheit im Organismus; E ist die Summe aller Eliminationsvorgänge (Abbau, Ausscheidung, Speicherung); R ist die Reparatur der Primärwirkung).

Solange Elimination und Reparatur (E + R) größer sind als die aufgenommene Menge ($D \times t$), kommt eine Wirkung nicht zustande ($W = 0$) (vgl. 1.4.1).

Der Übergang von der unwirksamen zur wirksamen Menge oder Konzentration ist von vielen Faktoren abhängig, so daß keine feste Grenze festgelegt werden kann. Außer erblich bedingten oder individuellen Besonderheiten der Eliminationsgeschwindigkeit kommen zusätzlich chemische Einflüsse aus der Nahrung oder der Umwelt hinzu, die eine Wirkung verstärken oder abschwächen können. Mikrobiologisch bedingte Einflüsse (Infektionen) erfordern zusätzliche Abwehrmechanismen des Körpers und vermindern die Adaptationsfähigkeit. Alle Faktoren, von denen viele nur vermutet werden, können nicht berücksichtigt werden, so daß Angaben über tolerierbare Mengen der unerwünschten Fremdstoffe in Lebensmitteln nur Abschätzungen sind und mit einer hohen Irrtumswahrscheinlichkeit behaftet sind.

Um eine Beurteilung der gegenwärtigen Rückstandssituation von *Schwermetallen* als Verunreinigungen in Lebensmitteln vornehmen zu können, sollen die durchschnittlich aufgenommenen Mengen mit den duldbaren Mengen verglichen werden.
Die unter den Modellannahmen abgeschätzten aufgenommenen Schwermetall-Mengen (vgl. 4.6.1) sind nach dem Vergleich der Tab. 4.9 niedriger als die vermutlich gesundheitlich unbedenklichen Mengen. Diese Aussage bezieht sich auf den Normalkonsumenten. Die tolerierbare Wochendosis von Blei (3 mg, entsprechend 50 µg/kg Körpergewicht) gilt nicht für Kinder. Bei ihnen beträgt sie wahrscheinlich nur 25 µg/kg Körpergewicht pro Woche.

Eine weitere Steigerung der Belastung von Lebensmitteln ist im Falle von Blei, Cadmium und Quecksilber wegen des geringen Abstands der aufgenommenen und der wahrscheinlich duldbaren Mengen nicht zu

Tab. 4.9. Vergleich der wöchentlich aufgenommenen und der duldbaren Mengen

	aufgenommene Mengen (mg pro Woche)	duldbare Mengen (mg pro Woche)
Arsen	0,7–1,1	25 (?)
Blei	0,8–1,5	3
Cadmium	0,1–0,3	0,5
Quecksilber	0,1–0,2	0,35 (?)

verantworten. Da hier nur Mittelwerte berücksichtigt wurden, sind auch Überschreitungen wahrscheinlich.

Die für Quecksilber von der Weltgesundheitsorganisation empfohlene duldbare wöchentliche Aufnahme berücksichtigt, daß nur organische Verbindungen anwesend sind, die aufgrund ihrer physiko-chemischen Eigenschaften (hohe Lipidlöslichkeit) schnell und vollständig absorbiert und im Organismus verteilt werden. Tatsächlich finden sich in vielen Lebensmitteln auch anorganische Quecksilberverbindungen, die polarer sind als die organischen und dadurch weniger gut aufgenommen werden.

In einer von der Bundesanstalt für Ernährung 1983 durchgeführten Analyse wird festgestellt, daß die von der WHO empfohlenen Werte für die »vorläufig duldbaren wöchentlichen Aufnahmen« für Blei (= 3,5 mg*) mit durchschnittlich 1,55 mg zu 44 % (aufgrund der großen Streuung der Bleimengen in verschiedenen Lebensmitteln tatsächlich zu 17 bis 124 %), für Cadmium zu 42 % (15 bis 150 %), für Quecksilber zu 49 % (16 bis 116 %) und für Arsen im Durchschnitt zu etwa 56 % erreicht werden.

Andere Schwermetalle haben keine gesundheitliche Bedeutung. Sie sind teilweise essentiell (Kupfer, Eisen, Zink) oder in so geringen Mengen vorhanden, daß eine Wirkung äußerst unwahrscheinlich ist (Chrom). Hierfür lohnt es sich nicht, Grenzwerte zu empfehlen.

Für die *polychlorierten Biphenyle* hat die Weltgesundheitsorganisation eine Duldbare Tägliche Aufnahmemenge (DTA) von 1 µg Gesamt-PCB pro kg Körpergewicht und Tag vorgeschlagen. Von anderen Stellen werden auch andere duldbare Mengen vorgeschlagen, z.B. 0,1 µg/kg oder 3 µg/kg und Tag, was ungefähr 175 µg/Person und Tag entspricht. Man geht zur Ermittlung einer Duldbaren Täglichen Aufnahmemenge von Beobachtungen bei Ratten und Affen aus, die im Experiment polychlorierte Biphenyle mit einem hohen Anteil niedrig chlorierter Komponenten erhalten hatten. Die in der Technik verwendeten polychlorierten Biphenyle (z.B. Clophen A30) haben eine andere Zusammensetzung als die PCB, die als Verunreinigungen in Lebensmitteln vorkommen. In Lebensmitteln finden sich vorwiegend die biologisch weniger aktiven, höher chlorierten Biphenyle. Insofern lassen sich die in den genannten Tierversuchen abgeschätzten duldbaren Aufnahmemengen nicht ohne weiteres auf die in Lebensmitteln vorkommenden PCB beziehen. Aus Sicherheitsgründen soll aber trotzdem an der (vorläufigen) Abschätzung von 1 µg/kg und Tag festgehalten werden. Möglicherweise ist dieser Wert höher anzusetzen. Diese Menge würde bei einem 70 kg schweren Menschen einer duldbaren Wochenmenge von etwa 500 µg entsprechen.

---

* Dieser Wert wurde inzwischen auf 3,0 gesenkt; dadurch ist bei gleichbleibender Belastung der Grad der Ausschöpfung der duldbaren Menge um ca. 15 % höher als in der damaligen Rechnung.

Eine bessere Abschätzung der gesundheitlichen Bedeutung polychlorierter Biphenyle unter Berücksichtigung des Anteils der einzelnen Kongenere ist heute noch nicht möglich. Besondere Risikogruppen unter den Konsumenten sind nicht bekannt, solange sie sich normal ernähren. Lediglich ausgesprochene Fischesser, die Süßwasserfische bevorzugen, und Säuglinge nehmen vergleichsweise mehr auf als normal ernährte Erwachsene.

Eine praktische Bedeutung haben nur die höher chlorierten PCB und unter diesen quantitativ insbesondere Nr. 153 (2,2′,4,4′,5,5′-Hexachlorbiphenyl) und Nr. 138 (2,2′,3,4,4′,5-Hexachlorbiphenyl). Diese Komponenten sind wenig toxisch, chemisch aber sehr stabil und machen manchmal bis zu 50% der Gesamt-PCB aus.

Die PCB sammeln sich im menschlichen Organismus im Fettgewebe an. Die gespeicherte Menge hängt von der Masse des Fettgewebes im Organismus und von der Eliminationsrate der einzelnen PCB ab, da niederchlorierte PCB schneller eliminiert werden als höher chlorierte. Eine Vorhersage über die Ansammlung von PCB im menschlichen Organismus ist nicht möglich, da zwar die Aufnahmemenge und die Absorptionsrate einigermaßen abschätzbar sind, das Volumen an Fett, in welchem sich die PCB verteilen, individuell aber außerordentlich verschieden und die Eliminationsrate stoffspezifisch ist.

Um die Bedeutung der in Lebensmitteln gemessenen PCB-Mengen in gesundheitlicher Hinsicht beschreiben zu können, soll die durchschnittliche Aufnahmemenge mit der duldbaren Aufnahmemenge verglichen werden. Aufgrund der Modellrechnung ergibt sich der folgende Vergleich:

Summe aller mit Lebensmitteln aufgenommenen PCB:
165 bis 480 μg/Woche

Tolerierbare Menge: 500 μg/Woche
(Duldbare Tägliche Aufnahmemengen von 1 μg/kg und Tag,
7 Tage, 70 kg schwerer Mensch)

Der modellhafte Vergleich ergibt, daß die mittleren Aufnahmemengen knapp unter den duldbaren Mengen liegen. Eine Beeinträchtigung der menschlichen Gesundheit durch die polychlorierten Biphenyle in Lebensmitteln wäre demnach nicht zu befürchten. Es handelt sich aber um eine Betrachtung von mittleren Bereichen. Die Ausnahmen können erheblich von diesen Werten abweichen, insbesondere bei Fischen und bei einzelnen höher kontaminierten Lebensmitteln aufgrund unsauberer Verarbeitung und Lagerung in Behältnissen, die aus PCB-haltigem Material bestehen. Auch ein höherer Fettverzehr kann eine größere Aufnahme von PCB bedingen.

Die PCB-Gehalte der Frauenmilch bedürfen einer besonderen Erwähnung, da z.Z. eine Beurteilung dieser Stoffe für die Gesundheit des

Säuglings nicht sicher möglich ist. In der Frauenmilch wird eine mittlere PCB-Konzentration von 2 mg/kg Fett gemessen. Unter der Annahme, daß der Säugling täglich 850 ml Milch bzw. bei 3,5% Fettanteil 30 g Milchfett verzehrt, nimmt er täglich 60 µg PCB auf. Diese Menge entspricht bei einem Körpergewicht von 6 kg einer täglichen Dosis von 10 µg/kg. Man vermutet und hofft (ohne es beweisen zu können), daß diese Menge beim Säugling noch keine Wirkungen hervorruft. In Einzelfällen wurden höhere Konzentrationen als 2 mg/kg Fett gemessen, die nicht mehr als gesundheitlich unbedenklich eingestuft werden können.

Ähnliches gilt für die in der Frauenmilch vorkommenden polychlorierten Dibenzodioxine und Dibenzofurane. Zwar ist die gesundheitliche Bewertung dieser Verunreinigungen gegenwärtig schwierig, da die meisten der nachgewiesenen Verbindungen nur unzureichend toxikologisch untersucht worden sind, doch hilft man sich, indem man die Gefährlichkeit der einzelnen Verbindungen in Äquivalenten von 2,3,7,8-Tetrachlordibenzodioxin abschätzt. Berechnet man danach die Aufnahme von 2,3,7,8-TCDD-Äquivalenten durch einen 4 Monate lang gestillten Säugling, so kommt man auf Mengen, die über der Duldbaren Täglichen Aufnahmemenge für Erwachsene liegen.

Die verbreitet vorkommenden, nicht mehr unbedenklichen Konzentrationen von PCB und Dioxinen in der Frauenmilch führten zu der Empfehlung, daß Frauen, die ihre Kinder länger als 4 bis 6 Monate stillen wollen, ihre Milch untersuchen lassen, um Nutzen und Risiko des Stillens individuell abwägen zu können (»Umweltgutachten 87« des Rats der Sachverständigen für Umweltfragen).

Aus diesen Überlegungen wird erkennbar, daß alle Anstrengungen unternommen werden müssen, die Belastung der Umwelt und der Lebensmittel mit PCB zu vermindern. Die heutige Belastung erreicht bereits die Grenze des gesundheitlich Bedenklichen, vor allem wenn man den Charakter der Wirkungen berücksichtigt, die vom PCB ausgehen (vgl. 4.3.2.2).

Mykotoxine, polyzyklische aromatische Kohlenwasserstoffe und *Nitrosamine* sind krebserregend und entziehen sich daher der Festlegung eines toxikologisch begründeten Schwellenwertes gesundheitlicher Unbedenklichkeit.

Auf dem Verordnungswege können Konzentrationen festgesetzt werden, die in Lebensmitteln nicht überschritten werden dürfen. Damit wird das kanzerogene Risiko verringert, aber nicht ausgeschlossen. Die Aflatoxin-Verordnung schreibt für Getreide und Erdnüsse eine Höchstmenge für Aflatoxine von 10 µg/kg (5 µg Aflatoxin B1) vor.

Die zahlreichen übrigen unerwünschten Fremdstoffe in Lebensmitteln bedürfen wegen ihrer Bedeutungslosigkeit keiner besonderen Beurteilung. Eine Gesundheitsgefährdung ist nicht zu erkennen.

4.6 Maßnahmen für den Gesundheitsschutz

Unerwünschte und möglicherweise toxisch wirkende Stoffe können auf verschiedenen Stufen in die Nahrungskette eingeschleust werden. Das geschieht zum Zeitpunkt der Urproduktion im Boden über die Pflanze und das Tier bis zur küchenfertigen Zubereitung zum Verzehr. Zahlreiche Stoffe kumulieren auf diesem Wege, weil sie chemisch schwer abbaubar sind und sich in besonderen Strukturen der Nahrungskettenglieder ablagern können. Andererseits können Stoffe auch durch abiotische oder biotische Stoffwechselvorgänge wieder eliminiert werden oder in Strukturen der Lebensmittelausgangsstoffe abgelagert werden, die nicht dem menschlichen Verzehr dienen. Persistente, in der Nahrungskette kumulierende Stoffe haben nur dann eine gesundheitliche Bedeutung für den Konsumenten, wenn sie sich in den verzehrbaren Geweben von Pflanzen und Tieren befinden. Labile Stoffe, die nur vorübergehend anwesend sind, stellen höchstens ausnahmsweise eine Gefahr dar, wenn sie unter Mißachtung der Anwendungsvorschriften in hohen Mengen in die Lebensmittel oder deren Ausgangsprodukte verbracht werden (z.B. Alkylphosphate, Begasungsmittel).

Die Maßnahmen für den Gesundheitsschutz bestehen darin, das Einschleusen von persistenten Fremdstoffen in die Nahrungskette zu vermeiden. Zu den persistenten Fremdstoffen gehören unter qualitativen und quantitativen Gesichtspunkten heute einige *Schwermetalle* sowie einige *polychlorierte Biphenyle*, polychlorierte Dibenzodioxine und Dibenzofurane und andere Organochlorverbindungen, die als Pflanzenschutzmittel verwendet wurden. Die Lebensmittelproduktion muß unter hygienischen Gesichtspunkten erfolgen, wobei Hygiene nicht nur das Freisein von mikrobiologischen Gesundheitsgefahren, sondern auch das Freisein von unerwünschten Chemikalien bedeutet.

Die zunehmende Verflechtung von schadstoffemittierender Industrie und lebensmittelproduzierender Landwirtschaft in Industriestaaten und Entwicklungsländern führt zwangsläufig zu einer Beeinträchtigung der hygienischen Lebensmittelproduktion. Die Emissionen aus Industrie, Gewerbe, Haushalten, Kraftfahrzeugen etc. müssen vermindert und begrenzt werden. Der Einsatz von Chemikalien in der intensiv betriebenen Landwirtschaft bei der Produktion sowohl von pflanzlichen als auch von tierischen Lebensmitteln (Düngemittel, Pestizide Produktionshilfsstoffe) muß unter dem Gesichtspunkt der Nutzen-Risiko-Abwägung erfolgen und auf das unerläßliche Maß reduziert werden (vgl. Kap. 3).

Darüber hinaus muß vermieden werden, daß während der Verarbeitung in den Lebensmitteln neue Produkte entstehen. Hierzu gehören *Nitrosamine*, *polyzyklische aromatische Kohlenwasserstoffe* und einige *Mykotoxine*. Da es sich um Einzelvorgänge handelt, müssen die Bedingungen, unter denen die genannten Stoffe entstehen, berücksichtigt und vermieden werden (z. B. Beachtung von Temperatur und Luftfeuchte).

Zur Erzielung eines effizienten Gesundheitsschutzes sind zahlreiche rechtliche Maßnahmen eingeführt worden. Sie bewirken alle zusammen, daß die Ansammlung unerwünschter Fremdstoffe in Lebensmitteln reduziert wird.

Durch Minimierung bzw. Begrenzung der Emission von Chemikalien in die Umwelt wird verhindert, daß sich diese auch in Lebensmitteln wiederfinden. Auf diesem Gebiet bleibt noch viel zu tun, um den Eintrag der genannten Problemstoffe in Lebensmittel zu vermeiden.

Voraussetzung für eine umwelthygienisch einwandfreie Lebensmittelproduktion sind u.a.:
- sparsamer Umgang mit Energie;
- Umstellung von Einzelheizungen auf Fernwärme in Ballungsgebieten;
- optimierter Betrieb von Feuerungsanlagen;
- Rauchgasreinigung;
- Emissionsminderung bei industrieller und gewerblicher Produktion;
- gegebenenfalls Verzicht auf Produktionen, bei denen besonders toxische und persistente Stoffe unvermeidlich auftreten;
- Abgasreinigung bei Kraftfahrzeugen;
- Verminderung des Mülls bei Produktion und Konsum; Wiederverwertung, wo immer möglich;
- Inertisierung der Industrie- und Haushaltsabfälle; sicherer Abschluß von der Biosphäre;
- Begrenzung der Ausbringung von Düngemitteln, sowohl von Gülle wie von nitrathaltigem Handelsdünger;
- Herausnahme von kontaminierten Standorten aus der Lebensmittelproduktion.

Ohne Eingriffe in die gewohnten Produktions- und Konsumgewohnheiten kann der Verunreinigung von Lebensmitteln mit Schadstoffen aus der Umwelt nicht wirksam begegnet werden.

Höchstmengenverordnungen zur Begrenzung von Schadstoffen in Futter- und Lebensmitteln: Durch Höchstmengenverordnungen für Futtermittel werden bestimmte Stoffe in Futtermitteln so begrenzt, daß sie sich in den tierischen Geweben nach Verzehr durch die Nutztiere nur in unvermeidbaren Mengen ansammeln, die ihrerseits unter Berücksichtigung der Verzehrsmengen für den Konsumenten unbedenklich sind.

Die Höchstmengen-Verordnung für Lebensmittel tierischer und pflanzlicher Herkunft regelt aus der Gruppe der Verunreinigungen bisher nur die zulässige Menge von Quecksilber in Fischen und anderen Wasserbewohnern (Höchstmenge 0,5 und 1,0 mg/kg Frischsubstanz).

Das Bundesgesundheitsamt hat »Richtwerte« für Blei, Cadmium und Quecksilber vorgeschlagen (Tab. 4.10), die sich am Ist-Zustand des vorhandenen Datenmaterials orientieren (vgl. 4.3.1.1). Die Richtwerte bedeuten keine Grenze der gesundheitlichen Unbedenklichkeit; eine Überschreitung dieser Richtwerte läßt jedoch eine erhebliche Kontamination erkennen und soll für die Lebensmittelüberwachung Anlaß sein, nach

Tab. 4.10. »Richtwerte 86« des BGA für einige ausgewählte Lebensmittel (nach Bundesgesundheitsblatt 29, Nr. 1, Jan. 86)

Lebensmittel	Blei	Cadmium	Quecksilber
		(mg/kg Frischsubstanz)	
Getreide	0,4	0,1	0,03
Kartoffeln	0,25	0,1	0,02
Blattgemüse	0,8	0,1	0,05
Kernobst	0,5	0,05	0,03
Getränke	0,2	0,05	0,01
Trinkmilch	0,03	0,0025	0,01
Fleisch	0,25	0,1	0,03
Rinderleber	0,8	0,5	0,1
Kalbsleber	0,8	0,5	0,1
Schweineleber	0,8	0,5	0,1
Fisch	0,5	0,1	1
Hühnerei	0,25	0,05	0,03

den Quellen der Kontamination zu suchen. Der kurzfristige Verzehr eines solchen Lebensmittels mag noch keine gesundheitlichen Konsequenzen haben; die regelmäßige Aufnahme von Lebensmitteln, deren Schwermetallgehalte auch geringgradig unterhalb der Richtwerte liegen, kann aber gesundheitlich bedenklich sein.

Für Trinkwasser sind EG-einheitliche Standards festgesetzt worden, deren Einhaltung die Aufnahme einiger wichtiger Stoffe begrenzen soll (mg/l):

Arsen	0,04
Blei	0,04
Cadmium	0,005
Quecksilber	0,001
Fluorid	1,5
Nitrat	50
Nitrit	0,1
Polyzyklische arom. Kohlenwasserstoffe	0,0002
Pestizide insgesamt	0,0005

Bisher fehlt eine Höchstmengenverordnung für Verunreinigungen in Lebensmitteln, die umfassend die diskutierten persistenten Problemstoffe (Schwermetalle, Organohalogenverbindungen) in allen wichtigen Lebensmitteln begrenzt. Eine derartige Verordnung sollte zwei Ziele verfolgen:

- Sie sollte einerseits die Verbraucher vor übermäßig kontaminierten Lebensmitteln schützen. Dazu bedarf es eines Systems von Grenzwerten, bei deren Überschreitung ein Lebensmittel nicht mehr verkehrsfähig ist.
- Sie sollte andererseits Signalwirkung haben und aufzeigen, welche Regionen oder welche Lebensmittel besonders belastet sind, so daß entsprechende umweltpolitische Maßnahmen gezielt eingeleitet werden können.

Das Ziel aller Bemühungen muß sein, das Vorkommen dieser Stoffe in Lebensmitteln aus anthropogenen Quellen, soweit dies möglich ist, zu vermindern. Spitzenbelastungen müssen verhindert werden, die Grundbelastung muß stetig verringert werden. Die erlassenen Vorschriften müssen laufend der aktuellen Situation angepaßt werden, indem die jeweiligen Höchstmengen regelmäßig niedriger angesetzt werden. Diese Maßnahmen sind aber nur sinnvoll in Gemeinschaft mit anderen Ländern, aus denen die Bundesrepublik Deutschland Futtermittel- und Lebensmittel-Grundstoffe einführt.

Je früher die beschränkenden und reduzierenden Maßnahmen innerhalb der Nahrungskette vorgenommen werden, desto wirksamer sind sie. So hat sich beispielsweise herausgestellt, daß eine Begrenzung der Konzentrationen der α- und β-Isomere des Hexachlorcyclohexan in Futtermitteln für Milchvieh nach einem Jahr auch eine Abnahme dieser Stoffe im übernächsten Glied der Nahrungskette, der Frauenmilch, bewirkt. Eine Regelung auf der Ebene der Lebensmittel hätte nicht diesen Erfolg.

Ein Vermischen der Lebensmittel, die überhöhte Verunreinigungen an persistenten Stoffen enthalten, mit anderen, geringer belasteten Lebensmitteln stellt keine Beseitigung, sondern eine gleichmäßige Verteilung dar. Ein solches Vorgehen kann nur ausnahmsweise und nur bei nicht persistenten Stoffen in Frage kommen. Für persistente Stoffe ist die Konzentrationsminderung durch Vermischen keinesfalls akzeptabel. Die Gesamtbelastung der Verbraucher würde dadurch nicht vermindert.

5 Biogene Inhaltsstoffe von Lebensmitteln mit potentiell toxischer Bedeutung

Von D. Hötzel, Bonn, und H. Zucker, München

5.1 Definition und Abgrenzung

Unsere Nahrungsgrundlage bilden Tiere und Pflanzen. Auch Mikroorganismen werden zur Nahrungsgewinnung herangezogen oder bei der Herstellung von Lebensmitteln eingesetzt. Mit wenigen Ausnahmen entstammen die Lebensmittel der belebten Natur, doch sind diese Quellen unserer Nahrung nicht primär für die Ernährung von Menschen bestimmt. Den Bedürfnissen ihres eigenen Lebens entsprechend und zum Zwecke der Arterhaltung weisen Tiere und Pflanzen eine spezifische, charakteristische Zusammensetzung auf, die von den Ernährungsbedürfnissen des Menschen mehr oder weniger stark abweicht. Gemeinsam ist den verschiedenen Lebensmitteln eigentlich nur, daß sie regelmäßig, wenngleich in wechselnden Mengen, bestimmte Substanzen enthalten, die als Nährstoffe dienen können. Über die Nährstoffe hinaus besteht jedoch die Nahrung – soweit sie nicht stark verarbeitet und gereinigt wurde – aus vielen unterschiedlichen Stoffen, die zwar für das betreffende Lebewesen, jedoch nicht notwendigerweise für den Menschen nützlich sind.

Diese Stoffe mit vielgestaltiger chemischer Struktur haben im einzelnen Lebewesen unterschiedliche funktionelle Bedeutung. Sie können z.B. der Regulation in Pflanzen dienen (Phytohormone) oder der Kommunikation bei niederen Tieren (Pheromone). Es handelt sich weiterhin um Lockstoffe von Pflanzen und nicht zuletzt um Schutzstoffe gegen Feinde der verschiedensten Art.

Von Abwehrstoffen gegen Feinde machen Mikroorganismen bekanntlich vielfältigen Gebrauch. Im Tierreich sind es die niederen Tiere, die sich durch die Synthese und Speicherung nativer Toxine passiv oder aktiv gegen Feinde wehren, während bei Säugetieren derartige Stoffe nicht bekannt sind. Sehr ausgeprägt und vielseitig sind auch die Abwehrmechanismen von Pflanzen, die häufig auf biogenen Giftstoffen beruhen. Resistenz von Pflanzen gegenüber Schädlingen bedeutet im allgemeinen, daß Abwehrstoffe (vermehrt) produziert werden. Bei der Resistenzzüchtung landwirtschaftlicher Nutzpflanzen muß dementsprechend ausgeschlossen werden, daß in den Pflanzen potentiell toxische Substanzen vorhanden sind. Während manche Pflanzen derartige Abwehrstoffe (Fungizide, Insektizide etc.) ständig enthalten, wird bei anderen die Synthese durch Schädlingsbefall induziert.

Bei landwirtschaftlichen Nutztieren werden Toxine nicht endogen synthetisiert, wenn man von Hormonen und entsprechenden Wirkstoffen absieht, die für den Menschen nicht körperfremd sind und nur in geringen physiologischen Mengen vorkommen. Biogene, potentiell toxische Substanzen werden vielmehr in den Organismus von Nutztieren aus der Umgebung vor allem durch das Futter aufgenommen (giftige Weidepflanzen, Unkrautbeimengungen, Pilztoxine etc.).

Je weiter ein Organismus entwicklungsgeschichtlich vom Menschen entfernt ist, in desto größerem Umfang bedient er sich für die Erfüllung der verschiedensten Funktionen der Hilfe von Substanzen, die im Organismus des Menschen nicht vorkommen. Derartige Stoffe können eine Reaktion im Organismus des Menschen hervorrufen, wenn sie in Mengen aufgenommen werden, die ausreichen, um eine Wirkung auszulösen (vgl. 1.4.1). Diese kann bei genügend hoher Dosierung toxisch sein. In diesem Zusammenhang sei daran erinnert, daß die stärksten Gifte, d.h. diejenigen, die in der kleinsten Menge toxisch wirken, natürlichen Ursprungs sind. Die Giftigkeit von Botulinus-Toxin wird beispielsweise durch keinen anderen Stoff übertroffen. Die tödliche Dosis für einen erwachsenen Menschen wird bei intravenöser Applikation auf 3 ng geschätzt. Dabei haben die verschiedenen Komponenten des Giftes unterschiedliche Wirkung. rn Tab. 5.1 wird die tödliche Dosis einiger Gifte verschiedenen Ursprungs beispielhaft verglichen. – Wie auch diese Tabelle zeigt, ist es ein weitverbreiteter Irrtum, anzunehmen, daß natürliche Stoffe harmlos seien und solche künstlichen (synthetischen) Ursprungs die besonders riskante Stoffgruppe darstellen würden.

Tab. 5.1. Tödliche Dosis ausgewählter Substanzen bei der Maus (nach Reggiani, Arch. Toxicol. 40, 161, 1978)

Substanz	Herkunft	Tödliche Mindestdosis in µg/kg Maus
Botulinus-Toxin A	bakteriell	0,00003
Tetanus-Toxin	bakteriell	0,0001
Diphtherie-Toxin	bakteriell	0,3
TCDD (»Seveso-Gift«)	chemisch	1
Saxitoxin	Muscheln (Plankton)	9
Tetrodotoxin	Fische	8–20
Bufotoxin	Krötengift	390
Curare	pflanzlich	500
Strychnin	pflanzlich	500
Muscarin	Pilzgift	1100
Natriumcyanid	chemisch	10000

In den üblichen, hygienisch einwandfreien und lege artis erzeugten und verarbeiteten Lebensmitteln sind die Konzentrationen potentiell toxischer Substanzen meist so gering, daß Wirkungen nicht auftreten, jedenfalls dann nicht, wenn eine vielseitig zusammengestellte gemischte Kost verzehrt wird. Es zählt zum Erfahrungsschatz eines Volkes, bedenkliche Lebensmittel, nicht empfehlenswerte Methoden der Aufbewahrung und kritische Verfahren der Zubereitung zu kennen. Nicht zuletzt auf diesem Wege wurden tradierte Kostgewohnheiten etabliert. Das überlieferte Wissensgut geht jedoch zunehmend verloren, seitdem Nahrungserzeugung, Verarbeitung und Verzehr große räumliche und zeitliche Distanz aufweisen. Neue Risiken können dadurch entstehen, daß im Zuge einer Rückkehr zu naturbelassener Nahrung bewährte Produktionsverfahren und Methoden der Reinigung aufgegeben werden, wodurch z.B. wieder giftige Beimengungen wie Mutterkorn, auftreten können, oder daß auf Zubereitungsverfahren verzichtet wird, durch die beispielsweise thermolabile Toxine zerstört werden, und daß Lebensmittel wieder Eingang finden, die von unserem Speiseplan aufgrund negativer Erfahrungen verschwunden waren (z.B. Buchweizen). Schließlich werden exotische Lebensmittel eingeführt und favorisiert, über die häufig keine ausreichenden Erfahrungen vorliegen, da sie bei uns bisher nicht als Nahrung gedient haben. Gefährdungspotentiale treten weiterhin dann vermehrt auf, wenn die Ernährung einseitig wird. Darum sind Vergiftungen auch häufig in Notzeiten aufgetreten. Dabei spielen einseitige Kostformen, die Verwendung unüblicher Lebensmittel und schließlich auch der Genuß von überlagerten und verdorbenen Lebensmitteln eine wesentliche Rolle. Extreme Diätformen (Außenseiter-Diäten, aber auch Diäten für die Gewichtsreduktion) können ebenfalls zu einer erhöhten Belastung durch native toxische Inhaltsstoffe führen. Umgekehrt vermindert sich in der Regel das toxische Risiko bei einer vielseitig zusammengesetzten Kost, weil es durch eine Verdünnung toxischer Substanzen dazu kommt, daß die Mengen unterschritten werden, von denen an eine toxische Wirkung auftreten würde.

Die Ernährung hat viele Gesichter: Einerseits ist sie zur Aufrechterhaltung des Lebens und zur Gewährleistung von Gesundheit und Leistungsfähigkeit unerläßlich. Zum anderen wird der Organismus durch die Nahrungsaufnahme mit einer großen Menge körperfremder Verbindungen überschwemmt, die im Stoffwechsel unter Ausnutzung verschiedenster Schutzmechanismen zu körpergerechten Bestandteilen umgewandelt oder ausgeschieden werden. Die Anpassungskapazität des Organismus ist jedoch stoffspezifisch begrenzt, worauf bei der Ernährung nach Art und Menge geachtet werden muß. Bei bestimmten Prädispositionen, Funktionsausfällen und Erkrankungen kann das Anpassungsvermögen soweit reduziert sein, daß auch normale, d.h. sonst gut verträgliche Mengen üblicher Nahrungsbestandteile unerwünschte Wirkungen mit unterschiedlichem Schweregrad auslösen können. Beispiele dafür sind Allergien, enzymatische Polymorphismen oder Stoffwechselstörungen wie Gicht oder Diabetes mellitus.

Nachteilige Wirkungen, die von Lebensmitteln ausgehen können, werden als *Lebensmittel-Intoleranzen* bezeichnet. Dieses Kapitel konzentriert sich auf solche Stoffe in Lebensmitteln, die auch beim Gesunden regelmäßig ungünstige Wirkungen auslösen können. Unverträglichkeiten von Nahrungsmitteln, die durch individuelle Funktionsausfälle, Enzymdefekte oder -polymorphismen oder durch Stoffwechselkrankheiten bedingt sind, bleiben ebenso unberücksichtigt wie ernährungsbedingte Risikofaktoren. Entsprechend werden z.B. weder Purine (Gicht), Cholesterin und gesättigte Fettsäuren (Arteriosklerose), Natriumchlorid (Bluthochdruck) und weitere derartige Substanzen in den Kreis der Betrachtungen einbezogen, noch Genußmittel wie Coffein oder Alkohol noch ätherische Öle und Gewürze, Heilpflanzen und diverse Teearten. Die zuletzt genannten werden in der Regel verwendet, um erwünschte pharmakologische Wirkungen auszunutzen. Die Vielzahl von Substanzen, die bei der Be- und Verarbeitung von Lebensmitteln (z.B. Räucher- und Pökelwaren) und bei ihrer Lagerung entstehen können (Nitrosamine, Maillard-Produkte, Polymerisations-Produkte von Lipiden u.a.) werden nur kursorisch behandelt. Vielmehr stehen im Vordergrund solche Stoffe, die im Ausgangsmaterial des Lebensmittels durch Biosynthese entstanden sind. Die weitere Auswahl wurde davon geleitet, ob nach Art und Konzentration des Stoffes toxische Risiken bestehen, ob die Stoffe praktische Bedeutung haben, ob sie als Beispiele wichtig sind oder ob im Hinblick auf Verschiebungen der Verzehrsgewohnheiten bisher unbekannte bzw. seltene Lebensmittel und deren spezifische Inhaltsstoffe Bedeutung erlangen könnten.

5.2 Toxische Stoffe in pflanzlichen Lebensmitteln

5.2.1 Solanin

Dieser Pflanzeninhaltsstoff, der in verschiedenen Solanaceen in unterschiedlichen Gehalten vorkommt, zählt zu den Alkaloiden. Solanin besteht aus Solanidin und Solanose. Die Menge dieses Inhaltsstoffes ist von der Art, vom Reifungszustand und vom biologischen Alter der Pflanzen abhängig. Bei den Kartoffeln enthalten die oberirdischen Teile viel, die im Boden befindlichen Knollen deutlich weniger Solanin. Bei Tomaten verschwindet Solanin, das im grünen Zustand neben Tomatin reichlich vorhanden ist, mit zunehmender Reife (Rotfärbung). Genaue Angaben über die Gehalte in den verschiedenen Sorten und in Abhängigkeit vom Reifungszustand liegen nicht vor. Es läßt sich jedoch ableiten, daß der Verzehr von unreifen, grünlich gefärbten Tomaten, die neuerdings als

Sauergemüse eine gewisse Beliebtheit erlangen, nicht ratsam ist. Bisher ist auch nicht bekannt, wie hoch der Solaningehalt in anderen Solanaceen unter verschiedenen Bedingungen ist. Es ist anzunehmen, daß auch Auberginen (Eierfrucht), Baumtomaten und Gemüsepaprika Solanin enthalten.

Bei üblichen Verzehrsgewohnheiten haben Kartoffeln die größte Bedeutung. Für ihren Solaningehalt spielen neben den genannten Faktoren die Keimungsbereitschaft und Lichteinflüsse eine wesentliche Rolle. Unreife Kartoffeln und länger gelagerte, insbesondere gekeimte Kartoffeln weisen die höchsten Gehalte auf. Solanin ist vor allem in der Schale, in den Keimungsbezirken und in den Keimen enthalten. Solaninhaltige Bezirke sind durch grüne Verfärbung erkennbar und können vor dem Verzehr entfernt werden. Das Alkaloid ist hitzestabil, kann also durch Kochen und Braten nicht eliminiert werden. Es ist jedoch wasserlöslich, so daß eine Extraktion in das Kochwasser erfolgt, die durch Zusatz von Essig erhöht wird. Kochwasser und Preßsäfte von Kartoffeln sollten nicht verzehrt werden, da darin größere Mengen von Solanin enthalten sein können.

Die Symptome der Solaninvergiftung sind bei geringeren Mengen unspezifisch. Sie äußern sich in gastrointestinalen Beschwerden, Durchfällen, Erbrechen, Mattigkeit und Kopfschmerzen. Es besteht die Vermutung, daß wegen der unspezifischen Symptome leichte Solaninvergiftungen häufig nicht erkannt, sondern anderen Ursachen zugeschrieben werden. In schweren Fällen treten Benommenheit, Angstzustände, Schweißausbrüche und schließlich Krämpfe, Atemnot und komatöse Zustände auf. Bei kleinen Kindern wurde über Todesfälle berichtet. Die Angaben über die Solaninmenge, von der an nach oraler Aufnahme beim Menschen mit toxischen Wirkungen gerechnet werden muß, reichen von 25 mg bis zu 200 bis 400 mg. Nach anderen Quellen ist von 400 mg an mit letalem Ausgang der Vergiftung zu rechnen. Die Werte sind unsicher, da nach entsprechenden Vergiftungen zwar der Solaningehalt der verwendeten Kartoffeln bestimmt werden kann, sich die Gesamtaufnahme aber meist nicht rekonstruieren läßt. Sowohl die verzehrte Menge als auch die Extraktion bei der Zubereitung ist unsicher. Bei Einbeziehung eines Sicherheitsfaktors sollten verzehrfertige Kartoffeln nicht mehr als 2 bis 4 mg Solanin/100 g Frischsubstanz enthalten. Dabei ist ein Kartoffelverzehr von 300 g pro Tag unterstellt.

In verschiedenen Untersuchungen wurden Solaningehalte von 2 bis 13 mg/100 g Kartoffeln ermittelt. Von 343 Kartoffelproben verschiedener Sorten aus mehreren Anbaugebieten lag der Solaningehalt bei der Mehrzahl der Proben unterhalb von 10 mg/100 g Frischgewicht. Es wurden aber auch Gehalte von 40 mg und 100 mg gefunden. In eigenen Untersuchungen enthielten Kartoffeln 22,4 $\pm$ 4,7 mg/100 g (höchster Einzelwert: 34 mg). Veränderte Lagerungsbedingungen im Haushalt (Temperatur und Lichteinwirkung) können die Solaninbildung fördern. Es gelingt aber auch, durch entsprechende Vorbereitung (putzen und schälen) und Zubereitung (Salzkartoffeln mit viel Wasser garen, Kochwasser weggießen) hohe Solaningehalte zu reduzieren. Im Regelfall ist mit kritischen Solaningehalten in verzehrfertig zubereiteten Kartoffeln nicht zu rechnen.

Bei der gewerblichen bzw. industriellen Verarbeitung von Lebensmitteln können entsprechende Maßnahmen ergriffen werden, um den Solaningehalt im Endprodukt niedrig zu halten. Derartige Möglichkeiten sind gegeben durch Kontrolle der Anbau- und Erntebedingungen, Abschirmung vor kritischen Lichteinflüssen, geeignete Lagerungstemperaturen, entsprechende Verarbeitung und schließlich durch analytische Kontrolle.

Durch native Fungizide bedingt sind Kartoffeln gut lagerfähig. Bei Überlagerung kann es jedoch zum Befall durch Schimmelpilze kommen, durch die mehr Solanin und Derivate des Solanin gebildet werden (z.B. Phytuberin). Im Tierversuch wurden mit gefriergetrocknetem Konzentrat derartiger Kartoffeln Mißbildungen bei Feten hervorgerufen, ohne daß bisher geklärt werden konnte, auf welche Substanzen die Teratogenität zurückzuführen ist. Jahreszeitlich bedingte Häufungen entsprechender Mißbildungen bei bestimmten Populationen wurden mit dem Verzehr überlagerter und verschimmelter Kartoffeln in Beziehung gebracht, doch blieb dieser Zusammenhang nicht unwidersprochen.

5.2.2 Oxalat

Oxalsäure und ihre Salze zählen zu den biogenen Substanzen, die regelmäßig in bestimmten Gemüsearten und in einigen selten verwendeten Lebensmitteln vorkommen. Die Aufnahme von Oxalsäure führt auf verschiedenen Ebenen zu unerwünschten Wirkungen.

Freie Oxalsäure bildet mit Calcium ein unlösliches Salz, das aus dem Magen-Darm-Trakt nicht resorbiert wird. Dadurch wird Nahrungscalcium der Resorption entzogen; u.U. wird auch vermehrt körpereigenes Calcium mit den Faeces ausgeschieden. Da Calcium zu den kritischen Nährstoffen gehört, bei denen die Versorgung oft suboptimal ist, kann die Störung des Calciumstoffwechsels durch Oxalsäure praktische Bedeutung haben.

Ein zweiter Risikobereich liegt in der Lithogenese, d.h. der Bildung von Harnsteinen. Die Prävalenz von Harnsteinleiden liegt in der Bundesrepublik z.Z. bei etwa 3%. Der überwiegende Teil der Harnsteine sind Oxalatsteine. Bei entsprechender Prädisposition und insbesondere in der Rezidivprophylaxe, d.h. wenn es darum geht, das Wiederauftreten von Oxalsteinen zu verhindern, ist man bestrebt, die alimentäre Aufnahme von Oxalat so gering wie möglich zu halten, damit das Substrat für die Harnsteinbildung keinesfalls kritische Konzentrationen im Harn erreicht. Dabei muß sich das Augenmerk auf freie Oxalsäure richten.

Oxalat wird auch im Organismus gebildet und als Stoffwechselendprodukt ebenfalls mit dem Harn ausgeschieden. Das Bestreben der Diätetik zielt bei der Rezidivprophylaxe von Oxalatsteinen darauf ab, sowohl die endogene Synthese zu vermindern als auch die Aufnahme von Nahrungsoxalat zu reduzieren, damit wenig Oxalat ausgeschieden wird und die Konzentration in dem Ausscheidungsorgan Niere und in den ableitenden Harnwegen niedrig bleibt.

Da die endogene Synthese von Oxalat nur wenig beeinflußt werden kann, richtet sich die Zielrichtung der Diätetik – neben anderen Maßnahmen – auf exogenes Oxalat. Besonders hohe Oxalatgehalte haben einige beliebte Gemüsearten wie Spinat, Rote Bete, Rhabarber oder Mangold. Bei der Be- und Verarbeitung im gewerblichen und industriellen Bereich ist es in gewissem Umfang möglich, unerwünscht hohe Oxalatgehalte abzusenken (gezielte Extraktion z.B. beim Blanchieren u.a.).

Bei hoher Belastung mit Oxalat treten Kristalle in den Harnkanälchen und sogar intrazellulär in den Zellen der Niere auf. Bei sehr hoher Konzentration von Oxalsäure im Blut kann es durch Wegfangen von Calcium zu einem Absinken der Konzentration von Ca^{2+} im Blut kommen, als dessen Folge u.a. Gerinnungsstörungen auftreten können. Glyoxylsäure wird im Organismus zu Oxalsäure oxydiert und kann bei Aufnahme größerer Mengen ebenfalls zu Schädigungen der Niere führen. Glyoxylsäure ist in unreifen Stachelbeeren in größeren Mengen enthalten. Mit fortschreitendem Reifezustand sinkt der Gehalt.

Oxalat kann möglicherweise auch direkte toxische Wirkungen haben. Es bewirkt in hohen Dosen Erbrechen, Kreislaufstörungen, Leberschäden und Hämaturie. Bei den berichteten Vergiftungen ist allerdings nicht sicher, ob die Wirkung tatsächlich dem Oxalat oder ganz oder teilweise auch anderen Inhaltsstoffen der betreffenden Pflanzen zuzuschreiben ist. In diesem Zusammenhang werden Anthrachinone angeführt, die als solche oder in reduzierter Form neben Oxalat z.B. in Rhabarber vorkommen.

5.2.3 Biogene Amine

Es handelt sich hierbei um eine Gruppe von Substanzen, die durch ihre Entstehung (biogen), durch ihre chemische Struktur (Amine) und durch ihre Wirkung charakterisiert sind. Die biogenen Amine im engeren Sinne entstehen aus Aminosäuren durch Decarboxylierung im tierischen und pflanzlichen Stoffwechsel. Sie kommen in einigen Lebensmitteln pflanzlichen Ursprungs (Obst und Gemüse) teilweise in höheren Konzentrationen, in Lebensmitteln tierischen Ursprungs primär nur in geringer Menge vor. Da Mikroorganismen über das entsprechende Enzymsystem verfügen, entstehen biogene Amine auch sekundär in Lebensmitteln durch mikrobielle Vorgänge bei der Lagerung, beim Verderb von Lebensmitteln und bei fermentativen Verarbeitungsverfahren (z.B. alkoholische Gärung und Reifung von Käse). Auch die Mikroorganismen des Verdauungskanals synthetisieren biogene Amine.

In Tab. 5.2 sind Beispiele für Gehalte biogener Amine in verschiedenen Lebensmitteln verzeichnet (Biogene Amine in Fischen werden an anderer Stelle besprochen; vgl. 5.3.3). Es handelt sich um Ergebnisse orientierender Untersuchungen, nicht um statistisch verwertbare Daten aus geplanten Stichproben. Die Schwankungen sind in Abhängigkeit von Sorte und Reifezustand teilweise sehr hoch. Bei Pflanzen bestehen auch Unterschiede zwischen einzelnen Teilen der Frucht. Bei Gärungsprodukten treten ebenfalls wesentliche Unterschiede auf. Bei Käse nimmt die Menge von biogenen Aminen mit Reifezustand und Lagerdauer zu.

Biogene Amine werden im Organismus gebildet und erfüllen vielfältige Funktionen als Hormone, als Überträgerstoffe zwischen Nervenzellen oder zwischen Nerven und deren Erfolgsorgan oder bei der Regelung von Blutdruck, Stoffwechselvorgängen u.a. Exogen zugeführte biogene Amine können daher im Organismus ausgeprägte pharmakologische bzw. physiologische Wirkungen entfalten. Allerdings werden mit der Nahrung zugeführte ebenso wie enteral-mikrobiell entstandene biogene Amine zwar resorbiert, aber bereits in der Darmwand und nachfolgend in der Leber enzymatisch abgebaut und somit weitgehend und relativ schnell entgiftet. Gerade weil biogene Amine im menschlichen Organismus nicht nur gebildet werden und vorkommen, sondern Funktionen haben, zu deren Erfüllung sie räumlich und zeitlich verschieden auftreten und verschwinden müssen, gibt es auch verbreitete und kapazitätsstarke Enzymsysteme zu ihrem Abbau. Wirkungen exogener Amine treten somit nur auf, wenn ihre Aufnahme aus dem Magen-Darm-Trakt schneller erfolgt als der enzymatische Abbau und die Schwelle erreicht wird, von der an eine Wirkung ausgelöst wird. Bei hohem enteralem Angebot oder bei Leberfunktionsstörungen können allgemeine neurophysiologische Störungen, insbesondere unerwünschte Kreislaufwirkungen auftreten. Bei toxikologischen Überlegungen ist zu beachten, daß die verschiedenen biogenen Amine im Organismus um das abbauende Enzymsystem konkurrieren. Es gibt beispielsweise auch Arzneimittel, die Aminoxydasen hemmen. Unter ihrer Wirkung können exogene biogene Amine im Organismus Konzentrationen erreichen, die Wirkungen hervorrufen, z.B. schwere Blutdruckkrisen.

Bei parenteraler Applikation wirken einige biogene Amine, insbesondere Histamin, stark toxisch: Bereits Milligrammdosen von Histamin rufen parenteral Blutdruckabfall bis zum Schock und Atemnot hervor, die zu tödlichen Zwischenfällen führen können (vergleiche dazu massive Histaminfreisetzung beim anaphylaktischen Schock, allergische Reaktionen, Wirkung von Bienengift). Der Verzögerung der Resorption bei alimentärer Aufnahme und dem Abbau in der Mucosazelle kommt demnach große praktische Bedeutung zu.

Tab. 5.2. Gehalt verschiedener biogener Amine in Lebensmitteln (Angaben in mg/100 g bzw. 100 ml)

Aminosäure als Vorläufer	Histidin	Lysin	Ornithin	Tryptophan	Tryptophan	Tyrosin
Biogenes Amin	Histamin	Cadaverin	Putrescin	Serotonin	Tryptamin	Tyramin
Obst						
Banane				7,7	0	0,7
Orange				0	0,1	1,0
Pflaume				0–1,0	0–0,5	0–0,6
Traube	0,006	0,07	0,11	0	0	0
Fruchtsäfte	Traube: Spuren	Traube: 0,009	Traube: 0,03–0,12	Ananas: 3,0		
Gemüse						
Kartoffel				0	0	0,1
Tomate	2,0			1,2	0,4	0,4
Spinat				0	0	0,1
Sauerkraut	6,95					2,0
Käse						
Camembert	0,26	2,4 (1,2–3,7)	1,5 (0,7–3,3)			2,0–200,0
Brie						0–26,0
Emmentaler	4,1 (0,4–250,0)	0,5	0,4 (0,01–15,0)		0	8,4 (0,5–28,0)
Cheddar	3,4	2,0–36,0	1,0–70,0		0–0,2	35,0 (5,7–112,0)
Wein						
Chianti						2,5
Weißwein	0,03–0,5	0,14	0,12			0–0,3
Rotwein	0–1,5	0,04	0,76			0–2,0
Fleisch/Wurst						
Fleisch	0,25–2,0	Schwein: 0,12–0,16	Rind: 0,34–0,38		Rind: 0,24–0,34 Schwein: 0,3–0,4	
Salami	0,13–0,5					

Aus alkoholischer Lösung (Wein) werden biogene Amine, speziell Histamin, deutlich schlechter als bei Abwesenheit von Alkohol vertragen. Beeinträchtigungen des Kreislaufes durch bestimmte Weine, die meist schnell wieder abklingen, soweit nicht Aminoxidase-Hemmer medikamentös verabreicht wurden, sind beschrieben.

Bei üblicher Ernährung sind beim Gesunden Wirkungen exogener biogener Amine offensichtlich nicht zu erwarten. Beim Verzehr einseitiger Kostformen und bei dem schon erwähnten Genuß bestimmter Weine können jedoch Auswirkungen auftreten. Es wird z.B. eine Beziehung zwischen einer bestimmten Erkrankung von Herzmuskelfasern (Endomyokardfibrose) in bestimmten Gebieten Afrikas und der chronisch hohen Aufnahme von Serotonin vermutet. Grüne Kochbananen enthalten sehr hohe Mengen von Serotonin. Sie stellen gebietsweise das Hauptnahrungsmittel dar. Sehr hohe Gehalte weist auch der Pisang auf, der neben Serotonin weiterhin Noradrenalin und Dopamin enthält. Pisang wird beispielsweise in Westnigeria in größerem Umfang verzehrt.

Beim bakteriellen Verderb von Lebensmitteln können, insbesondere bei Fischen, große Mengen von Histamin entstehen. Anhand der Symptome wird angenommen, daß bei einem wesentlichen Teil von Lebensmittelvergiftungen die hohe Aufnahme von Histamin ursächlich beteiligt war. Über Todesfälle durch Nahrungs-Histamin wurde bisher nicht berichtet. Unter üblichen Bedingungen vertragen Menschen 200 bis 500 mg Histamin mit der Nahrung ohne nennenswerte Beeinflussung von Puls und Blutdruck. Andere Autoren berichten, daß nach Aufnahme von 10 bis 40 mg eine vorübergehende, geringfügige Gefäßerweiterung und eine leichte Erhöhung des Tränenflusses und der Speichelproduktion auftreten.

5.2.4 Phenole

Chlorogensäuren und andere Derivate der Hydroxyzimtsäure: Die wichtigsten Vertreter dieser Stoffklasse sind Chlorogensäure, Kaffeesäure, Ferulasäure und andere Derivate von Hydroxyzimtsäure und Chinasäuren. *Chlorogensäure* kommt zusammen mit ihren Isomeren in Kaffeebohnen und in Gemüse, Kartoffeln und Obst vor. Heidelbeeren, Äpfel, Birnen und Trauben enthalten zwischen 100 und 200 mg/100 g Frischgewicht. In Kaffeebohnen sind nahezu 3 g Chlorogensäure enthalten, die beim Rösten zum Teil in Isomere umgewandelt werden.

Chlorogensäure hat eine zentral erregende Wirkung, durch die die Koffeinwirkung verstärkt werden kann. Im Tierversuch bewirkt Chlorogensäure eine Steigerung der Darmmotorik und eine Vermehrung der Galleausscheidung. Am Uterus kommt es zu einer Tonussteigerung, die auch durch Kaffeesäure und Chinasäure bewirkt wird. Beim Menschen fördern Chlorogensäure und Kaffeesäure die Sekretion von Salzsäure im Magen. Sie vermindern außerdem die Pulsfrequenz. Eine galletreibende Wirkung haben neben Chlorogensäure auch die einfachen *Hydroxyzimtsäure-Derivate* wie Kaffeesäure, Ferulasäure und Hydroxybenzoesäure und *Cynarin*, das in Artischocken vorkommt und aus Chinasäure und Kaffeesäure zusammengesetzt ist.

Einige Pflanzenphenole zerstören Thiamin, andere haben »Antithiamin-Wirkungen«. Hierher gehören Kaffeesäure, Chlorogensäure und Catechin. In vitro werden bei höheren Konzentrationen bestimmte Dehydrogenasen gehemmt.

Flavonoide sind in der Natur weitverbreitet. Die vier Hauptgruppen, Flavone, Flavonole, Flavanone und Flavanole unterscheiden sich durch entsprechende Gruppen am C3-Atom des Ringsystems, doch haben sie eine Reihe von Wirkungen gemeinsam, die z.T. therapeutisch genutzt werden, toxikologisch bei Lebensmitteln jedoch keine Rolle spielen. Isoflavone wirken *östrogen*. Isoflavone vom Typ des Genistein kommen in Sojabohnen und verschiedenen Kleearten vor. In Sojabohnen wird auch ein östrogenwirksames Cumarinderivat gefunden. Weitere pflanzliche Östrogene, die meist zur Gruppe der Isoflavone gehören, wurden in Karotten, Getreidearten, Kartoffeln und Obst ebenso wie in Ölen pflanzlichen Ursprungs nachgewiesen.

Bei normalen Ernährungsbedingungen ist nicht damit zu rechnen, daß Östrogene pflanzlichen Ursprungs physiologische Wirkungen entfalten können, da ihre Konzentration sehr gering ist und ihre Bindungskonstante zu den entsprechenden Rezeptoren deutlich geringer ist als für Östrogene tierischer Herkunft. In Sonderfällen ist es jedoch zu Störungen des Sexualzyklus bei Frauen gekommen.

Die *Tannine* zählen ebenfalls zu den phenolischen Substanzen, die in Pflanzen vorkommen. Die Nomenklatur dieser Stoffklasse wird sehr uneinheitlich gehandhabt. Neuerdings unterscheidet man zwischen den kondensierten und den hydrolisierbaren Tanninen, aus denen neben einem Zucker Gallussäure oder Elagsäure entstehen.

Bei Injektionen wirken Tannine im Tierversuch hepatotoxisch. Vielfachinjektionen führten auch zu Tumorbildung. Bei Menschen traten Todesfälle nach tanninhaltigen Klysmen auf. Im Tierversuch verursachen Tannine eine Verminderung der Futteraufnahme, eine reduzierte Ausnutzung, insbesondere bei den Proteinen, und Wachstumsdepressionen. Kondensierte Tannine aus Johannisbrot sind Hemmstoffe der Pankreasenzyme. Die Resorption von Vitamin B_{12} wird durch Gallussäure vermindert. Tannine aus Tee interferieren mit der Verwertung von Thiamin. Nach dem gegenwärtigen Wissensstand kommt Tanninen in Lebensmitteln bei üblichen Ernährungsgewohnheiten keine toxikologische Bedeutung zu.

5.2.5 Blausäurehaltige Glucoside

Die Glucoside Amygdalin, Dhurrin, Phaseolunatin und Sambunigrin kommen in bitteren Mandeln und in den Kernen von Steinobst, in

Zuckerhirse und anderen Gräsern, in Cassava, Bohnen und Leinsamen und in Holunder vor, weiterhin in Yamswurzel, Süßkartoffeln, Bambus, Zuckerrohr und Leinsamen. Hohe Gehalte an blausäurehaltigen Glucosiden weisen bittere Mandeln, bestimmte Sorten von Cassava, Zuckerhirse, Bambus und bestimmte Bohnenarten auf (Mondbohne, Limabohne und Varietäten). Auf Blausäure berechnet bewegen sich die Gehalte in 100 g Lebensmittel bei 100–300 mg. Bei Cassava ist die Rinde besonders reich an dem Glucosid und wird daher häufig vor der Bearbeitung des Lebensmittels durch Schälen entfernt. Bei Bambus enthalten die unreifen Sprosse besonders hohe Glucosidmengen. Die meisten dieser Lebensmittel haben bei europäischen Kostgewohnheiten keine größere Bedeutung. In bestimmten tropischen Ländern stellen jedoch Lebensmittel, die blausäurehaltige Glucoside enthalten, eine wesentliche Grundlage der Ernährung dar. Vergiftungen – auch mit letalem Ausgang – sind durch Bambussprossen häufiger aufgetreten, und auch bei den anderen genannten Lebensmitteln werden immer wieder schwere Vergiftungen berichtet. Bei kleinen Kindern können bereits 5 bis 10 bittere Mandeln zu tödlichen Vergiftungen führen. Offensichtlich fehlt kleinen Kindern der Selbstschutz, der durch den bitteren Geschmack bei Erwachsenen üblicherweise gewährleistet ist.

Das toxische Prinzip ist Blausäure, die bei der Spaltung des Glucosids freigesetzt wird. Das unveränderte Glucosid ist nicht giftig. Durch Verdauungsenzyme des Menschen können die Glucoside nicht aufgespalten werden. Bestimmte Darmbakterien verfügen jedoch über die entsprechende Betaglucosidase, so daß in den terminalen Abschnitten des Magen-Darm-Traktes eine Freisetzung der Blausäure erfolgen kann.

Pflanzen verfügen über Glucosidasen, die jedoch in anderen Kompartimenten, getrennt von den Glucosiden, vorkommen. Bei einer Beschädigung der Pflanzenzellen werden die Glucoside gespalten und Blausäure freigesetzt. Davon wird bei landesüblichen Zubereitungsmethoden Gebrauch gemacht: Die entsprechenden Lebensmittel werden zerkleinert und zerquetscht und meist in Wasser eingeweicht. Durch Kochen und Weggießen des Wassers kann der größere Teil der Blausäure entfernt werden. Bei zu früh einsetzender Hitzebehandlung wird die Glucosidase zerstört, so daß ungespaltene Glucoside zurückbleiben können.

Die tolerierbare Menge an Blausäure weist große Unterschiede zwischen 1 und 30 mg/kg Körpergewicht auf. Einen Einfluß haben das Lebensalter, die Geschwindigkeit der Freisetzung aus dem Glucosid, die Begleitnahrung und die Inaktivierung der pflanzeneigenen Glucosidase im Gastrointestinaltrakt.

Neben akuten Vergiftungsfällen hat auch die chronische Toxizität Bedeutung. Entsprechende Gefahren treten auf, wenn die betreffenden Lebensmittel regelmäßig in größeren Mengen verzehrt und nicht durch entsprechende Vorbehandlung der Gehalt an Glucosid bzw. an Blausäure wesentlich vermindert wird. Als chronische Folge der Belastung mit blausäurehaltigen Glucosiden werden neurologische Störungen wie sensorische Ataxie, spastische Muskelschwäche und sensible Störungen beobachtet. Bei Patienten aus Gebieten, in denen blausäurehaltige Glucoside regelmäßig mit der Nahrung aufgenommen werden, kann man hohe Blutspiegel an Thiocyanat nachweisen. Thiocyanat gehört zu den Endprodukten der Entgiftung von Blausäure, wird allerdings auch als solches mit der Nahrung aufgenommen.

In *Holunderbeeren* kommt Sambunigrin vor. Der Gehalt wird durch Hitzebehandlung deutlich vermindert. Neben dem blausäurehaltigen Glucosid enthalten Holunderbeeren noch ein toxisches, terpenhaltiges ätherisches Öl und bestimmte Gerbstoffe. Gekochte Beeren sind weniger giftig als rohe Beeren oder Rohsäfte. Vor der neuen Modetorheit, Holunderbeeren im natürlichen Zustand vermehrt zu verzehren, muß gewarnt werden. Bei Aufnahme größerer Mengen kommt es zu Magenschmerzen und Erbrechen.

Auch Erbsen und Gemüsebohnen, die bei uns verzehrt werden, enthalten geringe Mengen von Blausäure (etwa 2 mg/100 g), die durch übliche Verfahren der Zubereitung weiterhin vermindert werden. Die Warnung vor dem Verzehr von rohen Bohnen wird jedoch weniger wegen der blausäurehaltigen Glucoside, sondern wegen anderer toxischer Inhaltsstoffe ausgesprochen (vgl. 5.2.6).

5.2.6 Lectine

Leguminosen enthalten insbesondere in den Samen häufig Proteine mit hämagglutinierender Wirkung. Entsprechende Nahrungspflanzen sind Sojabohnen, die verschiedenen Varianten von grünen Bohnen und Feuerbohnen. Das hochwirksame Hämagglutinin aus der Rizinusbohne hat in der Ernährung keine Bedeutung.

Die Hämagglutinine aus Leguminosen werden als Phytohämagglutinine oder neuerdings als Lectine bezeichnet. Die Agglutinine haben zum Teil Blutgruppenspezifität, zum Teil wirken sie aber auch agglutinierend auf alle menschlichen Erythrozyten. Die verschiedenen Agglutinine kommen in den einzelnen Pflanzen häufig nebeneinander vor.

Bei den Lectinen handelt es sich um Eiweißkörper, die meist einen Zucker, bei einigen Agglutininen auch ein Lipid enthalten. Die Zuckergruppen der Lectine sind offensichtlich für die Bindung an Rezeptoren verantwortlich, wobei eine hohe Affinität zu Erythrozyten und zu den Epithelzellen des Darmkanals besteht.

Die verschiedenen Lectine haben ähnliche Wirkungen. Im Vordergrund steht eine starke Entzündung der Darmschleimhaut mit Schädigung des Epithels, Auftreten von Ödemen und Blutungen in lymphatischen Geweben. Weiterhin werden Degenerationen der Leber und Nekrosen beobachtet, sowie degenerative Veränderungen am Myokard und Thrombosen in verschiedenen Organen.

Als Proteine zählen die Lectine zu den empfindlicheren Substanzen, die durch hydrolytische Verfahren und durch Hitzebehandlung meist schnell inaktiviert werden. Gesundheitliche Risiken beim Verzehr werden dementsprechend durch die üblichen Verfahren der Zubereitung ausgeschlossen. Die letzte in Zentraleuropa bekanntgewordene epidemieartige Erkrankungswelle trat während der Blockade in Berlin auf, als durch Brennstoffmangel bedingt amerikanische Trockenbohnen von der Bevölkerung halbgar oder ungekocht verzehrt wurden. Es ist zu hoffen, daß die Empfehlungen zu ungehemmtem Rohkostverzehr nicht wiederum derartige Erkrankungswellen auslösen. Eine Risikogruppe stellen Kinder dar, die grüne Bohnen roh verzehren. Meist bleibt es bei leichteren gastrointestinalen Beschwerden, die als »Magenverstimmung« nicht weiter beachtet werden.

5.2.7 Toxische Stoffe in Wicken; Lathyrismus

Die Samen von *Lathyrus*-Arten (Wicken) und einige andere Leguminosen lösen bei Menschen, landwirtschaftlichen Nutztieren und im Tierexperiment Störungen der Gesundheit aus, die als Lathyrismus bezeichnet werden. Es handelt sich dabei um eine Erkrankung, die sich an verschiedenen Organen bzw. durch unterschiedliche Funktionsausfälle zu erkennen gibt. Bei den Verlaufsformen unterscheidet man einmal den Neurolathyrismus, zum anderen den Osteolathyrismus, der Veränderungen an der Gefäßwand einschließt. Während der Osteolathyrismus bisher nur bei Tieren beobachtet wurde, tritt die neurologische Erkrankungsform auch bei Menschen häufiger auf. Letztere äußert sich in spastischen Lähmungen der unteren Extremitäten, in Lähmung von Blase und Mastdarm und zentralnervösen Störungen. Das Rückenmark degeneriert und sklerosiert.

Der Neurolathyrismus wird bei erhöhtem Verzehr bestimmter Lathyrusarten hervorgerufen. Bedeutung haben Kichererbsen, Platterbsen und spanische Wicken. Die Erkrankung tritt auf, wenn mindestens ein Drittel der Nahrung aus entsprechenden Lathyrusarten besteht. Somit kommt es in Notzeiten oder bei Nahrungsverknappung vor der Ernte epidemieartig und bei sehr armen Bevölkerungsgruppen endemisch zu Neurolathyrismus.

Entsprechende Länder sind hauptsächlich Indien (obwohl Anbauverbote ausgesprochen wurden) und weiterhin bestimmte Regionen in Spanien und gelegentlich auch in Süditalien und Südfrankreich. Die Wicken sind als Lebensmittel in Indien deshalb von Bedeutung, weil sie auch in Trockengebieten und auf kargen Böden wachsen und andererseits mit 25 bis 30 % einen hohen Proteingehalt, wenngleich von geringer Wertigkeit, aufweisen. Aufgrund des hohen Lysingehaltes stellen sie eine Ergänzung von Getreideproteinen dar.

Auch Bohnen (*Vicia*-Varietäten) können die Toxine enthalten. In den genannten Gebieten tritt die Erkrankung auch bei landwirtschaftlichen Nutztieren auf. Bei den Menschen erkranken Männer häufiger als Frauen, jüngere Erwachsene häufiger als andere Altersgruppen.

Es werden zahlreiche Substanzen aus den verschiedenen Wicken- und Bohnenarten isoliert, die für die Erkrankung verantwortlich gemacht werden. Oxalyldiaminopropionsäure und Oxalyldiaminobuttersäure stehen neben Derivaten des Cyanalanin im Vordergrund des Interesses. Die 16 verschiedenen *Vicia*- und 20 *Lathyrus*-Arten zeigen eine gewisse Variabilität nach Art und Konzentration der verschiedenen Toxine. Durch Erhitzen der Samen in viel Wasser und durch längeres Rösten können die Toxine in wesentlichem Umfang eliminiert werden. Davon wird praktischer Gebrauch gemacht.

5.2.8 Vicia faba und Enzymdefekt; Favismus

Der Favismus gehört strenggenommen nicht zu den Vergiftungen durch potentiell toxische biogene Stoffe, die hier behandelt werden, da die Inhaltsstoffe von *Vicia faba* nur dann eine Vergiftung auslösen, wenn ein Enzymdefekt vorliegt. Wegen der weiten Verbreitung sowohl der zugrunde liegenden genetischen Defekte als auch im Hinblick auf den ausgedehnten Verzehr von Faba-Bohnen erfolgt dennoch eine kurze Besprechung.

Die Erkrankung tritt in mediterranen Ländern, Israel, Sardinien, Zypern, Griechenland, Ägypten, aber auch in Teilen Afrikas, im Irak und Iran, in Bulgarien und auch in China auf. Amerikanische Neger sind ebenfalls betroffen, während die weiße Bevölkerung in Nordamerika und in den mittel- und nordeuropäischen Ländern nur sehr selten erkrankt.

Es handelt sich beim Favismus um eine Erkrankung, die auf einem genetischen Defekt beruht und bei Verzehr von *Vicia faba* (Saubohnen) auftritt. Ursächlich ist ein Mangel von Glucose-6-phosphat-Dehydrogenase in Erythrozyten, wobei meist nur noch eine sehr geringe Restaktivität vorliegt. Es wird geschätzt, daß dieser Stoffwechseldefekt weltweit bei etwa 100 Millionen Menschen auftritt, woraus sich die große praktische Bedeutung der Erkrankung ergibt.

Der Mangel an Glucose-6-phosphat-Dehydrogenase verursacht beim Gebrauch bestimmter Arzneimittel schwere Nebenwirkungen. Die toxisch wirkenden Inhaltsstoffe von *Vicia faba* sind zwei Glucoside, nämlich Vicin und Convicin, die durch glucosidische Spaltung in Divicin und in Isouramil übergehen. Die Bildung dieser Aglucone erfolgt teilweise schon in den Bohnen, zum anderen Teil unter dem Einfluß von mikrobiellen Glucosidasen. Es wurde gezeigt, daß die beiden Verbindungen Glutathion in wesentlichem Umfang oxidieren. Durch den hereditären Mangel an Glucose-6-phosphat-Dehydrogenase kann die Disulfid-

Form des Glutathion nicht in ausreichendem Umfang reduziert werden. Die Störung dieses Systems bewirkt Labilität der Zellmembranen, die schließlich zur Hämolyse führt. In Saubohnen kommt weiterhin L-Dopa und dessen Vorläufer Dihydroxyphenylamin vor. Möglicherweise wird der hämolytische Effekt der Glucoside durch L-Dopa verstärkt. Die hämolytischen Erscheinungen weisen eine große individuelle Variabilität auf. In schweren Fällen kommt es zur Hämoglobinurie. Bei Kindern ist die Erkrankung weiter verbreitet als bei Erwachsenen, und es treten bei ihnen auch schwerere Verlaufsformen auf. Aus Ägypten wird berichtet, daß in 50% der Fälle Kinder im ersten Lebensjahr erkranken.

Der Gehalt an Vicin und an Convicin weist bei den verschiedenen Varietäten der Bohnen größere Unterschiede auf, wobei auch die Wachstumsbedingungen und der Reifegrad Einfluß haben. In Kanada wurden Gehalte bis zu knapp 2% (bezogen auf Trockensubstanz) nachgewiesen. Bei Herkünften aus Italien bewegen sich die Gehaltsangaben zwischen 0,3 bis 0,6%, in ägyptischen Erzeugnissen wurden 0,3 bis 0,7% gemessen. Der Gehalt sinkt mit zunehmender Reife der Bohnen deutlich ab. Die Glucoside sind sehr stabil, vor allem auch gegenüber einer Hitzebehandlung. Hämolytische Effekte lösen sie nicht aus. Die wirksamen Aglucone sind gegenüber Sauerstoff instabil.

5.2.9 Proteaseninhibitoren

In vielen pflanzlichen und tierischen Geweben kommen Proteaseninhibitoren vor. Auch Sekrete, z.B. Eier und Kolostrum, enthalten beträchtliche Mengen solcher Inhibitoren. Sie wurden in den Samenkörnern der Getreidearten Gerste, Roggen, Weizen, Reis, Hirse und Mais nachgewiesen, aber auch in Blättern, Früchten und Wurzeln. So enthalten Äpfel und Kartoffeln Trypsininhibitoren. In besonders großen Mengen finden sie sich in allen Leguminosensamen. Die Bestimmung erfolgt in der Regel mit bovinem Trypsin, doch inhibieren viele dieser Proteine auch Chymotrypsin und oft weitere Proteasen. Ihre Funktion kann regulatorischer Art sein, zum Beispiel dem Schutz vor Proteinabbau durch eigene Enzyme des betreffenden Gewebes dienen. In einigen Fällen wurde auch der Schutz vor Insektenfraß oder Mikrobenbefall angenommen oder nachgewiesen. Bei Samen mag ein Selektionsvorteil für die Verbreitung durch Tiere bestehen, wenn Inhibitoren zu einer intakten Passage durch den Verdauungstrakt beitragen.

Von Bedeutung für die menschliche Ernährung sind hauptsächlich die Proteaseninhibitoren der Leguminosensamen, der Bohnen, Erbsen, Linsen und Erdnüsse. Sie sind am besten untersucht. Durchweg handelt es sich um Proteine, die oft mehrere Proteasen hemmen. In den meisten Leguminosensamen wurden mehrere solcher Inhibitoren nachgewiesen, deren Konzentration und Proteasenspektrum speziesspezifisch ist.

Vorherrschend in der Sojabohne sind der *Kunitz-Inhibitor* (Molgew. ca. 20000; 181 Aminosäurenreste) und der *Bowman-Birk-Inhibitor* (Molgew. ca. 8000; 71 Aminosäurenreste). Der letztere ist auch Bestandteil vieler anderer Leguminosensamenproteine, wobei zahlreiche phylogenetisch determinierte Varianten mit etwas abweichendem Aminosäuremuster vorkommen. Während der Kunitz-Inhibitor Trypsin stärker hemmt als Chymotrypsin, inhibieren die Proteine der Bowman-Birk-Familie beide Pankreasenzyme etwa gleich stark.

Die Bindung des Inhibitormoleküls an das Enzymmolekül erfolgt im stöchiometrischen Verhältnis 1:1 und ist äußerst stabil. Beim Kunitz-Inhibitor erfolgt bei pH-Werten unter 3 eine Dissoziation, das Trypsin wird in aktiver Form wieder frei. Durch noch niedrigere pH-Werte wird dieser Inhibitor teilweise inaktiviert, was auch für die Passage durch den Magen des Menschen angenommen wird. Während der Kunitz-Inhibitor ziemlich hitzelabil ist, sind die Bowman-Birk-Inhibitoren wesentlich resistenter gegen hohe Temperaturen, Säure und Alkali. Diese höhere Stabilität wird auf den hohen Cystingehalt mit mehreren Disulfidbrücken zurückgeführt.

Die Proteinqualität von ausreichend erhitztem Sojaprotein entspricht etwa der des Milchproteins. Hingegen führt die Fütterung rohen Sojaproteins bei Versuchstieren zu verringertem Wachstum, im Extremfall zu Wachstumsstillstand und Gewichtsabnahmen. Gleichzeitig wird bei den meisten Tierarten eine Pankreashypertrophie beobachtet. Länger andauernde Aufnahme ist von einer Hyperplasie des exokrinen Pankreas begleitet, die mit dem Trypsininhibitorgehalt der Diät korreliert. In Langzeitversuchen an Ratten wurden Hyperplasie und dann zunehmend Neoplasmen gefunden, so daß die Möglichkeit der Entstehung von Pankreaskarzinomen durch chronische Aufnahme von Trypsininhibitoren diskutiert wird.

Die Inaktivierung von Trypsin und Chymotrypsin im Dünndarmlumen bewirkt offenbar eine vermehrte Cholecystokininausschüttung durch die endokrinen Zellen der Darmmucosa. Eine erhöhte Cholecystokininkonzentration im Blut dürfte die Ursache der Hyperplasie des exokrinen Pankreas sein, die allerdings bisher nur bei Versuchstieren und hier auch nicht in allen Fällen beobachtet wurde. Bei Ratten wurden als Folge der Aufnahme rohen Sojaproteins erhöhte Cholecystokininspiegel im Blut gemessen. In einer Studie mit kontrollierter Trypsininhibitoringestion über nicht erhitztes Sojaprotein erhöhten sich bei Versuchspersonen die Cholecystokininwerte im Blut auf das Zwei- bis Dreifache verglichen mit erhitztem Sojaprotein.

Insgesamt erscheinen die experimentellen Befunde nach Verfütterung roher Hülsenfruchtproteine nicht widerspruchsfrei. Neben Speziesunterschieden spielt das Lebensalter eine Rolle, jüngere Tiere reagieren in der Regel empfindlicher. Auch der Protein- und Fettgehalt der Diät kann die Reaktion modifizieren. Die verwendeten Sojaproteine entstammten zum

Teil sehr unterschiedlichen technologischen Prozessen, und die Messung der Inhibitorkonzentration erfaßte meist beide Inhibitorarten ohne Differenzierung.

Die üblichen Zubereitungsweisen der Hülsenfrüchte schließen durchweg Erhitzungsprozesse ein, durch die Trypsininhibitoren weitgehend inaktiviert werden. Dies scheint auch für Sojaproteinisolate zu gelten, die Fleischerzeugnissen vor deren produktspezifischen Erhitzungsverfahren beigegeben werden.

Daß den Inhibitoren trotzdem vermehrt Aufmerksamkeit zuteil wird, hat eine Reihe von Gründen. Eine Hinwendung zu höheren Anteilen pflanzlicher Kost durch Verbrauchergruppen in den westlichen Industrieländern schließt auch Trends zu Rohverzehr und »schonender« Zubereitung ein. Die ursprünglich aus Ostasien stammende Sojabohne erfreut sich zunehmender Beliebtheit. Auch ist sie eine der wenigen reichlich vorhandenen Proteinquellen mit hoher Proteinkonzentration und hoher Proteinqualität, deren Aminosäurenmuster zudem das Aminosäurenmuster von Getreideprotein ideal ergänzt. Fast das gesamte Protein der Sojabohne läßt sich durch Wasserextraktionen und anschließende Ausfällung leicht konzentrieren (Sojaproteinisolate mit ca. 80% Protein). Diese Isolate eignen sich hervorragend zur Proteinanreicherung und Strukturverbesserung anderer Lebensmittel. Bei zunehmendem Verzehr inhibitorhaltiger Proteine kann, falls die an Ratten erhobenen Befunde für den Menschen zutreffen, ein erhöhtes Pankreaskrebsrisiko nicht ausgeschlossen werden. Dies träfe insbesondere dann zu, wenn die Wirkung pankreasspezifischer Karzinogene durch Trypsininhibitoringestion potenziert würde, wie dies z.B. für Azaserin im Rattenversuch gefunden wurde.

Alle Sojaprodukte für die menschliche Ernährung sollten deshalb einer durchgreifenden Hitzebehandlung unterworfen werden, die die Inhibitoraktivität weitgehend zerstört.

5.2.10 Glucosinolate

Glucosinolate kommen hauptsächlich, aber nicht ausschließlich, in Pflanzen aus der Familie der Kreuzblütler vor. Sie sind in Wurzeln, Stengeln, Blättern, Knospen, Blüten und Samen enthalten und am typischen Geruch und Geschmack beteiligt. Der Gehalt der Samen ist meistens besonders hoch (Raps, Senfkörner), doch können auch die Wurzeln hohe Konzentrationen enthalten (Meerrettich). Neben altbekannten Substanzen wie Sinapsin und Sinigrin wurden später Dutzende weiterer gefunden. Die einzelnen Arten enthalten in der Regel mehrere Glucosinolate mit unterschiedlicher Verteilung in den einzelnen Organen.

Das allen diesen Glykosiden gemeinsame Kohlenhydrat ist β-D-Thioglucose. Nach Hydrolyse entstehen aus dem Aglucon Thiocyanat, Nitrile und Isothiocyanate oder auch Vinyl-Oxazolidone. Letztere besitzen eine besonders ausgeprägte strumigene Wirkung. Das Enzym Thioglucosidase kommt in denselben pflanzlichen Geweben vor und wird bei Verletzungen frei, auch Bakterien der Darmflora und der Rumenflora der Wiederkäuer hydrolysieren Glucosinolate.

Die strumigene Wirkung der Glucosinolate bzw. der Folgeprodukte ihrer Hydrolyse ist auch durch zahlreiche Tierversuche belegt. Auch bei landwirtschaftlichen Nutztieren treten bei reichlicher Fütterung mit Kruziferen oder Rückständen von deren Samen (Rapsschrot) Schilddrüsenvergrößerungen, Stoffwechselstörungen und Wachstumsdepressionen auf. Milchkühe scheiden nicht unbeträchtliche Mengen der mit dem Futter aufgenommenen Strumigene mit der Milch aus. Seit einigen Jahren breiten sich neue, glucosinolatarme Rapssorten aus (00-Raps = glucosinolatarm, erucasäurefrei).

Die Bedeutung der Glucosinolate in Nahrungspflanzen für die menschliche Gesundheit ist noch nicht hinreichend geklärt. Die Entstehung des sogenannten »Kohlkropfs«, die extrem einseitiger Ernährung mit Kohl zugeschrieben wird, ist wahrscheinlich an gleichzeitig sehr niedrige Jodversorgung gebunden. Unklar sind auch noch die unterschiedlichen Angriffsorte vieler dieser Goitrogene im Stoffwechsel und vor allem die Wirkungen der entstehenden Nitrile, deren Leber- und Nierentoxizität in Tierversuchen nachgewiesen wurde.

5.2.11 Phytinsäure

Durch Veresterung mit sechs Phosphorsäureresten bildet der sechswertige Alkohol Inositol die sogenannte Phytinsäure (Inositolhexaphosphorsäure). Alle Pflanzensamen, somit auch Getreidekörner und Hülsenfrüchte, enthalten Phytinsäure. Sie ist die hauptsächliche Phosphatquelle für den Pflanzenkeimling und liegt größtenteils als Salz (Phytat) vor. Beim Quellen und Keimen der Samen werden Phytasen aktiv, wodurch die Phosphorsäure und auch die Kationen freigesetzt werden. Hauptsächliche Kationen des Samenphytats sind neben Calcium und Magnesium die essentiellen Spurenelemente Eisen und Zink. Das weitaus meiste Zink der Getreidekörner ist Phytatzink, das infolge dieser Bindungsform nur eine geringe Bioverfügbarkeit besitzt. Bei einseitiger Ernährung mit hohem Getreideanteil können deshalb suboptimale Versorgungszustände auftreten. Da Phytat hauptsächlich im Bereich der Frucht- und Samenschalen lokalisiert ist, nimmt bei Getreidemehlen der Phytatgehalt mit der Erhöhung des Ausmahlungsgrades zu. Dementsprechend ist er in Vollkornerzeugnissen voll enthalten, in Kleien noch darüber hinaus angereichert.

Gegenüber rohen oder trocken erhitzten Körnern kann der Phytinsäuregehalt in Brot und Backwaren stark verringert sein, wenn die Teigbereitung und Behandlung eine längere Phytaseneinwirkung ermöglicht. Längeres Quellen, besonders aber das »Gehenlassen« von Hefe- oder Sauerteig, führt zu beträchtlichem Phytinabbau. Bei Versuchspersonen, die Brote aus Teigen gleicher Zusammensetzung erhielten, stieg die Zinkabsorption aus Brot mit langer Teigfermentation auf ein Mehrfaches an.

5.2.12 Weitere potentiell toxische Stoffe

Erucasäure ist eine langkettige, einfach ungesättigte Fettsäure mit 22C-Atomen. Sie kommt in geringeren Mengen in verschiedenen Samen, in sehr hoher Konzentration (etwa 40 %) in Rapsöl vor.

Neuerdings werden Rapssorten gezüchtet und angebaut, deren Gehalt an Erucasäure deutlich geringer ist als bei konventionellen, früheren Sorten. In der Europäischen Gemeinschaft darf Rapsöl nur noch 5 % Erucasäure enthalten. Bedeutung hat weiterhin Öl aus Senfsamen, das in Indien als Speiseöl Verwendung findet und der botanischen Verwandtschaft zwischen beiden Samen entsprechend ebenfalls hohe Mengen an Erucasäure enthält.

Erucasäure wird bei Aufnahme entsprechender Öle ein regelmäßiger Bestandteil der Fettphase und des Depotfettes des Organismus.

In Tierexperimenten verursacht die Verfütterung von Rapsöl Wachstumshemmungen und Fettinfiltrationen in verschiedenen Organen, insbesondere in Herz, Leber und Nebennieren. Im weiteren Verlauf treten herdförmige Nekrosen am Myokard auf.

Erucasäure wird in den Mitochondrien des Herzens, insbesondere in den Cardiolipiden gespeichert, die eine große Affinität zu Erucasäure aufweisen und im Austausch andere Fettsäuren abgeben. Bei Verfütterung von Erucasäure erfolgt ein bevorzugter Einbau in Phospholipide. Es wird vermutet, daß dadurch die Eigenschaften der inneren und äußeren Membranen im pathologischen Sinne modifiziert werden.

Myristicin kommt vor allem in Muskatnüssen, daneben jedoch auch in Dillkraut und in den Früchten von Petersilie vor. Petersilienblätter enthalten nur geringe Mengen eines Myristicin-Derivats. Auch in anderen Gewürzen, z.B. Anisöl und Zitronenöl, kommen Derivate des Myristicin vor. Die Muskatnuß enthält neben Myristicin weiterhin größere Mengen von Pinen und Dipinen, in geringerer Menge Safrol, das auch in Petersilie gefunden wird und kanzerogene Wirkungen hat. Weiterhin wird Elemicin in Muskatnuß gefunden.

Myristicin und Elemicin weisen eine nahe Verwandtschaft zu Meskalin auf. Es wird vermutet, daß auch beim Menschen aus Myristicin und Elemicin die korrespondierenden Amine (Amphetamin) entstehen können. Weiterhin ist Myristicin ein Hemmer der Monaminoxidase und führt auf diese Weise zu einem Konzentrationsanstieg von Noradrenalin und Serotonin.

Bei Intoxikationen treten nach anfänglichen Orientierungsstörungen akustische und optische Halluzinationen auf. Weiterhin kommt es zu teilweise entgegengerichteten emotionellen Störungen. Es werden auch vegetative Symptome (z.B. Tachykardie) beobachtet.

Bei Einnahme größererer Mengen halten die Symptome, die durch einen mehrtägigen Dauerschlaf unterbrochen werden, etwa eine Woche an. Kinder sind sehr viel empfindlicher als Erwachsene. Bereits eine Nuß kann bei ihnen zum Tode führen. Bei Erwachsenen wurde über schwere Vergiftungen nach Einnahme von 15 g des Muskatnußpulvers berichtet.

Cumarin ist ein Naphthachinon-Derivat, das strukturelle Ähnlichkeit zu den verschiedenen Vitamin K-Verbindungen aufweist. Cumarin kommt als solches, als Glucosid und in Form der Cumarinsäure im Pflanzenreich weitverbreitet vor. Neben Futtermitteln enthalten auch Lebensmittel entsprechende Verbindungen. Cumarin ist in Waldmeister, in sehr geringen Mengen auch in Aprikosen, Brombeeren, Erdbeeren, Datteln und Kirschen enthalten. Aufgrund des charakteristischen Geruchs (Waldmeisterbowle) hat Cumarin in Form von Essenz Verwendung in der Lebensmittelindustrie gefunden.

Cumarin-Derivate hemmen die Vitamin-K-abhängige Bildung bestimmter Gerinnungsfaktoren in der Leber. Dadurch wird die Gerinnungsfähigkeit des Blutes so herabgesetzt, als ob ein Vitamin-K-Mangel vorläge. Dieser Wirkung wegen werden Cumarin-Derivate als Antikoagulantien in der Medizin eingesetzt.

Der Gebrauch von Essenzen aus stark cumarinhaltigen Pflanzen ist in einigen Ländern, auch in der Bundesrepublik Deutschland, nicht erlaubt. Bei Verwendung von Waldmeister ist Vorsicht geboten. Nach den Richtlinien der EG ist der Zusatz von 16-Methylcumarin in geringer Dosierung (30 ppm) als Aromastoff bei bestimmten Lebensmitteln erlaubt.

Oxyphenisatin wirkt abführend. Die Verbindung kommt in Dörrpflaumen vor, die als Diätetikum bei Obstipation empfohlen werden. Die abführende Wirkung von Dörrpflaumen wird auch auf bestimmte Phenole und Sorbit zurückgeführt. Pflaumen enthalten weiterhin Prunelin, das eine ähnliche Struktur wie die Stilbene aufweist und östrogene Wirkungen hat.

Oxyphenisatin ist als Arzneimittel nicht mehr zugelassen, da sich Verdachtsmomente dafür ergeben haben, daß es bei langfristigem Gebrauch, wie er bei Abführmitteln üblich ist, zu einer Hepatitis und möglicherweise zur Leberzirrhose führt. Zum gegenwärtigen Zeitpunkt kann nicht abgeschätzt werden, ob möglicherweise auch mit dem Dauergebrauch von Backpflaumen in größeren Mengen hepatische Risiken verbunden sind.

In Avocados ist *Mannoheptulose* enthalten, die zu Störungen im Stoffwechsel der Glucose führen kann. Es wird angenommen, daß Manno-

heptulose die Insulinsekretion hemmt. Bei Verzehr größererer Mengen von Avocado kann es zu Hyperglykämie kommen.
Litschi – insbesondere die Samen – enthalten Inhaltsstoffe, durch die ebenfalls der Glucosestoffwechsel gestört wird. Durch größere Mengen der Toxine tritt im Tierversuch Hypoglykämie bei gleichzeitiger Abnahme des Leberglykogens auf. Die wirksamen Inhaltsstoffe wurden dementsprechend als Hypoglycine bezeichnet. Über die Beeinflussung bestimmter Enzyme werden Fettsäureoxidation und Gluconeogenese reduziert und der Metabolismus von Glucose erhöht. Es besteht eine Interrelation zu Riboflavin bzw. Enzymen, die mit Riboflavin arbeiten. Inwieweit Hypoglycine aus Litschi-Früchten für den Menschen gesundheitliche Bedeutung haben, kann bisher nicht beurteilt werden.

Besonders reichlich sind Hypoglycine in Früchten des Akee-Strauches enthalten, der in tropischen Gebieten, aber auch in Florida angebaut wird. Vor allem die unreifen Früchte führen zu einer schweren, lebensbedrohenden Vergiftung, die mit Erbrechen und Krämpfen einhergeht. Beim Überleben erfolgt eine rasche Wiederherstellung ohne Nachwirkungen. – In der Bundesrepublik haben derartige Vergiftungen bisher keine Bedeutung, da die Akee-Früchte hier nicht verzehrt werden.

5.3 Toxische Stoffe in Meerestieren

In den USA wird geschätzt, daß Fische und andere Meerestiere mit etwa 10% an Lebensmittel-Vergiftungen beteiligt sind. Ursachen sind neben mikrobiellen und parasitären Infektionen solche Toxine, die im Stoffwechsel gebildet werden, die zu bestimmten Zeiten in einzelnen Organen auftreten oder die in den Nahrungsorganismen der Meerestiere gebildet werden, sowie Abbauprodukte, die postmortal durch autolytische Vorgänge oder mikrobielle Enzyme gebildet werden oder Verunreinigungen aus der Umwelt.

5.3.1 Saxitoxine

Es ist seit langem bekannt, daß durch den Verzehr von Schalentieren wie Muscheln und Austern Vergiftungen ausgelöst werden können, die früher als bakterielle oder virale Infektionen eingestuft wurden. Die periodisch auftretenden Zwischenfälle wurden mit ungünstigen hygienischen Bedingungen bei Transport und Aufbewahrung, insbesondere in der warmen Jahreszeit, in Verbindung gebracht. Zwischenzeitlich wurde erkannt, daß bei der Ätiologie von Vergiftungen durch Schalentiere – soweit sie vor dem Verzehr gekocht wurden – hauptsächlich Saxitoxine eine Rolle spielen.

Die Saxitoxine werden von den Muscheln nicht selbst gebildet. Sie stammen vielmehr aus Dinoflagellaten, die Schalentieren als Nahrung dienen. Die Muscheln nehmen das Gift mit den Flagellaten auf und speichern es hauptsächlich in der Darmdrüse und in den Kiemen. Vergiftungen treten hauptsächlich durch Verzehr von Miesmuscheln auf, doch kann das Gift auch in anderen Muschelarten und in weiteren Meerestieren (Wasserschnecken, Seeigel, Krebse) vorkommen, die sich entweder ebenfalls von Dinoflagellaten ernähren oder Muscheln und entsprechende Weichtiere fressen. Bei Vergiftungen durch Krabben wird vermutet, daß das Toxin mit einer bestimmten Tangart aufgenommen wird. Da das Gift sehr stabil ist, muß angenommen werden, daß auch Wirbeltiere, soweit sie sich von entsprechenden Beutetieren ernähren, den Giftstoff aufnehmen und speichern.

Die Leitsubstanz der Saxitoxine wurde chemisch identifiziert; mindestens 5 weitere Gifte sind dem eigentlichen Saxitoxin chemisch nahe verwandt. Die Toxine führen beim Wirtstier weder zu Vergiftungen noch zu sensorisch erkennbaren Veränderungen und werden nur langsam eliminiert. Die Toxine sind relativ thermostabil, so daß sie erst bei längerem Kochen und nur teilweise inaktiviert werden.

Kennzeichnend für die Vergiftung sind paralytische Wirkungen, die bereits kurz nach Ingestion durch Blockade der Weiterleitung von Impulsen auftreten. Davon sind motorische und sensible Nerven betroffen, nicht jedoch das Zentrale Nervensystem. Die Symptome äußern sich in Prickeln im Bereich der Lippen, durch Starre der Muskulatur des Mundes, durch Prickeln an den Extremitäten und schließlich durch Lähmungserscheinungen. Bei schweren Vergiftungen tritt der Tod durch Atemstillstand ein. In der Literatur wurden mehr als 2000 Erkrankungsfälle beschrieben, von denen etwa 10% tödlich verliefen. Finale Stadien werden innerhalb von 24 Stunden erreicht. Bei Überleben der Intoxikation sollen keine körperliche Schäden zurückbleiben.

Die LD 50 (intraperitoneal) beträgt bei der Maus 10 µg/kg Körpergewicht. Beim Menschen wurden Krankheitsfälle bereits bei einem Toxingehalt der Muscheln von 200 µg/kg Muscheln beobachtet. Die Aufnahme von 1 mg soll bei erwachsenen Menschen letal sein. In einigen Ländern wurden Höchstmengen für den Gehalt von Muscheln an Saxitoxin festgelegt, in Österreich beispielsweise 100 µg/kg Muscheln. In den USA werden noch Gehalte bis zu 800 µg/kg geduldet, in Kanada noch höhere Konzentrationen. Die Duldbare Tägliche Aufnahmemenge wurde bisher nicht systematisch ermittelt. Soweit Höchstmengen festgesetzt wurden, ist fraglich, ob sie angemessene Sicherheitsfaktoren enthalten. Es gibt empfindliche Nachweismethoden für Saxitoxine, wobei die analytischen Ergebnisse durch einen »Mäusetest« sorgfältig abgesichert werden. Die Überwachung ist jedoch schwierig und unsicher, da sich Einzelpartien von Muscheln im Toxingehalt sehr stark unterscheiden können, nicht zuletzt in Abhängigkeit von der Herkunft.

Die Konzentration der Gifte in Muscheln ist in wesentlichem Umfang abhängig von der Menge an Dinoflagellaten, weshalb Vergiftungen nur zu bestimmten Zeiten und nur bei bestimmten Herkünften der Muscheln auftreten. Muscheln, die während oder nach saisonbedingten Verfärbungen der See (sog. roten Tiden, die durch starke Vermehrung des Planktons zustandekommen) gefangen werden, lösen beispielsweise besonders häufig Vergiftungen aus. Zur Vermehrung benötigen die Dinoflagellaten eine Mindesttemperatur von etwa 10 °C. Während der kalten Jahreszeit ist dementsprechend das Risiko für eine Vergiftung gering. Muschelverzehr nur in Monaten mit einem »r«, d. h. von September bis April, mindert zwar das Risiko, schließt es jedoch nicht aus, weil die Toxine eine sehr lange Halbwertszeit aufweisen. Als Risikogebiete werden der Atlantik, die Nordsee, der Ärmelkanal und auch die Ostsee im europäischen Bereich genannt. Traurige Berühmtheit haben im Herbst 1976 zahlreiche Vergiftungsfälle erlangt, die auf Muscheln aus den Fanggebieten der nordspanischen Provinz Vigo zurückgeführt wurden. Die verschiedenen Arten von toxischen Dinoflagellaten kommen auch an der Pazifik-Küste Nordamerikas, an der Südküste der Vereinigten Staaten und im Nordatlantik vor.

Während die Kontrolle auf gesundheitliche Unbedenklichkeit von Muscheln auf dem Binnenmarkt nur schwierig und unvollständig durchgeführt werden kann, sind vorbeugende Schutzmaßnahmen durch Kontrolle des Meerwassers weit erfolgversprechender, wenn bei ungünstigen Bedingungen Fangverbote konsequent ausgesprochen und kontrolliert werden. Kritische Bedingungen liegen vor, wenn die Anzahl der betreffenden Organismen pro Liter Meerwasser 20 000 erreicht.

5.3.2 Tetrodotoxin

Zu den Kugel- oder Igelfischen, die in asiatischen Ländern und an der Westküste der USA gegessen werden, zählen über 40 verschiedene Arten. Diese Fische – in Japan Fugu genannt – enthalten in der Leber und in den Fortpflanzungsorganen große Mengen Tetrodotoxin, während das Fischfleisch nur sehr geringe Konzentrationen aufweist. Die höchste Toxinbildung tritt während der Laichzeit auf. Weibliche Fische sind für gewöhnlich giftiger als die männlichen, in einigen Fällen ist jedoch die Leber der männlichen Tiere toxischer als die der weiblichen. Manchmal ist der Verzehr kleinerer Fische gesundheitsgefährdender als der größerer, meist ist es umgekehrt.

Durch diese Vielfalt der Bedingungen erfordert es sehr große Kenntnisse, die entsprechenden Fische, die als besondere Leckerbissen gelten, sachgerecht zuzubereiten. Deshalb wird in Japan nur an besondere Restaurants eine Lizenz vergeben, wobei die Erlaubnis zu Verkauf und Zubereitung der Fische an eine strenge Prüfung des Personals gebunden ist. In offiziellen Fugu-Restaurants sind daher Vergiftungen sehr selten. Durch fehlerhafte Zubereitung sterben dennoch in Japan mehr als 100 Personen jährlich durch den Genuß von Fugu.

Tetrodotoxin weist im chemischen Aufbau und in der Wirkung große Ähnlichkeit mit dem Saxitoxin auf. Beide Stoffe gehören zu den stärksten Giften (vgl. Tab. 5.1). Der Wirkungseintritt erfolgt bei Tetrodotoxin sehr schnell, so daß der Tod bereits während der Mahlzeit auftreten kann. Bei sonst ähnlichem Vergiftungsbild wie bei Einwirkung von Saxitoxin steht bei Vergiftungen mit Tetrodotoxin insbesondere Erbrechen und ein starker Blutdruckabfall im Vordergrund, der durch Erweiterung der peripheren Gefäße verursacht wird. Auch bei Tetrodotoxin wird der Natriumeinstrom bei Erregung der Nervenfasern gehemmt und dadurch ein Block bei der Weiterleitung nervöser Reize hervorgerufen. Die Dosis-Wirkungs-Beziehungen liegen bei beiden Toxinen im gleichen Bereich, wobei Tetrodotoxin durch schnellere Resorption und langsamere Elimination etwas stärker toxisch ist. Auch Tetrodotoxin zählt zu den vergleichsweise stabilen Substanzen, die nur durch längeres Erhitzen bei hohen Temperaturen inaktiviert werden. Fugu wird jedoch roh verzehrt.

Beide Toxine sind interessante Substanzen für Untersuchungen der Nervenfunktion von Warmblütern. Es ist bisher unbekannt, durch welche Mechanismen sich Kugelfische vor der Wirkung des Toxins schützen. Salamander enthalten einen ähnlichen, möglicherweise auch den gleichen Giftstoff wie Kugelfische. Beide Tierarten vertragen hohe Konzentrationen von Tetrodotoxin ohne Störungen der Reizleitung, sprechen jedoch auf Saxitoxin sehr schnell an.

5.3.3 Biogene Amine

Bestimmte Makrelenfische, zu denen der Thunfisch und die Bonite gehören, lösen häufiger Fischvergiftungen aus. In den USA beispielsweise wurden 1980 29 Ausbrüche mit 153 Einzelerkrankungen registriert. Die Vergiftung, die als Scombrotoxismus bezeichnet wird, hat in allen Regionen Bedeutung, in denen Thunfisch und andere Markrelenarten verzehrt werden.

Bei einer Untersuchung von 96 Vergiftungsfällen in Jugoslawien, an denen auch Sardinen beteiligt waren, traten die Symptome nach 15 bis 75 Minuten auf. Die Krankheitserscheinungen bestanden in Hautrötungen und Quaddelbildung, Kopfschmerzen, Übelkeit und Erbrechen, Störungen der Atmung und Durchfällen. Die Erkrankung, die nur selten eine schwere Verlaufsform zeigt, klingt im allgemeinen im Verlauf von 24 Stunden wieder ab. Massenvergiftungen traten sowohl nach Verzehr von unverarbeitetem, sog. Frischfisch, Tiefkühlware als auch Dosenkonserven auf.

Die Symptomatik deutet auf allergische Erscheinungen; Histamin hat bei dieser Vergiftung eine wesentliche Bedeutung (vgl. Tab. 5.3), der Krankheitsverlauf wird durch Antihistaminika gebessert, durch Mon-

Tab. 5.3. Konzentration von Histamin, Histidin und Trimethylamin in Fischen (Angaben in mg/100 g Fisch)

	Histidin	Histamin	Trimethylamin*
Makrele, Spanien, frisch	–	500,0	–
Sardine, groß			
– beim 1. Auftauen	75,4	9,63	4,21
– nach 5 Tagen bei 0–8 °C	345,2	7,88	6,25
– nach 9 Tagen bei 0–8 °C	424,1	14,07	12,14
– beim 2. Auftauen	125,0	11,94	5,87
– nach 5 Tagen bei 0–8 °C	465,0	13,10	7,80
– nach 9 Tagen bei 0–8 °C	620,0	14,20	13,10
Sardine, klein			
– beim 1. Auftauen	112,0	7,77	3,90
– nach 5 Tagen bei 0–8 °C	330,5	9,63	7,65
– nach 9 Tagen bei 0–8 °C	460,2	14,07	12,80
– beim 2. Auftauen	260,2	7,96	7,28
– nach 5 Tagen bei 0–8 °C	350,1	18,63	9,80
– nach 9 Tagen bei 0–8 °C	680,2	20,12	13,50
Sardine, a.d. Dose	–	150,0	–
Sardine, Marokko, frisch		11,0 (0,4–102)	
Thunfisch, a.d. Dose	–	130,0	–
Thunfisch, tiefgefroren	–	440,0–1300,0	–
Thunfisch, klein (»bonito«) tiefgefroren	–	150,0	–

* Angaben bezogen auf Stickstoff
– keine Angabe

aminoxydasehemmer hingegen verschlechtert. Neben Histamin sind auch andere biogene Amine an der Vergiftung beteiligt; aus Makrelenhechten wurde ein weiteres Amin, namens Saurin, isoliert. Es ist anzunehmen, daß Kadaverin bei der Gesamttoxizität eine Rolle spielt. Weiterhin sind Tyramin, Agmatin, Anserin, Carnosin zu nennen. Die insgesamt vorhandenen biogenen Amine konkurrieren offensichtlich in der Darmschleimhaut um histamin- bzw. aminabbauende Enzyme, so daß Histamin vermehrt resorbiert und intermediär wirksam wird. Mit diesem Konzept steht in Übereinstimmung, daß Fische, die die Vergiftung ausgelöst haben, manchmal nur wenig Histamin enthielten und daß weiterhin reines Histamin in adäquater Dosierung die Vergiftungssymptome im Experiment nur schwach bzw. gar nicht ausgelöst hat. Die Symptome treten auf, wenn neben Histamin andere biogene Amine, insbesondere Kadaverin, verabreicht werden.

Die genannten Fischarten sind relativ reich an Histidin (vgl. Tab. 5.3), das durch Dekarboxylierung in Histamin umgewandelt wird. Die Dekarboxylierung, durch die Histamin und andere biogene Amine entstehen, erfolgt sowohl durch autolytische Vorgänge post mortem als auch durch mikrobielle Dekarboxylasen. Zur Vermeidung der Dekarboxylierung ist die strikte Einhaltung hygienischer Vorsichtsmaßnahmen nach dem Fang erforderlich: zwischen Tötung der Tiere und Weiterverarbeitung bzw. Verzehr müssen möglichst kurze Zeiten bei Lagerung und Transport in gekühltem Zustand angestrebt werden.

Im Zusammenhang mit biogenen Aminen ist auch das Trimethylaminoxid zu nennen, das in Meerestieren teilweise reichlich vorkommt (vgl. Tab. 5.3). Die Substanz wird beim Menschen teilweise unverändert im Harn ausgeschieden, teilweise durch Reduktion in Trimethylamin umgewandelt. Nach Dimethylierung entstehen Formaldehyd bzw. Ameisensäure. Dieser Stoffwechsel findet auch in Fischen statt, die dementsprechend – auch in frischem Zustand – bis zu 20 mg Formaldehyd in 100 g Frischgewicht enthalten können. Beim Kochen von Fisch kann aus Trimethylaminoxid Dimethylamin entstehen, das zur Bildung von Nitrosamin beitragen kann.

5.3.4 Weitere Toxine in Fischen

Die weiteren Fischvergiftungen lassen sich den drei Erscheinungsbildern zuordnen, die am Beispiel der Vergiftung mit Muscheln, der Kugelfischvergiftungen und der »Makrelenkrankheit« besprochen wurden.

Erkrankungen, bei denen das Toxin mit der Nahrung in die Fische gelangt, sind die Ciguatera-Vergiftung, die Haffkrankheit und Vergiftungen durch Krabben.

Die Ciguatera-Vergiftung wird durch Fische ausgelöst, die in warmen Gewässern leben und normalerweise eßbar sind. Ursache der Vergiftung sind Toxine, die wie bei der Muschelvergiftung von einem Dinoflagellaten, aber auch von Blaualgen produziert werden.

Fische, die diese Nahrungsquelle benutzen, speichern das Gift im Organismus, speziell in der Leber, ohne selbst zu erkranken. Soweit es sich dabei um Beutefische handelt, geben sie das Gift an Raubfische weiter, in deren Körper das Gift noch stärker kumuliert.

Die Giftstoffe mit der Hauptsubstanz Ciguatoxin wirken als Hemmer der Cholinesterase. Die Krankheitssymptome ergeben sich aus dem Wirkungsmechanismus, der Hemmung der Erregungsübertragung von Nerven auf die Muskulatur. Die akute Phase der Vergiftung kann sich über mehrere Wochen erstrecken; der Tod tritt durch Atemlähmung ein. Wenn die Vergiftung überlebt wird, bleiben Empfindungsstörungen für längere Zeit bestehen.

Ebenfalls auf Blaualgen, die sich zu bestimmten Zeiten kräftig vermehren, wird die sogenannte Haffkrankheit zurückgeführt. Sie wird an der Ostseeküste beobachtet. Die Giftwirkung soll in einer Thiamin-Inaktivierung mit entsprechenden Symptomen bestehen. Als kritische Fische werden Plötzen, Buttfische und Seeforellen genannt. Es besteht eine Parallele zum Vorkommen von Thiaminase in Eingeweiden bestimmter Fische.

Andere Blaualgen, die in Süßwasser wachsen, enthalten ebenfalls toxische Stoffe, die teilweise zu Lähmungen führen. Andere Gifte aus Blaualgen sind stark hepatotoxisch. Aus verschiedenen Algenarten wurden weitere Toxine isoliert.

Auch Vergiftungen durch Krabben aus Lagunen in der Südsee werden auf Toxine in Algen zurückgeführt. Einige Krabbenarten ernähren sich auch von toxischen Landpflanzen. Die Vergiftung hat eine neurologische Symptomatik und führt bei entsprechend hohen Dosen innerhalb weniger Stunden zum Tod.

Ebenso wie Kugelfische synthetisieren auch andere Fischarten, insbesondere während der Laichzeit, Toxine, die in den Gonaden konzentriert werden und zu Vergiftungen führen, wenn Rogen und/oder Fischeier gegessen werden. Die in Frage kommenden Fische sind Barbe (Barbencholera), Schleie, Karpfen sowie möglicherweise auch Hecht und einige andere Fische. Der Name Barbencholera kommt daher, daß das Gift, das thermostabil ist, zu schweren Brechdurchfällen führen kann. Zu den Vergiftungssymptomen zählen Kopfschmerz, Fieber, Schwindel, unstillbarer Durst und schließlich Krämpfe und Koma.

Bei Aalen, Muränen, Neunaugen und Schlangenmakrelen kommen hämo- oder neurotoxische Toxine im Blut vor, die im Tierversuch Krämpfe, Lähmungen und Hämolyse bewirken. Im Gegensatz zu der Mehrzahl sonstiger Intoxikationen durch Fische können bei diesen Vergiftungen bleibende Schäden auftreten (Muskulatur, dabei auch Herzmuskel). Der Proteinnatur entsprechend können die Gifte durch Erhitzen auf mindestens 60 °C zerstört werden. Der Verzehr des Muskelfleisches führt nicht zu Vergiftungen, offensichtlich durch die nur geringen Toxinmengen bedingt, die beim Töten und Entbluten der Tiere in der Muskulatur verbleiben.

Generell gilt für Fischvergiftungen, daß durch tradierte Kostgewohnheiten und Zubereitungsverfahren ein weitgehender Schutz gewährleistet wird. Nennenswerte Risiken bestehen lediglich bei den Vergiftungen durch Muscheln und Makrelenfische, nicht zuletzt deshalb, weil die betreffenden Toxine auch gegenüber Hitzebehandlungen sehr stabil sind. Gefahren können jedoch dann auftreten, wenn unübliche Kostgewohnheiten praktiziert werden, wenn neuartige, ungewohnte Fische und Teile davon in die Küchen kommen. Weiterhin kommt dem Trend, rohe Lebensmittel zu verzehren, der teilweise weltanschaulich bedingt ist, zum anderen Teil durch die »Nobelküche« eingeführt wird, als Risikofaktor immer dann Bedeutung zu, wenn es sich um hitzelabile Bestandteile handelt, die sonst durch konventionelle Hitzebehandlung zerstört werden. In diesem Zusammenhang sei auch – obwohl nicht zum Thema gehörend – auf das Vorkommen von Nematoden *(Anisakis)* in Fischen erinnert, die nur dann zu einem gesundheitlichen Problem werden können, wenn bewährte Verfahren der Be- und Verarbeitung und der Zubereitung aufgegeben werden.

Sachregister

Acceptable Daily Intake (ADI) 37, 111
Acepromazin 152
Acesulfam-K 101
ADI siehe Acceptable Daily Intake
Aflatoxine 186, 197
Agar-Agar 95
»agent orange« 131
Agmatin 228
Akarizide 107
Aldicarb 128, 131
Aldrin 114
Alginsäure und Alginate 95
– Propylenglykolalginat 96
Allergie 45
Aluminium als Pigmentfarbstoff 91
Amaranth 86
Ameisensäure 75
Aminoglykosidantibiotika 144
Aminosäuren als Geschmacksverstärker 103
Aminoxidase-Hemmer 211
Ammoniak-Zuckerkulör 92
Amoxicillin 144
Ampicillin 144
Amygdalin 212
Androgene 143
Ansamycine 144
Anserin 228
Anthocyane 90, 91
Anthracen 188
Antibiotika 145
– Allergene 148
– Beurteilungswerte 144
– als Futterzusatzstoffe 143, 145
– Hemmstofftest für 145, 152
– als Masthilfsmittel 141
– – zugelassene 148
– rechtliche Regelungen 142
– Resistenzentwicklung 146, 148
– als Zusatzstoffe 82
Antiklumpmittel 98
Antimikrobielle Substanzen 65
Antioxidantien 57
Aromastoffe 102
Arsen 175, 191, 194, 200
Ascorbinsäure 81
Ascorbinsäure und Ascorbate 63
Aspartam 101
Asulam 128
Ataraktika 151
Atrazin 138
Aureomycin 82
Avoparcin 148
Azinophos-ethyl 122
Azofarbstoffe 85
Azorubin 86

Bacitracin 148
Ballaststoffe 95
Beetenrot 90
Bendiocarb 128
Benomyl 128, 129, 131
Benzo(a)pyren 188
Benzodiazepinderivate 151
Benzoesäure 73, 85
Betanin 90
BHA siehe Butyl-4-hydroxyanisol
BHT siehe Butyl-4-hydroxytoluol
Bienenwachs 99
Biogene Amine 208, 226
Biologische Bundesanstalt für Land- und Forstwirtschaft 109
Biometrie 28, 29, 47
Bixin 89
Blausäure 213
Blei 166, 167
– Aufnahmemenge 190
– Belastung der Lebensmittel 166
– duldbare Mengen 169
– Entfernung durch Reinigung und Zubereitung 163

Blei
- gesundheitliche Bewertung 194
- Resorption 167
- Richtwerte 169
- in Trinkwasser 200
- Wirkungen 168
Bodenbehandlung 108
Borsäure 83
Botulinus-Toxine 81, 203
Braun FK 86
Braun HT 86
Brillantblau FCF 87
Brillantsäure Grün BS 87
Brillantschwarz BN 86
Bromismus 70
Bromophos 122
Bundesgesundheitsamt 15, 42, 100, 109, 166, 183
Butyl-4-hydroxyanisol (BHA) 59
Butyl-4-hydroxytoluol (BHT) 60
Butylhydrochinon (TBHQ) 60

Cadmium 170
- Aufnahmemenge 191
- Aufnahmeweg 170
- Belastung der Lebensmittel 171
- duldbare Mengen 172
- gesundheitliche Bewertung 194
- Richtwerte 173
- in Trinkwasser 200
- Wirkungen 171
Calciumcarbonat als Pigmentfarbstoff 91
Candelillawachs 99
Canthaxanthin 88, 89
Capsanthin 89
Capsorubin 89
Carazolol 152
Carbadox 148
Carbamate 128
- Aufnahmemengen 131
- Kanzerogenität 130
- Metabolismus 128
- Rückstandsmengen 130
- Toxizität 129
Carbendazim 128, 131
Carbetamid 128
Carbo medicinalis als Pigmentfarbstoff 91
Carbonate als Rieselhilfsmittel 98
Carnaubawachs 99
Carnosin 228
β-Carotin 89
Carotinal 89
Carotinoide 88
Carotinsäure Ethylester 89
Carragen 95
Catechin 212
Celluloseether 96
Chemotherapeutika 145
Chinasäure 211
Chinolingelb 87
Chlor zur Trinkwasser-Aufbereitung 72
Chloramphenicol 143, 144, 145
- Anwendungsverbot 146
- aplastische Anämie 147
- Höchstmenge 147
- Nachweis 147
Chlordiazepoxid 151
Chlorierte Kohlenwasserstoffe siehe auch α-HCH, β-HCH, Lindan
- Anwendungsverbote 114
- belastete Lebensmittel 164
- in der Frauenmilch 116, 121
- in der Nahrungskette 161
- Persistenz 114
- als Pflanzenschutzmittel 114
- als Verunreinigungen in Lebensmitteln 177
Chlorogensäure 211
Chlorophyll 90, 91
Chlorpromazin 152
Chlorpropham 128, 129, 131
Chlorpyrifos 122
Chlortoluron 135
Chrom 176, 191
Chrysen 188
Ciguatoxin 229
Cloxacillin 144
Cochenillrot A 86
Codex Alimentarius Kommission 49, 51, 83
Codex Ausschuß für Lebensmittelzusatzstoffe 51
Colistin 144
Convicin 217
Cumarin 222
Curcuma 84
Curcumin 90

Cyclamat 101
Cyclohexylamin 101
Cynarin 212
Cystein und Cystin 104

Dapson 144
2,4-D 131, 132, 134
DDT 114, 165, 178
Dekoffeinierung von Kaffee 104
Demeton-S-methyl 122
Desmedipham 128
Dhurrin 212
Diazepam 151
Diazinon 122
Dibenzodioxine 159, 165, 178, 182, 197, 198
Dibenzofurane 112, 132, 133
Dichlorprop 134
1,3-Dichlorpropen 139
Dicloxacillin 144
Dieldrin 114
Diethyldikarbonat 71
Diethylstillböstrol (DES) in Kalbfleisch 149
Dimethoat 122
Dimethyldikarbonat 71
Dioxacarb 128
Dioxine siehe Dibenzodioxine, Dibenzofurane
Diphenyl 76
Dosis-Wirkung-Beziehung 25
2,4-DP 131
Duldbare Tägliche Aufnahmemenge (DTA) 37, 41, 111

E-Nummern allgemein 54
E 100, E 101, E 101 a 90
E 102 86
E 104 87
E 110 86
E 120 90
E 122–124 86
E 127 87
E 128 86
E 131–133 87
E 140, E 141 90
E 142 87
E 150 91
E 151 86
E 153 91
E 155, E. 156 86
E 160 a–g 89
E 161 a–f 88
E 162, E 163 90
E 170 91, 98
E 171, E 172, E 174, E 175 91
E 180 86
E 200–203, E 210–213 73
E 214–219 74
E 220–224, E 226, E 227 78
E 230–232 76
E 233 77
E 234, E 235 82
E 236–238 75
E 249–252 80
E 280–283 75
E 300–302 63
E 306–309 62
E 310–312 61
E 320 59
E 321 60
E 322 93
E 400–404 95
E 405 96
E 406–408 95
E 410 96
E 412 95
E 413–415 96
E 420 102
E 440, E 461, E 466 96
E 470 94
E 471, E 472 a–f 93
E 475 94
E 500, E 504 98
E 1404, E 1414, E 1420, E 1422 97
Eisen 176
Eisenhydroxid als Pigmentfarbstoff 91
Eisenoxid als Pigmentfarbstoff 91
Elemicin 221
Emulgatoren 93
Endrin 114
Epichlorhydrin 69, 95, 139
epidemiologische Untersuchungen 35, 44
Erucasäure 221
Erythromycin 144
Erythrosin 87
Ethiofencarb 128, 131
Ethylenchlorhydrin 68

Ethylenoxid 68
Ethylmaltol 103
Extraktionslösemittel 104

Fall-Kontroll-Studien 36
Farbstoffe für Lebensmittel 83
– Anwendung 83
– Naturfarbstoffe 88
– – Carotinoide 88
– – weitere 90
– – Xanthophylle 88
– Pigmentfarbstoffe 91
– synthetische Farbstoffe 85
– – Azofarbstoffe 85
– – weitere 87
– Zuckerkulöre 91
– Zulassung 84
Favismus 216
Fenthion 123
Ferulasäure 211
Fettsäuren, Mono- und Diglyceride 93
– Polyglycerinester 94
Flavonoide 212
Flavophospholipol 148
Flavoxanthin 88
Fleischhygienegesetz 120, 144, 153
Fleischhygieneverordnung 145
Fleischverordnung 183
Fluoranthren 188
Fluorid 200
Fluorverbindungen 186
Folsäure 79
Formaldehyd 70, 228
Formetanat 128
Frauenmilch, chlorierte Kohlenwasserstoffe 116, 121, 165, 201
– Dibenzodioxine und Dibenzofurane 165, 182
– polychlorierte Biphenyle 182, 196
Fungizide 107, 108
– Carbamate 128
Furcelleran 95
Futtermittelgesetz 143
Futtermittelverordnung 143
Futterzusatzstoffe 143
– Beurteilungswerte 144
– rechtliche Regelungen 142
– zugelassene 148
– Zulassung 143

Gallate 61
Gelborange S 86
Geliermittel 94
Gemeinsamer Sachverständigenausschuß für Lebensmittelzusatzstoffe der FAO/WHO 52
Geruchsstoffe 102
Geschmacksstoffe 102
Gestagene 143
Gift 14
Glucosinolate 219
Gold als Pigmentfarbstoffe 91
Grenzwerte 20, 23, 26, 43, 45
Grillen 188
Guanylat 103
Guarkernmehl 95
Gummi arabicum 96

Harnstoffverbindungen 135
– Anwendung 135
– Höchstmengen 137
– Kanzerogenität 136
– Metabolismus 135
– Rückstandsmengen 137
– Toxizität 135
α-HCH, β-HCH, aufgenommene Mengen 119
– in der Frauenmilch 116, 121
– Halbwertzeit 115
– Höchstmengen 117
– Metabolismus 115
– Rückstandsmengen 118
– Toxizität 116
– Verunreinigungen in Lebensmitteln 117
Hemmstofftest 145, 152
Herbizide 107, 108
– Carbamate 128
– Harnstoffverbindungen 135
– Phenoxycarbonsäuren 131
– Triazine 137
γ-Hexachlorcyclohexan siehe Lindan
Hexacyanoferratsalze 98
Hexamethylentetramin 71
Histamin 209, 227, 228
Histidin 227, 228
Höchstmengen 20, 41, 110
Holzmehl 99
Hormone 149, 150
Hydroxybenzoesäure 211

Hydroxybenzoesäureester 74
Hydroxyzimtsäure 211
Hypoglycine 223

Imidazole 144
in vitro 13
In-vitro-Testsysteme 30, 32
in vivo 13
Indigotin 87
Inosat 103
Insektizide 107
Inzidenz 17
ionisierende Strahlen zur Entkeimung 69

Johannisbrotkernmehl 96

Kadaverin 228
Kaffeesäure 211
Kaltentkeimungsmittel 71
Kanzerogenität 31, 42
– epigenetische Wirkung 43
– gentoxische Wirkung 43
– Initiation 33, 43
– Minimierungsgebot 43
– Progression 44
– Promotion 44
Karamel 91
Karbutilat 128
Karmin 90
Kellerbehandlungsmittel 50
Kieselsäure, kolloidale 98
Kitasamycin 144
Kohorten-Studien 36
Konservierungsstoffe 65
Kontaminanten siehe Verunreinigungen
Kryptoxanthin 88
Kumulation in Nahrungsketten 160
– von Stoffen 25, 26
– von Wirkungen 24, 26
Kupfer 176, 191

Larvizide 107
Latenz 25, 44
Lathyrismus 215
LD_{50} 30
Lebensmittel- und Bedarfsgegenständegesetz 49, 106
Lecithin 93
Lectine 214
Lincomycin 144
Lindan 114
– Anwendung 114
– Anwendungsverbot gegen Ektoparasiten 143
– aufgenommene Mengen 119
– in der Frauenmilch 116, 121
– Halbwertzeit 115
– Höchstmengen 117
– Isomere 114
– Metabolismus 115
– Rückstandsmengen 117
– Toxizität 116
Linuron 135
Lösemittel 104
Lötnähte 177
Lutein 89
Lycopin 89

Makrolidantibiotika 144
Malathion 123
Maltol 103
Mannoheptulose 222
MCPA 134
Mecoprop 134
Meprobamat 151
Methabenzthiazuron 135
Methidathion 123
Methomyl 128, 129
Methylbromid 69
Methylcellulose 96
4-Methylimidazol 92
Metobromuron 135
Migrationsstoffe 189
Mikrobizide Gase 67
Milchleistung, Steigerung durch Wachstumshormon 150
Mineral- und Tafelwasser-Verordnung 72
Molluskizide 107
Monensin 148
Monolinuron 135
Monuron 135
Mutation 33, 42
Mykotoxine 186, 197, 198
Myristicin 221

Nahrungskette 161, 162
– chlorierte Kohlenwasserstoffe, Anreicherung 114, 161

Natamycin 82
Nematizide 107
– 1,3-Dichlorpropen 139
Neuroleptika 152
Nickel 176, 191
Nisin 82
Nitrat/Nitrit 80, 182, 200
– Belastung der Lebensmittel 184
– DTA 183
– Herkunft 159, 182
– Höchstmengen 186
– Nitrosaminbildung 185
– Pökelsalz 183
– in Trinkwasser 183
Nitrofurane 144
Nitroimidazole 144
Nitrosamine 159, 182, 185, 197, 198, 228
Nitrovin 148
No Observable Effect Level (NOEL) 38
Norbixin 89
Nutzen-Risiko-Bewertung 19

Ochratoxin 186
Ökotoxikologie 16
Olaquindox 148
Oleandromycin 144
Oleoresin 90
Omethoat 123
Organophosphor-Verbindungen 121
– Abbaubarkeit 122
– Aufnahmemengen 127
– chemische Struktur 122
– Kanzerogenität 126
– Metabolismus 123
– Rückstandsmengen 127
– Toxizität 124
– Vergiftung mit 125
Orthophenylphenol 76
Östradiol 149
Östrogene 143
Ovizide 108
Oxacillin 144
Oxalat 207
Oxamyl 128
Oxazepam 151
Oxyphenisatin 222
Ozon zur Trinkwasser-Aufbereitung 72

Paprika 84
Paraffinöl 98
Parathion 123
Patentblau 87
Patulin 186
Pektine 96
Penicillin 145
Peressigsäure 71
Pestizide 107
– Carbamate 128
– Lindan 114
– Organophosphor-Verbindungen 121
Pflanzenschutzgesetz 109
Pflanzenschutz- oder sonstige Mittel 107
– Anwendungsgebiete 107
– Definition 106
– DTA 111
– Klassifizierung 107
– rechtliche Regelungen 109
– Zulassung 109
Pflanzenschutzmittel-Höchstmengenverordnung 110
Pharmakologie 14
Phaseolunatin 212
PHB-Ester 74
Phenanthren 188
Phenmedipham 128
Phenole 211
Phenoxycarbonsäuren 131
– Anwendung 131
– Höchstmengen 134
– Kanzerogenität 133
– Metabolismus 132
– Mißbildungen 133
– Rückstandsmengen 134
– Toxizität 132

Phenylalanin 101
Phosalon 123
Phosphamidon 123
Phytinsäure 220
Phytuberin 207
Pigmente 85
Pirmicarb 129
Pökelsalz 80, 183
Polychlorierte Biphenyle 179
– Aufnahmemenge 191
– Belastung der Lebensmittel 180

– chemische Struktur 179
– in der Frauenmilch 165, 182, 196
– gesundheitliche Bewertung 195
– Herkunft 158
– Wirkungen 181
Polymorphismen 18, 39
Polymyxin B 144
Polypeptidantibiotika 144
Polyphenole als Zusatzstoffe 58
Polysaccharide 94
Polyzyklische aromatische Kohlenwasserstoffe 187, 197, 198, 200
Propham 128, 131
Propionsäure 75
Propoxur 128
Propylenoxid 69, 95
Proteaseninhibitoren 217
Psychopharmaka 151
Pyren 188

Quecksilber 173, 191, 194, 200

Reparaturvorgänge 27, 42, 194
β-Rezeptorenblocker 151, 152
Rhodoxanthin 88
Riboflavin 90
Richtwerte des Bundesgesundheitsamtes
– für Blei 170, 199, 200
– für Cadmium 173, 199, 200
– für Quecksilber 174, 199, 200
Rieselhilfsmittel 98
Rifamycin 144
Risiko (gesundheitliches), bestimmbares und nicht bestimmbares 46
– Bewertung 17, 20, 40
– Definition 17
– Einflußfaktoren 18, 39
– Vertretbarkeit 19, 40, 42, 46
Risikoermittlung 16
Risikogruppen 39
Rodentizide 108
Rot 2G 86
Rubinpigment BK 86
Rubixanthin 88
Rückstände 22, 106
– Definition 22, 106, 155
– in der Frauenmilch 116, 121
– rechtliche Regelungen für Pflanzenschutzmittel 110
– – für Tierarzneimittel 142
– von Carbamaten 130
– von chlorierten Kohlenwasserstoffen 118
– von 1,3-Dichlorpropen 139, 140
– von Harnstoffverbindungen 137
– von Organophosphor-Verbindungen 127
– von Phenoxycarbonsäuren 134
– von Tierarzneimitteln 152
– von Triazinen 138

Saccharin 100
Safran 84
Safrol 221
Salicylate Salicylsäure 66, 83, 85
Sambunigrin 212
Saxitoxin 203, 223
Schädlingsbekämpfungsmittel 107
Schadstoff-Höchstmengenverordnung 181
Schaumbekämpfungsmittel 98
Schilddrüsenhemmstoffe 149
Schrotkugeln 165
Schwefeldioxid 78
Schwefeln von Wein 79
Schwermetalle 166
– belastete Lebensmittel 163
– gesundheitliche Bewertung 194
– Herkunft 157, 176
– – Blei 166, 167
– – Cadmium 170, 171
– – Quecksilber 173
– – weitere 176
– Speicherung 162
Senatskommissionen der Deutschen Forschungsgemeinschaft 42
Sensitivität 33
Serotonin 211
Sicherheitsfaktor 40, 42, 47, 112
Silber als Pigmentfarbstoff 91
Silvex 131
Solanidin 205
Solanin 205
Solanose 205
Somatotropin 150
Sorbinsäure 73
Sorbit 102
Spezifität 33
Spiramycin 144, 148

Stabilisatoren 93
Standardgewicht 40
Stärke als Verdickungsmittel 96
Stilbene 143
Sulfit für Zuckerkulör 92
Sulfite 78
Sulfonamide 144, 145, 146
Süßstoffe 99

2,4,5-T 131, 132, 133
Talcum 99
Tannine 212
Tartrazin 85
TBHQ siehe Butylhydrochinon
TCDD siehe Dibenzodioxine, Dibenzofurane
Teratogenität 31
Terramycin 82
Testosteron 149
2,3,7,8-Tetrachlor-dibenzo-dioxin (TCDD) siehe Dibenzodioxine, Dibenzofurane
Tetracycline 144, 145
– Beurteilungswerte 144
– Rückstände in Eiern 146
Tetrodotoxin 203, 225
Thallium 176, 191
Thiabendazol 77
Thiamin 79
Thiofanox 128
Thiohydantion 149
Thiomidazol 149
Thiophanat-Methyl 131
Thiouracil 149
Thyreostatika 143, 149
Tiamulin 144
Tierarzneimittel 141
– Anwendungsbeschränkungen 143
– Anwendungsgebiete 141
– Beurteilungswerte 144
– Probenahme 153
– rechtliche Regelungen 142
– Rückstandsmengen 152
– Zulassung 142
Tierversuche 13, 30, 32
Titandioxid als Pigmentfarbstoff 91
Tocopherole 62, 81
Tocotrienole 62
Toxikodynamik 14, 27
Toxikokinetik 14, 26, 32, 39, 194
Toxikologie
– Aufgaben der Lebensmittel-Toxikologie 21, 193
– Definition 13
– Grenzen 46
Toxizität, akute 30
– chronische 31
– Kombinationswirkungen 34
– subakute 31
Traganth 96
Tranquilizer 151
Trennmittel 98
Triazine 137, 138
Triazophos 123
Trimethoprim 144
Trimethylamin 227
Trimethylaminoxid 228
Trinkwasser-Aufbereitungsmittel 71
Trinkwasser-Verordnung 72, 111, 183
Turmeric 90
Tylosin 144, 145, 148
Tyramin 228

Übertragbarkeit Tierversuch – Mensch 38, 47, 112
Überzugsmittel 98
Umweltbundesamt 109
Umweltchemikalien 22
Umweltkontaminanten-Verordnung 181, 186, 200
Unschädlichkeit 28

Verdickungsmittel 94
Vergiftung 15
Verpackungsmaterial 189
Verschimmeln der Nahrungsmittel 164
Verunreinigungen 22, 155
– Anreicherungen in Nahrungsketten 161
– Aufnahmemengen 190
– betroffene Lebensmittel 163
– Definition 22
– in der Frauenmilch 165, 182, 196, 201
– gesundheitliche Bewertung 192
– Herkunft 155
– Kumulation 160
– Stoffe 156

Vicia faba 216
Vicin 217
Violaxanthin 88
Vitamin A 84, 88
Vitamin E 62

Wachstumshormon 150
Wachstumsregulatoren 107, 108
Walrat 99
Wartezeiten
- bei Futterzusatzstoffen 143
- bei Pflanzenschutzmitteln 110
- bei Tierarzneimitteln 142, 146
Wasserglas 105
Wasserstoffperoxid 71
Wein-Verordnung 79
Weingesetz 79
Weinsäure 94
Wirkprofil 25
Wirkung 23
- irreversible 24, 42, 189
- lokale-systemische 25
- reversible 24
- spezifische 25
- Untersuchung von 27
Wirkungsmechanismus 25
Wirkungsqualität 25
Wirkungsschwelle 26, 37
Wirkungsstärke 26
Wissenschaftlicher Lebensmittelausschuß der EG 53

Xanthan 96
Xanthophylle 85, 88
Xylit 102

Zeranol 149
Zink 176, 191
Zuckeraustauschstoffe 102
Zuckerkulöre 91
Zusatzstoffe 21, 49
- Definition 49
- E-Nummern 54
- Höchstmengen 49
- Kennzeichnung 54
- Klassifizierung 56
- Positiv- und Negativlisten 55
- Zulassung 49, 54
Zutatenliste 55